高等院校"十二五"规划教材·数字媒体技术
示范性软件学院系列教材

计算机图形学理论与算法基础

丛书主编　肖刚强
本书主编　任洪海
副 主 编　王德广　侯洪凤
主　　审　郭永伟

辽宁科学技术出版社
沈 阳

序　言

当前，我国高等教育正面临着重大的改革。教育部提出的"以就业为导向"的指导思想，为我们研究人才培养的新模式提供了明确的目标和方向，强调以信息技术为手段，深化教学改革和人才培养模式改革，根据社会的实际需求，培养具有特色鲜明的人才，是我们面临的重大问题。我们认真领会和落实教育部指导思想后提出新的办学理念和培养目标。新的变化必然带来办学宗旨、教学内容、课程体系、教学方法等一系列的改革。为此，我们组织学校有多年教学经验的专业教师，多次进行探讨和论证，编写出这套"数字媒体技术"专业的系列教材。

本套系列教材贯彻了"理念创新，方法创新，特色创新，内容创新"四大原则，在教材的编写上进行了大胆的改革。教材主要针对软件学院数字媒体技术等相关专业的学生，包括了多媒体技术领域的多个专业方向，如图像处理、二维动画、多媒体技术、面向对象计算机语言等。教材层次分明，实践性强，采用案例教学，重点突出能力培养，使学生从中获得更接近社会需求的技能。

本套系列教材在原有学校使用教材的基础上，参考国内相关院校应用多年的教材内容，结合当前学校教学的实际情况，有取舍地改编和扩充了原教材的内容，使教材更符合当前学生的特点，具有更好的实用性和扩展性。

本套教材可作为高等院校数字媒体技术等相关专业学生的教材使用，也是广大技术人员自学不可缺少的参考书之一。

我们恳切地希望，大家在使用教材的过程中，及时提出批评和改进意见，以利于今后教材的修改工作。相信经过大家的共同努力，这套教材一定能成为特色鲜明、学生喜爱的优秀教材。

肖刚强

前　言

计算机图形学已成为计算机科学中最主要的分支之一，在信息技术领域占有越来越重要的地位，诸如计算机动画、多媒体、虚拟现实、数据可视化、计算机视觉、计算机辅助设计等学科与技术都以计算机图形学为基础。实际上，计算机图形学及其应用已经渗透到科研、工程、商业、艺术等社会生活和工业生产的几乎所有领域，并与这些领域自身发展相互推动和促进。

计算机图形学书籍中较深的数学理论往往与学生基础和课程所设课时产生矛盾，这就要求教材能够应用通俗易懂的方式介绍图形学的基本概念、理论和算法，注重理论与应用相结合，使读者在较低基础且应用较少的时间，全面地掌握计算机图形学的主要内容，并增强进一步学习的兴趣，扩展相关知识与技术。多年在高校从事计算机图形学教学与研究过程中，作者认为很有必要编写一本全面而系统、且能够深入浅出地描述计算机图形学相关理论及算法，并增加对计算机图形领域中最新的研究成果与应用的介绍。使学习者能够较轻松地掌握计算机图形学基本理论与算法，达到一定开发和应用的水平。

本书分 7 章，分别为：

第 1 章是绪论，主要介绍计算机图形学定义、图形学系统及图形学应用领域等。

第 2 章是基本图形的生成技术，主要介绍直线、圆的光栅扫描及多边形区域填充等。

第 3 章是图形的变换与观察，主要介绍二维及三维的几何变换与观察等。

第 4 章是曲线与曲面，主要介绍样条曲线基本理论及常用样条曲线、曲面的构成。

第 5 章是真实感图形的生成技术，主要介绍图形的消隐、光照与颜色模型等。

第 6 章是几何造型基础，主要介绍几何造型的基本理论及分形几何等。

第 7 章是计算机动画基础，主要介绍计算机动画的基本概念、关键技术与制作等。

作者以多年计算机图形学教学经验为基础，依照课堂教学中使用的讲稿，并吸取国内外优秀相关书籍的精华，结合该领域中最新成果与应用技术来撰写该书内容。其中，第1~5章由任洪海编写，第6章由王德广编写，第7章由侯洪凤编写。

　　本书可作为本、专科院校计算机及数字媒体技术相关专业的"计算机图形学"课程教材，也是从事计算机图形学处理技术及其他有关的工程技术人员不可缺少的参考书之一。

　　由于编者水平有限，书中难免有不妥和疏漏之处，敬请广大读者批评指正。

　　如需本书课件和习题答案，请来信索取，地址：mozi4888@126.com

任洪海

目 录

第1章 绪 论

　　计算机图形学是伴随着电子计算机以及外围设备的更新而产生和发展起来的，经过半个多世纪的发展它已经成为内容丰富、应用广泛的一门计算机学科。现在，我们可以看到计算机图形学已经广泛应用于很多领域，同时又推动这门学科的不断发展，提出各类新的课题，进一步充实和丰富了这门学科的内容。

1.1　计算机图形学定义、起源与发展

　　计算机出现不久，为了在硬拷贝绘图仪和阴极射线管屏幕上输出图形，计算机图形学随之诞生了。直到 20 世纪 80 年代早期，与计算机其他传统学科相比，计算机图形学还是一个比较狭窄的学科，这主要是因为图形处理与显示对硬件要求很高，而当时硬件的处理能力还比较差又很昂贵，另外，又有很少易用和廉价的基于图形的应用程序。20 世纪 80 年代后，随着超大规模集成电路、计算机运算、存储能力的提高，使计算机图形学各研究方向得到充分发展。计算机图形学是近 20 年来科学技术领域中取得的又一重要成就。如今，计算机图形学已经广泛地应用在很多领域，如科学、艺术、工程、商务、工业、医药、娱乐、广告、教学和培训等方面，并与其他学科如 CAD 及计算机绘图、计算几何 / 计算机辅助几何设计（CAGD）、图像处理等的关系界限模糊、相互交叉、相互渗透。由于计算机图形学涉及内容很广，现在对计算机图形学也很难下一个统一的定义。国际标准化组织（ISO）对计算机图形学的定义为：计算机图形学是研究通过计算机将数据转换为图形，并在专门显示设备上显示的原理、方法和技术的学科。国内广泛采用的计算机图形学定义为：计算机图形学（Computer Graphics）是研究怎样用计算机表示、生成、处理和显示图形的一门学科。

　　计算机图形学的发展始于 20 世纪 50 年代，先后经历了准备阶段（20 世纪 50 年代）、发展阶段（20 世纪 60 年代）、推广应用阶段（20 世纪 70 年代）、系统实用化阶段（20 世纪 80 年代）和标准化智能化阶段（20 世纪 90 年代）。主要代表技术如下：

　　1950 年，美国麻省理工学院旋风Ⅰ号（Whirlwind Ⅰ）计算机就配置了由计算机驱动的阴极射线管式的图形显示器，该显示器用一个类似于示波器的阴极射线管（CRT）来显示一些简单的图形，但不具备人 – 机交互功能。1958 年美国 Calcomp 公司由联机的数字记录仪发展成滚筒式绘图仪，GerBer 公司把数控机床发展成为平板式绘图仪。20 世纪 50 年代末期，美国麻省理工学院林肯实验室研制的 SAGE 空中防御系统，第一次使用了具有指挥和控制功能的 CRT 显示器，操作者可以用笔在屏幕上指出被确定的目标。这个系统能将雷达信号转换为显示器上的图形，操作者可以借用光笔指向屏幕上的目标图形来获得所需要的信息，这一功能的出现预示着交互式图形生成技术的诞生。在整个 20 世纪 50 年代，计算机图形学处于准备和酝酿时期，并称之为"被动式"图形学。

　　1962 年，美国麻省理工学院的 I.E.萨瑟兰德（I.E.Sutherland）在他的博士论文中提出了一个名为 Sketchpad 的人 – 机交互式图形系统，能在屏幕上进行图形设计和修改。他在论文中首次使用了"计算机图形学"这个术语，证明了交互式计算机图形学是一个可行的、有用的研究领域，从而确定了计算机图形学作为一个崭新的科学分支的独立地位。他

在论文中所提出的分层存储符号和图素的数据结构等概念和技术直至今日还在广泛应用。因此，I.E. 萨瑟兰德的 Sketchpad 系统被公认为对交互式图形生成技术的发展奠定了基础。1964 年 MIT 的教授 Steven A. Coons 提出了被后人称为超限插值的新思想，通过插值 4 条任意的边界曲线来构造曲面。同在 20 世纪 60 年代早期，法国雷诺汽车公司的工程师 Pierre Beziér 发展了一套 Beziér 曲线、曲面的理论，成功地用于几何外形设计。Coons 方法和 Beziér 方法是 CAGD 最早的开创性工作。美国通用汽车公司、IBM、贝尔电话公司和洛克希德飞机制造公司等开展了计算机图形学和计算机辅助设计的大规模研究，分别推出了 DAC-1 系统、Graphic-1 系统和 CADAM 系统，使计算机图形学进入了迅速发展的新时期。这一时期使用的图形显示器是随机扫描的显示器，它具有较高的分辨率和对比度，具有良好的动态性能。但为了避免图形闪烁，通常需要以 30 次 / 秒左右的频率不断刷新屏幕上的图形。为此，需要一个刷新缓冲存储器来存放计算机产生的显示图形数据和指令，还要有一个高速的处理器。由于这一时期使用的计算机图形硬件（大型计算机和图形显示器）是相当昂贵的，因而成为影响交互式图形生成技术进一步普及的主要原因。因此，只有上述这些大公司才能投入大量资金研制开发出只供本公司产品设计使用的实验性系统。

20 世纪 70 年代是计算机图形学发展过程中一个重要的历史时期。由于集成电路技术的发展，计算机硬件设备性能不断提高，体积不断缩小，价格不断降低，特别是廉价的图形输入、输出设备及大容量磁盘等设备的出现，以小型计算机及超级小型机为基础的图形生成系统开始进入市场并形成主流。由于这种系统比大型计算机价格相对便宜，维护使用也比较简单，因而，20 世纪 70 年代以来，计算机图形生成技术在计算机辅助设计、事务管理、过程控制等领域得到了比较广泛的应用，取得了较好的经济效益，出现了许多专门开发图形软件的公司及相应的商品化图形软件。另外，光栅显示器的产生，使计算机图形学进入了第一个兴盛时期，并开始出现实用的 CAD 图形系统，光栅扫描显示器将被显示的图像以点阵形式存储在刷新缓存中，由视频控制器将其读出并在屏幕上产生图像。光栅扫描显示器与随机扫描显示器相比有许多优点：一是规则而重复的扫描比随机扫描容易实现，因而价格便宜；二是可以显示用颜色或各种模式填充的图形，这对于生成三维物体的真实感图形是非常重要的；三是刷新过程与图形的复杂程度无关，只要基本的刷新频率足够高，就不会因为图形复杂而出现闪烁现象。由于光栅扫描显示器具有许多优点，因而至今仍然是图形显示的主要方式，工作站及微型计算机都采用这种光栅扫描显示器。20 世纪 70 年代，计算机图形学另外两个重要进展是真实感图形学和实体造型技术的产生，具体开创性事件如下：

1970 年 Bouknight 提出了第一个光反射模型。

1971 年 Gourand 提出"漫反射模型＋插值"的思想，被称为 Gourand 明暗处理。

从 1973 年开始，相继出现了英国剑桥大学 CAD 小组的 Build 系统、美国罗彻斯特大学的 PADL-1 系统等实体造型系统。

1975 年 Phong 提出了著名的简单光照模型——Phong 模型。

从 1977 开始，由于众多商品化软件的出现，这一时期图形标准化问题也被提上议程。图形标准化要求图形软件由低层次的与设备有关的软件包转变为高层次的与设备无关的软件包。计算机图形学标准制定 CGI（Computer Graphics Interface）、CGM（Computer Graphics Metafile）、GKS（Graphics Kernel System）、PHIGS（Programmer's Hierarchical Interactive Graphics System）等标准。

进入 20 世纪 80 年代以后，超大规模集成电路的发展、工作站的出现极大地促进了计算机图形学的发展。计算机运算能力的提高，图形处理速度的加快，使得图形学的各个研究方向得到充分发展。而工作站在用于图形生成上具有显著的优点，首先，工作站是一个用户使用一台计算机，交互作用时，响应时间短；其次，工作站联网后可以共享资源，如大容量磁盘、高精度绘图仪等；而且它便于逐步投资、逐步发展，使用寿命较长。因而，工作站取代了小型计算机成为图形生成的主要环境。20 世纪 80 年代后期，微型计算机的性能迅速提高，配以高分辨率显示器及窗口管理系统，并在网络环境下运行，使它成为计算机图形生成技术的重要环境。由于微机系统价格便宜，因而得到广泛的普及和推广，尤其是微机上的图形软件和支持图形应用的操作系统及其应用程序的全面出现，如 Windows、Office、AutoCAD、CorelDRAW、Freehand、3D Studio 等，使计算机图形学的应用深度和广度得到了前所未有的发展，已广泛应用于动画、科学计算可视化、CAD/CAM、影视娱乐等各个领域。20 世纪 80 年代计算机图形学也出现很多新技术：

1980 年 Whitted 提出了一个光透视模型——Whitted 模型，并第一次给出光线跟踪算法的范例，实现 Whitted 模型。

1984 年美国 Cornell 大学和日本广岛大学的学者分别将热辐射工程中的辐射度方法引入到计算机图形学中，用辐射度方法成功地模拟了理想漫反射表面间的多重漫反射效果。光线跟踪算法和辐射度算法的提出，标志着真实感图形的显示算法已逐渐成熟。

进入 20 世纪 90 年代，计算机图形学的功能除了随着计算机图形设备的发展而提高外，其自身也在朝着标准化、集成化和智能化的方向发展。一方面，国际标准化组织（ISO）公布的有关计算机图形学方面的标准越来越多，且更加成熟。目前，由国际标准化组织发布的图形标准有：计算机图形接口标准 CGI（Computer Graphics Interface）、计算机图形元文件标准 CGM（Computer Graphics Metafile）、图形核心系统 GKS（Graphics Kernel System）、三维图形核心系统（GKS–3D）和程序员层次交互式图形系统 PHIGS（Programmer's Hierarchical Interactive Graphics System）。另一方面，多媒体技术、人工智能及专家系统技术和计算机图形学相结合，使其应用效果越来越好，使用方法越来越容易，许多应用系统具有智能化的特点，如智能 CAD 系统。科学计算的可视化、虚拟现实环境的应用又向计算机图形学提出了许多更新、更高的要求，使得三维乃至高维计算机图形学在真实性和实时性方面将有飞速发展。

1.2　计算机图形学系统简介

高质量的计算机图形离不开高性能的计算机图形硬件设备。一个计算机图形系统通常由计算机硬件、图形输入输出设备、计算机系统软件和图形软件构成。其硬件概念性框架如图 1–1 所示。

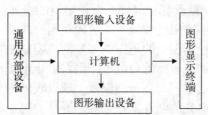

图 1–1　计算机图形系统的硬件概念性框架

交互式计算机图形系统是指引入了人 – 机会话功能，用户与系统可以进行通信，允许用户在线地对图形进行定义、修改和编辑的计算机图形系统。交互式计算机图形系统可以由大、中型计算机系统构成，也可以由小型机、工作站，甚至个人计算机构成。随着计算机性价比的提高，越来越多的工作站或个人计算机构成的图形系统代替大型系统，使其得到广泛的应用。

1.2.1 视频显示设备与显示系统

图形系统一般使用视频显示器作为其基本的输出设备，视频显示设备是将图形信息转换成视频信号的专用图形输出设备，是计算机图形系统中重要组成部分，大部分视频显示设备仍然采用标准的阴极射线管，但目前采用液晶显示、等离子显示技术和激光显示技术的平板视频显示设备也广泛应用，并有取代阴极射线管的趋势。

1) 阴极射线管 (Cathode-Ray Tube，CRT)

阴极射线管基本工作原理为：由电子枪发射出阴极射线，通过聚焦系统和偏转系统轰击屏幕表面的荧光材料，在阴极射线轰击的每个位置，荧光层都会产生一个小亮点，从而产生可见图形。其主要组成部分如下：

(1) 阴极：当它被加热时，发射电子，也称为电子枪。

(2) 控制栅：控制电子束偏转的方向和运动速度。

(3) 加速电极：用以产生高速的电子束。

(4) 聚焦系统：保证电子束在轰击屏幕时，会聚成很细的点。

(5) 偏转系统：控制电子束在屏幕上的运动轨迹。

(6) 荧光屏：当它被电子轰击时，发出亮光。

所有这些部件都封闭在一个真空的圆锥形玻璃壳内，其结构如图 1-2 所示。

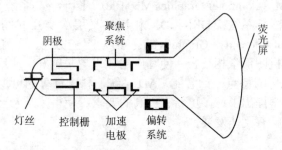

图 1-2 阴极射线管主要结构图

通过被称为灯丝的线圈通电来加热阴极，引起受热的电子"沸腾出"阴极表面。在 CRT 封装内的真空里，带负电荷的自由电子在较高的正电压的作用下加速冲向荧光屏。该加速电压可由 CRT 封装内靠近荧光屏处充以正电荷的金属涂层生成，或者采用加速阳极。有时，电子枪结构中把加速阳极和聚焦系统放在同一部件中。

电子束的强度受设置在控制栅上的电压电平控制。控制栅极是一个金属圆筒，紧挨着阴极安装。若在控制栅极上加上较高的负电压，则将阻止电子活动从而截断电子束，使之停止从控制栅极末端的小孔通过。而在控制栅极上施以较低的负电压，则仅仅减少了通过的电子数量。由于荧光层发射光的强度依赖于轰击屏幕的电子数量，因此可以通过改变控制栅极的电压来控制显示的光强。

CRT 的聚焦系统用来控制电子束在轰击荧光层时会聚到一个小点。否则，由于电子相互排斥，电子束在靠近屏幕时会散开。聚焦既可通过电场实现，也可通过磁场实现。

电子束的偏转受电场或磁场的控制。CRT 现在通过配备一个装在 CRT 封装外部的磁性偏转线圈，使用两对线圈，将它们成对地安装在 CRT 封装的颈部。每对线圈产生的磁场造成横向偏转力，该力正交于磁场方向，也垂直于电子束的行进方向。一对线圈实现水平偏转，另一对线圈实现垂直偏转。调节通过线圈的电流可得到适当的偏转量。如果采用静电偏转时，一般在 CRT 封装内安装两对平行极板。一对水平放置，控制垂直偏转；另一对垂直放置，控制水平偏转。

CRT 显示器是通过电子束轰击屏幕的荧光粉，使其发光产生图形。荧光粉的发光持续时间很有限，因此每作用一次，图形在屏幕的存留时间很短。为了保持一个持续稳定的图形画面，需要电子束反复显示图形。在屏幕上重复画图的频率称为刷新频率。

阴极射线管的技术指标主要有两条，一是分辨率，二是显示速度。

一个阴极射线管在水平和垂直方向的单位长度上能识别出的最大光点数称为分辨率。每个可由电子束点亮的屏幕上的光点也称为像素（Pixel）。分辨率主要取决于阴极射线管荧光屏所用荧光物质的类型、聚焦系统和偏转系统。显然，对于相同尺寸的屏幕，光点数越多，点间距离越小，分辨率就会越高，显示的图形就会越精细。常用 CRT 的分辨率在 1024×1024 左右，即屏幕水平和垂直方向上各有 1024 个像素点。高分辨率的图形显示器的分辨率可达 4096×4096。分辨率的提高除了 CRT 自身的因素外，还与确定像素位置的计算机字长、存储像素信息的介质、模数转换的精度及速度有关。

一般用每秒显示矢量线段的条数作为衡量 CRT 显示速度的指标。显示速度取决于偏转系统的速度、CRT 矢量发生器的速度及计算机发送显示命令的速度。CRT 采用静电偏转，速度快，满屏偏转只需要 3 μs，但结构复杂，成本较高。若采用磁偏转则速度较慢，满屏偏转需要 30 μs。

彩色阴极射线管使 CRT 显示不同颜色的图形是通过把发出不同颜色的荧光物质进行组合而实现的。通常用射线穿透法和影孔板法实现彩色显示。影孔板法广泛用于光栅扫描显示器中（包括家用电视机）。这种 CRT 屏幕内部涂有多组呈三角形的荧光材料，每组材料有 3 个荧光点。当某组荧光材料被激活时，分别发出红、绿、蓝 3 种光，其不同的强度混合后即产生不同颜色。例如，关闭红、蓝电子枪就会产生绿色；以相同强度的电子束去激发全部 3 个荧光点，就会得到白色。廉价的光栅图形系统中，电子束只有发射、关闭两种状态，因此只能产生 8 种颜色，而比较复杂的显示器，可以产生中等强度的电子束，因而可以产生几百万种颜色。

2）视频显示器

（1）光栅扫描显示器。

使用 CRT 的普通图形显示器是基于电视技术的光栅扫描显示器。在光栅扫描系统中，电子束横向扫描屏幕，一次一行，从顶到底依次进行。每一行称为一个扫描行。当电子束横向沿每一行移动时，电子束的强度不断变化，从而建立亮点组成一个图案。光栅扫描系统对于屏幕的每一个点都有存储强度信息的能力，从而使之较好地适用于包含细微阴影和色彩模式的场景的逼真显示。光栅系统可显示的颜色或灰度等级依赖于 CRT 使用的荧光粉类型以及每一个像素对应的位数。对于一个简单的黑白系统来说，每一个屏幕点或亮或暗，因此，每个像素只需一位来控制屏幕位置上的亮度。如果要使电子束除了"开"、"关"两种状态之外有更多的强度等级，那么就需要提供附加位。在高性能系统中每个像素可多达 24 位，这时分辨率为 1024×1024 的屏幕要使用 3MB 容量的刷新缓存。

当刷新频率不太低时，我们会感觉到刷新过程中相邻两帧的内容是平稳过渡的。在每秒 24 帧以下时，我们会感觉到屏幕上相邻图像之间的间隙，即图像出现闪烁。在某些光栅扫描系统中，采用隔行刷新方式分两次显示每一帧。第一次，电子束从顶到底，一行隔一行地扫描。垂直回扫后，电子束再扫描另一半扫描线。这种隔行扫描方式使得在逐行扫描所需时间的一半时，就能看到整个屏幕显示。隔行扫描技术主要用于刷新频率较慢的光栅扫描系统。

(2) 液晶显示器。

液晶显示器（Liquid Crystal Display，LCD）是一种常见的平板显示器，它是由6层薄板组成的平板式显示器。其中，第一层是垂直电极板，第二层是邻接晶体表面的垂直细网格线组成的电解层，第三层是液晶层（约0.177 mm），第四层是与晶体另一面邻接的水平网格线层，第五层是水平电极层，第六层是反射层。液晶材料由长晶线分子构成，各个分子在空间的排列通常处于极化光状态，即极化方向相互垂直的位置。光线进入第一层是同极化方向垂直。当光线通过液晶时，极化方向和水平方向的夹角是90°，这样光线可以通过水平极板，并到达两个极板之间的液晶层。晶体在电场作用下将排列成行并且方向相同，晶体在这种情况下不改变穿透光的极化方向。若光在垂直方向被极化，就不能穿透后面的极板，光被遮挡，在表面会看到一个黑点。在液晶显示器的表面，在其相应的矩阵编址中使 (x_1, y_1) 点变黑的方法通常是，在水平网格 x_1 处加上负电压 $(-U)$，在垂直网格 y_1 处加上正电压 $(+U)$，并称其为触发电压。如 $-U$、$+U$ 以及它们的电压差都不足够大，晶体分子仍排成行，这时光依然可以穿过 (x_1, y_1) 点且不改变极化方向，即保持垂直极化方向，入射光也就不能穿过晶体到达尾部极板，从而在 (x_1, y_1) 处产生黑点。要显示从 (x_1, y_1) 到 (x_2, y_2) 的一条直线段，就需要连续地选择需要显示的点。在液晶显示器中，晶体一旦被极化，它将保持此状态达几百毫秒，甚至在触发电压切断后仍然保持这种状态不变，这对图形的刷新速度影响极大。为了解决这个问题，在液晶显示器表面的网格点上装有一个晶体管，通过晶体管的开关来快速改变晶体状态，同时也控制状态改变的程度。晶体管也可用来保存每个单元的状态，从而可按刷新频率周期性地改变晶体单元的状态。这样，液晶显示器就可用来制造连续色调的轻型电视机和显示器。

(3) 等离子显示器。

等离子显示器是用许多小氖气灯泡构成的平板阵列，每个灯泡处于"开"或"关"状态。

等离子板不需要刷新。目前，典型的等离子板可以做到 15×15 平方英寸左右，每平方英寸上安装175个左右的灯泡。要达到商品化需要，等离子板需做到 40×40 平方英寸。等离子显示器一般由3层玻璃板组成。在第一层的里面是涂有导电材料的垂直条，中间层是灯泡阵列，第三层表面是涂有导电材料的水平条。若要点亮某个地址的灯泡，首先要在相应行施加较高的电压，等该灯泡点亮后，可用低电压维持氖气灯泡的亮度。若要关掉某个灯泡，只要将相应的电压降低。灯泡开关的周期时间是15ms，通过改变控制电压，可以使等离子板显示不同灰度的图形。彩色等离子板目前尚处于研究阶段。等离子显示器的优点是平板式、透明、显示图形无锯齿现象，也不需要刷新缓冲存储器。

3) **图形绘制设备**

图形显示设备只能在屏幕上产生各种图形，但在计算机图形学应用中有时还需把图形画在纸上。常用的图形绘制设备有打印机和绘图仪两种。打印机一般可分为喷墨打印机与激光打印机；绘图仪一般分为静电绘图仪与笔式绘图仪。

(1) 喷墨打印机。

喷墨打印机既可用于打印文字，又可用于绘图（实际指打印图纸）。喷墨打印机的关键部件是喷墨头，通常分为连续式和随机式两种。连续式喷墨头射速较快，但需要墨水泵和墨水回收装置，结构比较复杂；随机式喷墨头主要特点是墨滴的喷射是随机的，只有在需要印字（图）时才喷出墨滴，墨滴的喷射速度较低，不需墨水泵和墨水回收装置，此时，若采用多喷嘴结构也可以获得较高的印字（图）速度。随机式喷墨法常用于普及型便携式印字机；连续式喷墨法多用于喷墨绘图仪。

（2）激光打印机。

激光打印机也是一种既可用于打印字符又可用于绘图的设备，主要由感光鼓、上粉盒、打底电晕丝和转移电晕丝组成。激光打印机开始工作时，感光鼓旋转并借助打底电晕丝，使整个表面被磁化的点将吸附碳粉，从而在感光鼓上形成将要打印的碳粉图像。然后，将图像传到打印机上。打印纸从感光鼓和转移电晕丝中通过，转移电晕丝上将产生比感光鼓上更强的磁场，碳粉受吸引从感光鼓上脱离，朝转移电晕丝方向转移，结果便在不断向前运动的打印纸上形成碳粉图像。打印纸继续向前运动，通过高达 400 ℃高温的熔凝部件，碳粉图像便定型在打印纸上，产生永久图像。同时，感光鼓旋转至清洁器，将所有剩余在感光鼓上的碳粉清除干净，开始新的工作。

（3）静电绘图仪。

静电绘图仪是一种光栅扫描设备，它利用静电同极相斥、异极相吸的原理。单色静电绘图仪把像素化后的绘图数据输出至静电写头上，通常静电写头是双行排列，头内装有许多电极针。感光鼓的表面带上电荷。打印数据从计算机传至打印机，经处理送至激光发射器。在发射激光时，激光打印机中的一个六面体反射镜开始旋转，此时可以听到激光打印机发出特殊的"丝丝"声。反射镜的旋转和激光的发射同时进行，由打印数据决定激光的发射或停止。每个光点打在反射镜上，随着反射镜的转动和变换角度，将激光点反射到感光鼓上。感光鼓上被激光照到的点将失去电荷，从而在感光鼓表面形成一幅肉眼看不到的磁化图像。感光鼓旋转到上粉盒，其写头随输入信号控制每根极针放出高电压，绘图纸正好横跨在写头与背板电极之间，纸通过写头时，写头便把图像信号转换到纸上。带电的绘图纸经过墨水槽时，因为墨水的碳微粒带正电，所以墨水被纸上的电子所吸附，在纸上形成图像。彩色静电绘图的原理与单色静电绘图的原理基本相同。不同之处在于，彩色绘图需要把纸来回往返几次，分别套上紫、黄、青、黑 4 种颜色，这 4 种颜色分布在不同位置时可形成 4000 多种色彩图。目前彩色静电绘图仪的分辨率可达 800dpi，产生的彩色图片比彩色照片的质量还好，但高质量的彩色图像需要高质量的墨水和纸张。

（4）笔式绘图仪。

笔式绘图仪分为滚筒式和平板式两种。平板式笔式绘图仪在一块平板上画图，绘图笔分别由 x、y 两个方向进行驱动。而滚筒式笔式绘图仪则在一个滚筒上画图，图纸在一个方向（x 方向）滚动，而绘图笔在另一个方向（y 方向）移动。两类绘图仪都有各自的系列产品，其绘图幅面从 A3 到 A0 直至 A0 加长等。笔式绘图仪的主要性能指标包括最大绘图幅面、绘图速度和精度、优化绘图以及绘图所用的语言等。

各绘图仪生产厂家在推销产品时，往往把绘图速度放在第一位。由于绘图仪是一种慢速设备，它的绘图速度高就会相应提高整个系统的效率。绘图仪给出的绘图速度仅是机械运动的速度，不能完全代表绘图仪的效率。目前，常用笔式绘图仪的画线速度在 1 线 / 秒左右，加速度在 $2g$（g 为重力加速度）~ $4g$ 之间。机械运动速度能否提高，必然受到各种机电部件性能的约束，甚至还受到绘图笔性能的限制，目前各厂家均十分重视绘图优化。绘图仪的速度和主机数据通信的速度相差很大，不可能实现在主机发送数据的同时，绘图仪就完成这些图形数据的绘制任务。必须由绘图缓冲存储器先把主机发送来的数据存储起来，然后再让绘图仪去绘制。绘图缓冲存储器容量越大，存储的数据就越多，从而访问主机的次数越少，相应地，绘图速度越快。绘图优化是固化在绘图仪里的一个专用软件，它只能搜索、处理已经传送到绘图缓冲存储器中的数据，对于那些尚存放在主机中的数据还是无能为力的。与绘图仪精度有关的指标有相对精度、重复精度、机械分辨率和可寻址分辨率。相对精度通常统称为精度，它取绝对精度和移动距离百分比精度二者之中的最大值；机械分辨率指机械装置可能移动的最小距离；可寻址分辨率则是图形数据增加一个最小单位所移动的最小距离，可寻址分辨率必须比机械分辨率大。在主机向绘图仪发送数据的同时，还要发送操纵绘图仪实现各种动作的命令，如抬笔、落笔、画直线段、画圆弧等，然后，由绘图仪解释这些命令并执行它们，这些命令便称为绘图语言。在每种绘图仪中都固化了特定的绘图语言，其中，惠普公司的 HPGL 绘图语言应用范围最广，并有可能成为各种绘图仪将来移植的标准语言。

1.2.2 图形输入设备

图形输入设备一般分为矢量型图形输入设备和光栅扫描型图形输入设备两种。

矢量型图形输入设备采用跟踪轨迹、记录坐标点的方法输入图形。主要输入的数据形式为直线或折线组成的图形数据。常用的矢量型图形输入设备有数字化仪、鼠标器、光笔等。

光栅扫描型图形输入设备采用逐行扫描、按一定密度取样的方式输入图形。主要的输入数据为一幅由亮度值构成的像素矩阵——图像（Image）。这类设备常采用自动扫描输入方式，因此输入快捷；但是，它所获得的图像数据必须被转换为图形（Graphics）数据，才能被 CAD 系统和各子系统所使用。这种转换，是一种图形识别的过程。这方面的研究已逐步达到实用阶段。常用的光栅扫描型图形输入设备有扫描仪和摄像机。

图形输入设备的功能可分定位、笔画、确定数值、进行选择、进行图形识别、识别字符串等 6 部分。

下面对主要图形输入设备进行介绍。

1) 鼠标

鼠标是一种手持滚动设备，形状如一个方盒，表面有 2~4 个开关，下面是两个互相垂直的轮子，或是一个球。当轮子或球滚动时，带动两个角度——数字转换装置，产生出滚动距离的 x 方向、y 方向移动值。表面的开关则用于位置的选择。鼠标器的一个重要特征是，只有当轮子滚动时，才会产生指示位置变化。把鼠标从一个位置拿起后，放到另一个位置，输入位置值。因此，鼠标不能用于输入图纸，而主要用于指挥屏幕上的光标。鼠标价格便宜、操作方便，是目前图形交互式使用最多的图形输入设备。而现在较为流行的光电式鼠标是利用发光二极管与光敏晶体管来测量位移。前、后位置的夹角使二极管发光，经鼠标板反射至光敏晶体管，由于鼠标板均匀间隔的网格使反射光强弱不均，反射光的变化转化为表示位移的脉冲。

2) 键盘

键盘已经成为计算机系统必备的输入设备。在图形系统中，无论是个人计算机图形系统、工作站图形系统还是其他的大型图形系统都配有键盘，键盘是输入非图形数据的高效设备，通过它可以将字符串、控制命令等信息输入到系统中。键盘包括 ASCII 编码键、命令控制键和功能键，可实现图形操作的某些特定功能。

3) 触摸屏

触摸屏利用手指等物体对屏幕的触摸进行定位，其主要类型有以下几种：

（1）电阻式和电容式：利用两涂层间的电阻和电容的变化确定触摸位置。

（2）红外线式：利用红外线发生 / 接收装置检测光线的遮挡情况，从而引发电平变化，或通过测量投射屏幕两边的阴影范围来确定手指位置。

（3）声表面波式：利用手触及使声波发生衰减，从而确定 x、y 坐标。

4) 坐标数字化仪

数字化仪由一块平板和一个探头组成，它按工作原理的不同可分为电磁式、磁致伸缩式、机械式、超声波式等多种。机械式坐标数字化仪的导轨和测头沿两个方向移动，带动光栅轮移动，产生光电信号，从而得到相对有距离两点的坐标数。超声波式坐标数字化仪利用 x、y 方向的超声波传感器，拾取坐标点的笔尖上产生的超声波，通过所记录的超声波到 x、y 边的最小时间换算出两点间的距离。全电子式坐标数字化仪在平板的板面下面，是一块 x 方向和 y 方向的导线网印刷线路板。平板内装有一套电子线路，它向导线网的 x 方向线与 y 方向线依次进行时序脉冲扫描。扫描电流对导线的瞬间激励引起的时序脉冲的时间进行比较后，就可以自动求出探头所在位置的数据并送入计算机。

5) 图形扫描仪

扫描仪通过光电转换、点阵取样的方式，将一幅画面变为数字图像。它由 3 个部分组成：扫描头、控制电路及移动扫描机构。

（1）扫描头由两部分构成，即光线发射部分发射出一束细窄的光线到画面上，光线接收部分接收画面所反射的光线，并转换为电信号。

（2）控制电路将扫描头输出的电信号整形，并通过 A/D 转换电路转换为表示方位与光强度的数字信号输出。

（3）移动扫描机构使扫描头相对于画面做 x 方向和 y 方向的二维扫描移动。按照移动机构的不同，扫描仪可以分为两类，即平板式和滚筒式。前者将画面固定在平面上，扫描头在画面上做二维水平扫描移动；后者将画面固定在一个滚筒上，扫描头只做 y 方向的一维移动，而 x 方向的移动则由滚筒的旋转完成。

画面通过扫描仪变为一幅数字矩阵图像，其中每一点的值代表画面上对应点的反射光线强度，即该点的亮度。扫描仪也可用摄像机代替。摄像机价格便宜、速度快，可连续输入运动的实物形象，但精度较差，一般摄像机每幅画面的分辨度在 640×640 左右，它可用于对精度要求不高的 CAD 领域。

6) 光笔

光笔是一种手持式检测光的设备。它的外形像一根笔，笔尖是一组透镜，在透镜的聚焦处是光导纤维，连入光电二极管。光线经透镜射入，通过光导纤维，由光电二极管转换为电信号，整形后成为电脉冲，光笔上的按钮则控制电脉冲是否被输出。光笔的工作过程和数字化板类似。光笔将荧光屏当做图形平板，屏上的像素矩阵能够发光。当光笔所对应的像素被激活时，像素发出的光就被转换为脉冲信号，这个脉冲信号与扫描时序进行比较后，便得到光笔所指位置的方位信号。光笔原理简单、操作直观，是早期 CAD 系统中最主要的图形输入设备。但是，光笔也存在不少缺点。光笔以荧光屏作为图形平板，因此它的分辨度、灵敏度同荧光屏的特征有很大关系，显示器的不同分辨率、电子束的不同扫描速度、荧光粉的不同特性、笔尖同荧光粉的不等距离与角度等诸多因素都会影响光笔的分辨度与灵敏度；光笔无法检测荧光屏上不发光的区域；而且，使用者长期凝视荧屏，会感到眼睛疲劳。

7) 操纵杆

操纵杆有时也称为游戏棒，它是靠一个可以向各个方向转动的手柄来输入位移量和位移方向。安装在操纵杆底部的电压计量器用来测量移动量，弹力将被释放的手柄弹回中心位置。可以通过编程将一个或多个按钮用做输入开关，从而在选定屏幕位置时给出某些操作信号。最简单的一种操纵杆是在手柄的前、后、左、右和左前、右前、左后、右后 8 个方向上各安装一个微动开关,手柄的运动使相应的微动开关闭合,其测得的位移量和位移方向通过电缆传给计算机。

8) 数据手套

数据手套是虚拟现实中必要的输入设备。数据手套有一系列检测手和手指运动的传感器构成。发送天线和接收天线之间的电磁耦合用来提供手的位置和方向等信息。发送和接收天线各由一组 3 个相互垂直的线圈构成,形成三维笛卡尔坐标系统。来自数据手套的输入可用来定位或操纵虚拟场景中的对象。该场景的二维投影可在视频监视器上观察,而三维投影一般使用头套观察。

1.3 计算机图形学软件系统及图形标准简介

1.3.1 图形软件与图形功能

1) 图形软件

图形软件分成两大类:专用应用软件包和通用编程软件包。专用应用图形软件包是为非程序员设计的,使得他们看在某些应用中能生成图形、表格而不用关心显示所需的图形函数。专用应用软件包的接口通常是一组菜单,用户通过菜单按自己的概念和程序进行通信。这类应用的例子包括艺术家绘画程序和各种建筑、商务、医学及工程 CAD 系统。相反,通用图形编程软件包提供一个可以用于 C++、Java或 Fortran 等高级程序设计语言的图形函数库。典型的图形库中的基本函数用来描述图元(直线、多边形、球面和其他对象)、设定颜色、观察选择的场景和进行旋转或其他变换等。通用图形程序设计软件包有 GL(Graphics Library)、OpenGL、VRML(Virtual–Reality Modeling Language,虚拟现实建模语言)、Java2D 和 Java3D 等。由于图形函数库提供了程序设计语言(如 C++)和硬件之间的软件接口,所以这一组图形函数称为计算机图形应用编程接口(CG API)。在我们使用 C++ 编写应用程序时,可以使用图形函数进行组织并在输出设备上显示图形。

2) 图形功能

通用图形软件包为用户提供建立和管理图形的各种功能。这些子程序可以按照它们是否处理输出、输入、属性、变换、观察、分割图形或一般的控制而进行分类。

图形的基本构造块称为图形输出图元。它们包括字符串和几何成分,如点、直线、曲线、填充区域(通常为多边形)以及由色彩阵列定义的形状。此外,有些图形软件包提供对复杂形体(如球体、锥体和柱体)的显示函数。生成输出图元的函数提供了构造图形的基本工具。

属性(Attribute)是输出图元的特性。也就是说,属性描述一个特定图元是怎样显示出来的。它们包括颜色设定、线型或文本类型以及区域填充图案等。

我们可以使用几何变换来改变场景中一个对象的大小、位置或方向。某些图形包给出一组函数实现建模变换,将建模坐标系中给出的对象描述组织成场景。这些图形软件包通常提供描述复杂对象(如电子线路或自行车)的树形结构。另外,一些软件包仅简单地提供几何变换函数,而将建模细节留给了程序员。

利用对象形状及其属性的描述函数构造场景之后,图形软件包将选定视图投影到输出设备。观察变换用来指定将要显示的视图,使用的投影类型以及输出显示区域出现的范围。另外，有一些函数通过指定位置、大小和结构来管理屏幕显示范围。对于三维场景，还要判定可见对象，并应用光照条件。

交互式图形应用程序使用多类输入设备，如鼠标、数据板或操纵杆。输入函数用于控制和处理来自这些交互设备的数据流。

有些图形软件包也提供将一个图形描述分割成一组命名的组成部件的函数。另外，有一些函数以各种方式管理这些图形部件。

最后，图形软件包常常包含许多事务性任务，如将显示屏清成指定颜色和初始化参数。我们可以将这类处理事务性任务的功能归入控制操作类。

1.3.2　图形标准

标准化图形软件的最主要目标是可移植性。当软件包按标准图形功能设计时，软件可以随便地从一个硬件系统移植到另一个硬件系统，并且用于不同的应用。如果没有标准，那么不经过大量的重新编写，常常不能将为一个硬件系统设计的程序移植到另一个系统。

国际组织和许多国家的标准化组织进行了合作，努力开发能被大家接受的计算机图形标准，在付出了相当大的努力后，最终在 1984 年推出了图形核心系统（Graphics Kernel System，GKS）。该系统成为国际标准化组织（International Standards Organization，ISO）和许多国家的标准化组织包括美国国家标准化组织（American National Standards Institute，ANSI）接受的第一个图形软件标准。虽然 GKS 最初的设计是一个二维图形软件包，但三维 GKS 扩展随后就开发出来。已制定出来并得到标准化组织批准的第二个图形软件标准是 PHIGS（Programmer's Hierarchical Interactive Graphics System，程序员层次交互式图形系统），它是对 GKS 的扩充。PHIGS 提供了层次式对象建模、颜色设定、表面绘制和图形管理功能。此后，PHIGS 的扩充称为 PHIGS+，用于提供 PHIGS 所没有设定的三维表面明暗处理功能。

随着 GKS 和 PHIGS 得到开发，SGI 公司的图形工作站逐渐流行。这些工作站使用称为 GL（Graphics Library）的函数集，GL 很快成为图形界广泛使用的图形软件包。因此 GL 成为事实上的图形标准。GL 函数为快速、实时绘制而设计，很快便扩展到其他硬件系统中。结果，作为 GL 的与硬件无关的版本，OpenGL 在 20 世纪 90 年代早期就制定出来。这一图形软件包现在由代表许多图形公司和组织的 OpenGL 结构评议委员会进行维护和更新。OpenGL 函数库专为高效处理三维应用而设计，但它也能按 z 坐标为零的三维特例来处理二维场景描述。

图形函数定义为独立于任何程序设计语言的一组规范。语言绑定则是为特定的高级程序语言而定义的，它给出该语言访问各种图形函数的语法。每一个语言绑定以最佳地使用有关的语言能力及处理好数据类型、参数传递和出错等各种语法问题为目标来定义。图形软件包在特定语言中的实现描述由国际标准化组织来制定。OpenGL 的 C 和 C++ 语言绑定也一样如此。OpenGL 的 Ada 及 Fortran 等语言绑定也已经问世。

1.4　计算机图形学的应用领域

计算机图形学作为一个新兴学科，已经在科学计算和工程等领域得到了广泛的应用。特别是 20 世纪 90 年代以来，随着计算机硬件和软件技术的飞速发展，使得计算机图形学的应用领域不断扩展，如计算机辅助设计与制造、科学计算可视化、虚拟现实技术、计算机艺术与计算机动画、图形用户接口等。当然，计算机图形学在某些领域的发展还未成熟，需要图形学工作者再接再厉，不断完善它的不足之处。从长远来看，计算机图形学有着广泛的发展前景，在人们的生活中起着越来越重要的作用。

1.4.1 计算机辅助设计与制造

CAD/CAM 是计算机图形学在工业界最广泛、最活跃的应用领域。计算机图形学被用来进行土建工程、机械结构和产品的设计，包括设计飞机、汽车、船舶的外形和发电厂、化工厂等的布局以及电子线路、电子器件等。有时，着眼于产生工程和产品相应结构的精确图形，然而更常用的是对所设计的系统、产品和工程的相关图形进行人 – 机交互设计和修改，经过反复地迭代设计，便可利用结果数据输出零件表、材料单、加工流程和工艺卡或者数据加工代码的指令。在电子工业中，计算机图形学应用到集成电路、印刷电路板、电子线路和网络分析等方面的优势十分明显。在网络环境下进行异地异构系统的协同设计，已成为 CAD 领域最热门的课题之一。现代产品设计已不再是一个设计领域内孤立的技术问题，而是综合了产品各个相关领域、相关过程、相关技术资源和相关组织形式的系统化工程。

CAD 领域另一个非常重要的研究领域是基于工程图纸的三维形体重建。三维形体重建是从二维信息中提取三维信息，通过对这些信息进行分类、综合等一系列处理，在三维空间中重新构造出二维信息所对应的三维形体，恢复形体的点、线、面及其拓扑因素，从而实现形体的重建。

1.4.2 科学计算可视化

科研、工程、商业及社会的各行各业都产生大量的数据，人们对数据的分析和处理变得越来越困难，很难从这些"数据海洋"中获取有价值的信息，对这些大量数据进行收集和处理并找到数据变化规律及数据反映的本质特征显得尤为重要。可视化技术指的是运用计算机图形学和图像处理技术，将数据转换为图形或图像在屏幕上显示出来，并进行交互处理的理论、方法和技术。可视化技术给人们分析数据和理解数据提供了有效的途径，它涉及计算机图形学、图像处理、计算机辅助设计、计算机视觉及人 – 机交互技术等多个领域。

目前，科学计算可视化广泛应用于医学、流体力学、有限元分析、气象分析当中。尤其在医学领域，可视化有着广阔的发展前途。依靠精密机械做脑部手术是目前医学上很热门的课题，而这些技术的实现基础则是可视化。当我们做脑部手术时，可视化技术将医用CT 扫描的数据转化成图像，使得医生能够看到并准确地判别病人的体内患处，然后通过碰撞检测一类的技术实现手术效果的反馈，帮助医生成功完成手术。天气气象站将大量数据，通过可视化技术转化成形象逼真的图形后，经过仔细地分析就可以清晰地预见几天后的天气情况。

1.4.3 虚拟现实技术

虚拟现实技术是利用计算机生成一个逼真的三维虚拟环境，它将模拟环境、视景系统和仿真系统合为一体。虚拟现实（Virtual Reality）技术简称 VR 技术，是 20 世纪末逐渐兴起的一门综合性信息技术，融合了数字图像处理、计算机图形学、人工智能、多媒体、传感器、网络以及并行处理等多个信息技术分支的最新发展成果。虚拟现实技术是指利用计算机生成一种模拟环境，并通过多种专用设备使用户"投入"到该环境中，实现用户与该环境直接进行自然交互的技术。虚拟现实技术是一种可以创建和体验虚拟世界的计算机系统，它的基本特征包括交互性、沉浸感、想象力。

(1) 虚拟现实技术的交互性指用户对虚拟环境中对象的可操作程度和从虚拟环境中得到反馈的自然程度（包括实时性），主要借助于各种专用设备（如头盔显示器、数据手套等）产生，从而使用户以自然方式如手势、体势、语言等技能，如同在真实世界中一样操作虚拟环境中的对象。

(2) 虚拟现实技术的沉浸感，又称临场感，是指用户感到作为主角存在于虚拟环境中的真实程度，这是虚拟现实技术最主要的特征。影响沉浸感的主要因素包括多感知性、自主性、三维图像中的深度信息、画面的视野、实现跟踪的时间或空间响应及交互设备的约束程度等。

(3) 虚拟现实技术的想象力指用户在虚拟世界中根据所获取的多种信息和自身在系统中的行为，通过逻辑判断、推理和联想等思维过程，随着系统的运行状态变化而对其未来进展进行想象的能力。对适当的应用对象加上虚拟现实的创意和想象力，可以大幅度提高生产效率、减轻劳动强度、提高产品开发质量。

虚拟现实系统可分为桌面式虚拟现实系统、沉浸式虚拟现实系统、增强式虚拟现实系统及分布式虚拟现实系统。

(1) 桌面式虚拟现实系统使用个人计算机和低级工作站来产生三维空间的交互场景。用户会受到周围现实环境的干扰而不能获得完全的沉浸感，但由于其成本相对较低，桌面式虚拟现实系统仍然比较普及。

(2) 沉浸式虚拟现实系统利用头盔显示器、洞穴式显示设备和数据手套等交互设备把用户的视觉、听觉和其他感觉封闭起来，而使用户真正成为虚拟现实系统内部的一个参与者，产生一种身临其境、全心投入并沉浸其中的体验。与桌面式虚拟现实系统相比，沉浸式虚拟现实系统的主要特点在于高度的实时性和沉浸感。

(3) 增强式虚拟现实系统允许用户对现实世界进行观察的同时，将虚拟图像叠加在真实物理对象之上。为用户提供与所看到的真实环境有关的、存储在计算机中的信息，从而增强用户对真实环境的感受，又被称为叠加式或补充现实式虚拟现实系统。增强式虚拟现实系统可以使用光学技术或视频技术实现。

(4) 分布式虚拟现实系统指基于网络构建的虚拟环境，将位于不同物理位置的多个用户或多个虚拟环境通过网络相连接并共享信息，从而使用户的协同工作达到一个更高的境界。分布式虚拟现实系统主要被应用于远程虚拟会议、虚拟医学会诊、多人网络游戏、虚拟战争演习等领域。

1.4.4 计算机艺术与计算机动画

1) 计算机艺术

计算机图形学在计算机艺术中也发挥重要作用，计算机图形学除了广泛用于艺术品的制造，如各种图案、花纹及传统的油画、中国国画等，还可以进行雕塑（立体图形）、音乐、平面构成、空间结构，还有体操舞蹈设计等。其中美术作品占比重最大，因此计算机艺术一般主要指计算机美术。

计算机艺术是科学与艺术相结合的一门新兴的交叉学科，是计算机应用的一个崭新、富有时代气息的领域。计算机艺术作为一个独立的被认可的分支，大约只有20多年的历史。这一特殊的分支，很难说到底属于科学领域，还是艺术领域。说它是跨越科学和艺术的边缘学科的分支似乎更为恰当。

应用计算机进行艺术创作有很多传统艺术无法比拟的优势，比如计算机它能很快地表达各种几何形体，填色和色彩渐变以及改变颜色也非常容易；它常常能创造出许多意想不到的效果，尤其擅长表现一种"幻想中的世界"；它能使缺乏绘画技能但具有良好创意的人借助计算机来进行艺术创作，阐述对世界的见解，等等。目前国内外不少人士正在研制人体模拟系统，这使得在不久的将来把历史上早已去世的著名影视明星重新搬上新的影视片成为可能。这是一个传统的艺术家无法实现也不可想象的。

2) 计算机动画

计算机动画是计算机图形学与艺术相结合的产物，它是伴随着计算机硬件和图形算法高速发展起来的一门高新技术，它综合利用计算机科学、艺术、数学、物理和其他相关学科的知识在计算机上生成绚丽多彩的连续的虚拟真实画面，给人们提供了一个充分展示个人想象力和艺术才能的新天地。计算机动画是指用计算机自动或半自动生成一系列的景物（帧）画面，其中当前帧画面是对前一帧画面的部分修改，通过以足够快的速度显示这些帧以产生动态的效果。一般来说，动画的播放速度要求在 15 帧 / 秒以上，电影界的标准是 24 帧 / 秒。

计算机动画始于 20 世纪 70 年代，最初只是作为动画设计师的辅助工具。在传统动画的制作过程中，需要动画设计师根据动画剧本设计出关键画面（关键帧），再由其助手根据关键帧逐帧画出中间画面（中间帧），工作量非常巨大。引入计算机技术后，动画设计师可以利用计算机设计角色造型和景物造型，确定关键帧，然后由计算机根据一定的规则逐帧生成中间帧，这就大大地简化了动画的制作过程。这种由动画设计师绘制出关键帧，由计算机通过插值方式生成中间帧的方式通常称为关键帧动画。相应的另一种动画形式为逐帧动画，逐帧动画将动画中的每一帧都绘制出来。一般来说，计算机动画大多采用关键帧动画，而中间帧在计算机自动计算生成后，可以进行细微的调整以获得最佳的动画效果。

计算机动画现在已经完全渗透到人们的生活，推动计算机动画发展的一个重要原因是电影电视特技的需要。目前，计算机动画已经形成一个巨大的产业，并有进一步壮大的趋势。第 7 章将较为详细地介绍计算机动画技术。

1.4.5　图形用户接口

用户接口是人们使用计算机的第一观感。一个友好的图形化的用户界面能够大大提高软件的易用性，在 DOS 时代，计算机的易用性很差，编写一个图形化的界面要费去大量的劳动，过去软件中有 60% 的程序是用来处理与用户接口有关的问题和功能的。进入 20世纪 80 年代后，随着 XWindow 标准的面世，苹果公司图形化操作系统的推出，特别是微软公司 Windows 操作系统的普及，标志着图形学已经全面融入计算机的方方面面。如今在任何一台普通计算机上都可以看到图形学在用户接口方面的应用。操作系统和应用软件中的图形、动画比比皆是，程序直观易用。很多软件几乎可以不看任何说明书，而根据它的图形或动画界面的指示进行操作。

目前，几个大的软件公司都在研究下一代用户界面，开发面向主流应用的自然、高效、多通道的用户界面。研究多通道语义模型、多通道整合算法及其软件结构和界面范式是当前用户界面和接口方面研究的主流方向，而图形学在其中起主导作用。

1.5　本章小结

　　本章主要介绍计算机图形学的定义、起源和发展，并描述计算机图形学硬件、软件系统，最后介绍计算机图形学的应用领域。通过本章使读者对计算机图形学有个概括性的了解。

1.6　本章习题

　　(1) 什么是计算机图形学？
　　(2) 计算机图形系统由哪几部分构成？
　　(3) 图形用户接口的主要功能是什么？
　　(4) 计算机图形学有哪些应用领域？

第2章 基本图形的生成技术

用于图形应用的通用软件包称为计算机图形应用编程接口（CG API），它提供可以在 C++ 等程序设计语言中用来创建各种图形的函数库。软件包中用来描述的都是基本图形元素，又称为图形输出图元。复杂的图形系统都是由一些最基本的图形元素组成的。利用计算机编制图形软件时，编制基本图形元素是非常重要的。

另外，计算机上常见的显示器为光栅图形显示器，光栅图形显示器可以看做像素的矩阵。像素是组成图形的基本元素，一般称为"点"。通过点亮一些像素，灭掉另一些像素，即在屏幕上产生图形。在光栅显示器上显示任何一种图形必须在显示器的相应像素点上画上所需颜色，即具有一种或多种颜色的像素集合构成图形。所显示的图形在显示器上必须使用像素相对应的整数坐标进行描述，也称为屏幕坐标。确定最佳接近图形的像素集合，并用指定属性写像素的过程称为图形的扫描转换或光栅化。对于一维图形，在不考虑线宽时，用一个像素宽的直、曲线来显示图形。二维图形的光栅化必须确定区域对应的像素集，并用指定的属性或图案进行显示，即区域填充。

2.1 直线生成算法

直线是最基本和最常用的图形元素，一个复杂图形中可能包含成千上万条直线，这要求绘制直线算法必须快速而准确。数学上，理想的直线是由无数个点构成的集合，没有宽度。这样的线的特点是，若线的斜率在 1 ~ –1 之间，则每一列必定只有一个像素被显示；若线的斜率在此范围之外，则每一行必定只有一个像素被显示。计算机绘制直线是在显示器所给定的有限个像素组成的矩阵中，确定最佳逼近该直线的一组像素，并且按扫描线顺序，对这些像素进行写操作，实现显示器绘制直线，即通常所说的直线的扫描转换，或称直线光栅化。

计算机绘制的直线段由其两端点的坐标位置来定义。直线生成算法目的是确定两端点间距离直线路径最近的像素位置，并将赋予某种颜色值，光栅图形中的像素点与帧缓存中的地址单元一一对应。在光栅显示器屏幕上确定哪个像素的位置，将其颜色和其他属性装入帧缓存相应单元。

本节介绍一个像素宽直线的常用算法：DDA（数值微分）画线算法、中点画线法、Bresenham 画线算法。

2.1.1 DDA（数值微分）画线算法

DDA 是数字微分分析式（Digital Differential Analyser）的缩写。DDA 算法原理是在某坐标方向对线段以单位间隔取样，而确定另一坐标方向最靠近线段路径的对应整数值。通过判断线段哪个方向的最大增量大就选取哪个方向单位间隔取样，例如端点分别为 $P_1(x_1, y_1)$ 到 $P_2(x_2, y_2)$ 的线段，x 方向最大增量为 $x_2 - x_1$，y 方向最大增量为 $y_2 - y_1$，如果 $x_2 - x_1 \geqslant y_2 - y_1$，就以 x 方向单位间隔取样，而计算 y 方向最靠近线段路径的整数值；否则，以 y 方向单位间隔取样，而计算 x 方向最靠近线段路径的整数值。常用方法是通过判断线段的斜率来确定以哪个方向单位取样，具体方法如下：

首先考虑线段从左向右扫描的情况。假设从 $P_1(x_1，y_1)$ 到 $P_2(x_2，y_2)$ 画直线段 P_1P_2，可以求出直线斜率为 $m=\dfrac{y_2-y_1}{x_2-x_1}$。由于直线中的每一点坐标都可以由前一点坐标变化一个增量（Δx，Δy）而得到，即表示为递归式：

$$y_{k+1}=y_k+\Delta y$$

$$x_{k+1}=x_k+\Delta x$$

而斜率又可以表示为 $m=\dfrac{\Delta y}{\Delta x}$，因此可以得到以下结论：

如果斜率的绝对值 $|m|\leqslant 1$，则从 x 的左端点 P_1 开始以单位 x 间隔取样（$\Delta x=1$），也就是 $x_{k+1}=x_k+1$，并逐个计算相应的 y 坐标 $y_{k+1}=y_k+m$；由于 m 可以是 0~1 之间的任意实数，所以计算出的 y 值必须取整，即取像素点 $[x_{k+1}，\text{round}（y_{k+1}）]$ 作为当前点的坐标。

如果斜率的绝对值 $|m|>1$，则交换 x 和 y 的位置，也就是以单位 y 间隔取样（$\Delta y=1$），也就是 $y_{k+1}=y_k+1$，并逐个计算相应的 x 坐标 $x_{k+1}=x_k+\dfrac{1}{m}$。同样由于 m 可以是 0~1 之间的任意实数，所以计算出的 x 值必须取整，即取像素点 $[\text{round}（x_{k+1}），y_{k+1}]$ 作为当前点的坐标。

以上算法实现是基于从左端点到右端点处理线段的假设，假如这个过程的处理方向相反，即起始端点在右侧，那么如果斜率的绝对值 $|m|\leqslant 1$，令 $\Delta x=-1$，并且 $y_{k+1}=y_k-m$；如果斜率的绝对值 $|m|>1$，令 $\Delta y=-1$，并且 $x_{k+1}=x_k-\dfrac{1}{m}$。

DDA 算法实现过程可以按如下描述：

（1）已知直线的两端点坐标：$(x_1，y_1)$，$(x_2，y_2)$

（2）已知画线的颜色：color

（3）计算两个方向的变化量：

$$\Delta x=x_2-x_1$$

$$\Delta y=y_2-y_1$$

（4）求出两个方向最大变化量的绝对值：

steps=max（$|\Delta x|$，$|\Delta y|$）

（5）计算两个方向的增量（考虑了生成方向）：

$$\text{deltx}=\dfrac{\Delta x}{\text{steps}}$$

$$\text{delty}=\dfrac{\Delta y}{\text{steps}}$$

（6）设置初始像素坐标：$x=x_1$，$y=y_1$

（7）用循环实现直线的绘制：

```
for（i=1；i<=steps；i++）
{putpixel（x，y，color）; /* 在（x，y）处，以 color 色画点 */
x=x+deltx；
y=y+delty；
}
```

【例 3.1】应用 DDA 算法分别从坐标位置 $P_1(0，0)$ 到 $P_2(8，5)$ 及从 $P_3(0，0)$ 到 $P_4(5，8)$ 扫描线段。

解：首先计算线段 P_1P_2 扫描后得到的像素：该线段斜率为 $\frac{5}{8}$，所以以单位 x 间隔取样，逐个计算相应的 y 坐标 $x_{k+1}=x_k+m$。

$x_0=0$，$x_1=1$，$x_2=2$，$x_3=3$，$x_4=4$，$x_5=5$，$x_6=6$，$x_7=7$，$x_8=8$

$y_0=0$，$y_1=\frac{5}{8}$，$y_2=1\frac{2}{8}$，$y_3=1\frac{7}{8}$，$y_4=2\frac{4}{8}$，$y_5=3\frac{1}{8}$，$y_6=3\frac{6}{8}$，$y_7=4\frac{3}{8}$，$y_8=5$

对 y 值采用四舍五入取整可得：

$y_0=0$，$y_1=1$，$y_2=1$，$y_3=2$，$y_4=3$，$y_5=3$，$y_6=4$，$y_7=4$，$y_8=5$

所以，应用 DDA 算法扫描线段 P_1P_2 得到像素为：

$(0，0)$，$(1，1)$，$(2，1)$，$(3，2)$，$(4，3)$，$(5，3)$，$(6，4)$，$(7，4)$，$(8，5)$

对于线段 P_3P_4，计算该线段斜率为 $\frac{8}{5}$，所以以 y 单位间隔取样，逐个计算相应的 x 坐标 $y_{k+1}=y_k+\frac{1}{m}$。

$y_0=0$，$y_1=1$，$y_2=2$，$y_3=3$，$y_4=4$，$y_5=5$，$y_6=6$，$y_7=7$，$y_8=8$

$x_0=0$，$x_1=\frac{5}{8}$，$x_2=1\frac{2}{8}$，$x_3=1\frac{7}{8}$，$x_4=2\frac{4}{8}$，$x_5=3\frac{1}{8}$，$x_6=3\frac{6}{8}$，$x_7=4\frac{3}{8}$，$x_8=5$

对 x 值采用四舍五入取整可得：

$x_0=0$，$x_1=1$，$x_2=1$，$x_3=2$，$x_4=3$，$x_5=3$，$x_6=4$，$x_7=4$，$x_8=5$

所以，应用 DDA 算法扫描线段 P_1P_2 得到像素为：

$(0，0)$，$(1，1)$，$(1，2)$，$(2，3)$，$(3，4)$，$(3，5)$，$(4，6)$，$(4，7)$，$(5，8)$

结果如图 2-1 所示。

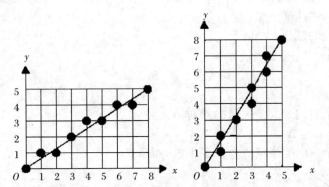

图 2-1　分别扫描线段 $P_1(0，0)$、$P_2(8，5)$ 及 $P_3(0，0)$、$P_4(5，8)$ 的结果

DDA 画线算法思路简单，实现容易，但由于在循环中涉及取整运算和浮点运算比较耗时，因此生成直线的速度较慢。

2.1.2　中点画线法

为了讨论方便。本节假定直线斜率在 $0\sim1$ 之间且从左向右扫描。其他情况可参照下述讨论进行处理。该情况下，直线扫描单位间隔取样。若 x 方向上增加一个单位，则 y 方向上的增量只能在 $0\sim1$ 之间。如图 2-2 所示，在画直线段的过程中，当前像素点为 $P(x_P，y_P)$，下一个像素点有两种选择，点 P_1 或 P_2。M 为 P_1 与 P_2 中点，即 $M=(x_P+1，y_P+0.5)$，Q 为理想直线与 $x=x_P+1$ 垂线的交点。当 M 在交点 Q 的下方时，则 P_2 应为下一个像素点；当 M 在

交点 Q 的上方时，应取 P_1 为下一像素点，这就是中点画线的基本原理。

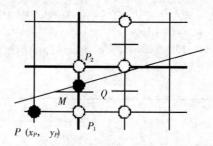

图 2-2　中点画线法中下一步两个像素选择

中点画线法的实现：假设直线的起点和终点分别为 $P_0(x_0,\ y_0)$ 和 $P_{end}(x_{end},\ y_{end})$，其方程式 $F(x,\ y)=ax+by+c=0$。

其中，$a=y_0-y_{end}$，$b=x_{end}-x_0$，$c=x_0 y_{end}-x_{end} y_0$。

点与直线 L 的关系如下：

如果点在直线上，则 $F(x,\ y)=0$；

如果点在直线上方，则 $F(x,\ y)>0$；

如果点在直线下方，则 $F(x,\ y)<0$。

把 M 代入 $F(x,\ y)$，判断 F 的符号，可知中点 M 在直线的上方还是下方。为此构造决策参数：$d=F(M)=F(x_P+1,\ y_P+0.5)=a(x_P+1)+b(y_P+0.5)+c$。

当 $d<0$，M 在直线下方，取 P_2 为下一个像素。

当 $d>0$，M 在直线上方，取 P_1 为下一个像素。

当 $d=0$，选 P_1 或 P_2 均可，取 P_1 为下一个像素。

其中 d 是 x_P、y_P 的线性函数。为了提高效率，下面给出决策参数的递推公式。

当 $d<0$ 时，取 P_2 为下一个像素，再取它的下一个像素的决策参数为：

$d_1=F(x_P+2,\ y_P+1.5)=a(x_P+2)+b(y_P+1.5)+c=d+(a+b)$

当 $d \geqslant 0$ 时，取 P_1 为下一个像素，再取它的下一个像素的决策参数为：

$d_1=F(x_P+2,\ y_P+0.5)=a(x_P+2)+b(y_P+0.5)+c=d+a$

也就是说下一个决策参数可以由前一个决策参数确定，形成递推关系。

下面再根据线段的起点 $P_0(x_0,\ y_0)$ 求出决策参数的初始值 d_0 为：

$d_0=F(x_0+1,\ y_0+0.5)=a(x_0+1)+b(y_0+0.5)+c=F(x_0,\ y_0)+a+0.5b$

由于起点 $P_0(x_0,\ y_0)$ 一定在直线上，有 $F(x_0,\ y_0)=0$，所以：

$d_0=a+0.5b$

因为 d_0 出现 $0.5b$，为了避免小数运算，可将决策参数用 $2d$ 取代。

应用只包含整数运算的中点画线算法从左向右扫描斜率在 $0 \sim 1$ 之间的直线，算法描述如下：

(1) 初始化计算，$a=y_0-y_{end}$，$b=x_{end}-x_0$，$d=2a+b$，$x=x_0$，$y=y_0$。

(2) 输入线段两端点，并将画左端点 $(x,\ y)$。

(3) 如果 $x>x_{end}$，则结束，否则进行步骤 (4)。

(4) 对 d 进行下列测试：

如果当 $d<0$ 时，则 $x=x+1$，$y=y+1$，$d=d+2(a+b)$；

否则 $x=x+1$，$d=d+2a$。

(5) 转入步骤 (2)。

【例 3.2】 应用中点画线算法从坐标位置 $P_1(0，0)$ 到 $P_2(10，4)$ 扫描线段。

解：该线段的斜率为 0.4，$a=y_0-y_{\mathrm{end}}=0-4=-4$，$b=x_{\mathrm{end}}-x_0=10-0=10$，

$2a=-8$，$2(a+b)=12$，$d=2a+b=-8+10=2$。

绘制初始点 $P_1(0，0)$，并从决策参数中确定沿线路径的后继像素位置如表 1。

表 1

i	d_i	(x_{i+1}, y_{i+1})
0	2	(1,0)
1	-6	(2,1)
2	6	(3,1)
3	-2	(4,2)
4	10	(5,2)
5	2	(6,2)
6	-6	(6,3)
7	6	(7,3)
8	-2	(8,4)
9	10	(9,4)
10	2	(10,4)

所以，应用中点画线算法扫描线段 P_1P_2 得到像素为：

(0，0)，(1，0)，(2，1)，(3，1)，(4，2)，(5，2)，(6，2)，(7，3)，(8，4)，(9，4)，(10，4)

结果如图 2-3 所示。

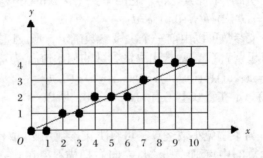

图 2-3 应用中点画线算法扫描线段 $P_1(0，0)$、$P_2(10，4)$ 所得结果

2.1.3 Bresenham 画线算法

Bresenham 算法是计算机图形学领域使用最广泛的直线扫描转换算法。它是采用递推步进的办法，令每次最大变化方向的坐标前进一个像素（即以最大变化方向单位采样），同时另一个方向的坐标依据误差判别式的符号来决定是不变还是前进一个像素。为了说明 Bresenham 算法，首先考虑斜率 $0<m<1$ 且从左向右的直线扫描转换过程，沿线段路径的像素以 x 方向单位间隔取样，如图 2-4 所示。

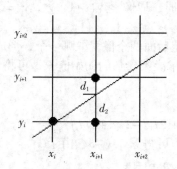

图 2-4　当取样到 x_k+1 时，通过比较 d_1 和 d_2 大小决定选取哪个像素

假设直线上第 i 个像素点坐标为$(x_i，y_i)$已经确定是要显示的像素，那么下一步需要确定在列 $x_{k+1}=x_k+1$ 上绘制哪个像素，是在位置$(x_i+1，y_i)$还是位置$(x_i+1，y_i+1)$。

设直线从起点$(x_1，y_1)$到终点$(x_2，y_2)$。直线可表示为方程 $y=mx+b$，其中 $b=y_1-mx_1$，$m=(y_2-y_1)/(x_2-x_1)=\dfrac{d_y}{d_x}$；由图 2-4 中可以知道，在 $x=x_i+1$ 处，直线上点的 y 值是 $y=m(x_i+1)+b$，该点离像素点$(x_i+1，y_i)$和像素点$(x_i+1，y_i+1)$的距离分别是 d_1 和 d_2：

计算公式为：

$y=m(x_i+1)+b$

$d_1=y-y_i$

$d_2=y_i+1-y$

$d_1-d_2=2m(x_i+1)-2y_i+2b-1$

要确定两像素中哪个更接近线路径，需要比较 d_1 和 d_2 大小，通过判断两者差值进行。如果 $d_1-d_2<0$，当 $x=x_i+1$ 时，选择像素点$(x_i+1，y_i)$代表路径上的实际交点，即 $y_{i+1}=y_i$。否则选择像素点$(x_i+1，y_i+1)$代表路径上的实际交点，即 $y_{i+1}=y_i+1$。

由于 $d_1-d_2=2m(x_i+1)-2y_i+2b-1$ 中有 m，$m=\dfrac{d_y}{d_x}$，避免除法运算。再用 d_x 乘等式两边，引出决策参数 P_i：

$P_i=d_x(d_1-d_2)=2x_id_y-2y_id_x+2d_y+(2b-1)d_x$

由于假设线段从左向右扫描，d_x 一定大于 0，所以 P_i 符号与 d_1-d_2 符号相同，P_i 就可以决定当 $x=x_i+1$ 时，选择像素点$(x_i+1，y_i)$还是像素点$(x_i+1，y_i+1)$代表路径上的实际交点。

如果 $P_i<0$，当 $x_{i+1}=x_i+1$ 时，选择像素点$(x_i+1，y_i)$代表路径上的实际交点，即 $y_{i+1}=y_i$。否则选择像素点$(x_i+1，y_i+1)$代表路径上的实际交点，即 $y_{i+1}=y_i+1$。

直线上的坐标会随着方向单位步长的变化而变化。因此，可以利用递增整数运算得到后继的决策参数值，在 $i+1$ 步，可以计算出来决策参数 P_{i+1}：

$P_{i+1}=2x_{i+1}d_y-2y_{i+1}d_x+2d_y+(2b-1)d_x$

应用 P_{i+1} 减去 P_i 可得：

$P_{i+1}-P_i=2d_y(x_{i+1}-x_i)-2d_x(y_{i+1}-y_i)$

而斜率 $0<m<1$ 一定以 x 方向单位间隔取样即 $x_{i+1}=x_i+1$，因而得到：

$P_{i+1}=P_i+2d_y-2d_x(y_{i+1}-y_i)$

而上式中 y_{i+1} 的值根据 P_i 可以确定，如果 $P_i<0$，则 $y_{i+1}=y_i$，否则 $y_{i+1}=y_i+1$。分别代入可得到以下结论：

当如果 $P_i < 0$，当 $x_{i+1}=x_i+1$ 时，取像素点 $(x_i+1，y_i)$，$y_{i+1}=y_i$，而 $P_{i+1}=P_i+2d_y$；

否则，当 $x_{i+1}=x_i+1$ 时，取像素点 $(x_i+1，y_i+1)$，$y_{i+1}=y_i+1$，而 $P_{i+1}=P_i+2d_y-2d_x$

再通过判断 P_{i+1} 的符号确定后面两个像素取哪一个，形成反复循环测试。

还剩下最后一个问题，即求决策参数的初始值 P_1，可将 x_1、y_1 和 b 代入决策参数 P_i 推导式中的 x_i、y_i，而得到：

$P_1=2x_1d_y-2y_1d_x+2d_y+(2b-1)d_x$

整理该式，可得 $P_1=2d_y-d_x+(2x_1d_y-2y_1d_x+2bd_x)$

$2x_1d_y-2y_1d_x+2bd_x$ 同除以 $2d_x$ 可得 mx_1-y_1+b，由于 $(x_1$、$y_1)$ 为扫描线段起点，一定满足线方程，即 $y_1=mx_1+b$，所以：$mx_1-y_1+b=0$。

因而可得：$P_1=2d_y-d_x$

综述上面的推导，可以将斜率 $0 < m < 1$ 且从左向右直线的 Bresenham 算法描述如下：

(1) 输入线段两端点，并将画左端点 $(x_1，y_1)$。

(2) 计算常量 $d_x=x_2-x_1$，$d_y=y_2-y_1$，并得到决策参数的初始值 $P_1=2d_y-d_x$。

(3) 从 $i=0$，在沿线路径的每个 x_i 处，进行下列测试：

如果 $P_i < 0$，下一个要绘制的像素点是 $(x_i+1，y_i)$，并且

$P_{i+1}=P_i+2d_y$；

否则，下一个要绘制的像素点是 $(x_i+1，y_i+1)$，并且

$P_{i+1}=P_i+2d_y-2d_x$

(4) 重复步骤 (3)；共 (d_x-1) 次。

【例 3.3】应用 Bresenham 画线算法从坐标位置 $P_1(3，4)$ 到 $P_2(12，8)$ 扫描线段。

解：该线段的斜率为 $m=\dfrac{4}{9}$，$d_x=9$，$d_y=4$

决策参数的初始值 $P_1=2d_y-d_x=-1$，$2d_y=8$，$2d_y-2d_x=-10$

绘制初始点 $P_1(3，4)$，并从决策参数中确定沿线路径的后继像素位置如表 2。

表 2

i	P_i	(x_{i+1},y_{i+1})
0	-1	$(4,4)$
1	7	$(5,5)$
2	-3	$(6,5)$
3	5	$(7,6)$
4	-5	$(8,6)$
5	3	$(9,7)$
6	-7	$(10,7)$
7	1	$(11,8)$
8	-9	$(12,8)$

所以，应用 Bresenham 画线算法扫描线段 P_1P_2 得到像素为：

$(3，4)$，$(4，4)$，$(5，5)$，$(6，5)$，$(7，6)$，$(8，6)$，$(9，7)$，$(10，7)$，$(11，8)$，$(12，8)$

结果如图 2-5 所示。

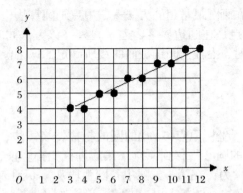

图 2-5 应用 Bresenham 画线算法扫描线段 P_1P_2 得到结果

2.2 圆与椭圆的生成算法

圆是图形系统中经常使用的基本图形，因此，在大多数图形软件中都包含生成圆和圆弧的函数。这节我们学习圆的生成算法。

2.2.1 圆的特征

给出圆心坐标$(x_c，y_c)$ 和半径 r，直角坐标系的圆的方程为：

$(x-x_c)^2+(y-y_c)^2=r^2$

由上式导出：

$y=y_c \pm \sqrt{r^2-(x-x_c)^2}$

当 $x-x_c$ 从 $-r$ 到 r 做加 1 递增时，就可以求出对应的圆周点的 y 坐标，该方法为画圆的直角坐标法。但是这样求出的圆周上的点是不均匀的，$|x-x_c|$ 越大，对应生成圆周点之间的圆周距离也就越长。因此，所生成的圆不太美观。另外，该方法每一步都包含很大的计算量。

对于任何一种圆的生成算法，考虑圆的对称性可以减少计算量。圆心位于原点的圆有 4 条对称轴 $x=0$、$y=0$、$x=y$ 和 $x=y$，如图 2-6 所示。

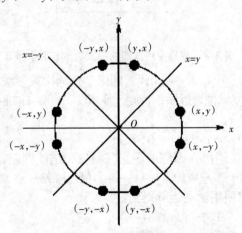

图 2-6 圆的对称性

从而若已知圆弧上一点 $P(x，y)$，就可以得到其关于 4 条对称轴的 7 个对称点，这种性质称为八分对称性。因此，只要能画出八分之一的圆弧，就可以利用对称性的原理得到整个圆弧。下面介绍现在画圆最常用的方法——中点画圆算法，该方法通过检验两像素间的中间位置以确定该中点是在圆边界之内还是之外。该方法同时可以应用于其他圆锥曲线，而且使用中点检验时，沿任何圆锥截面曲线所确定的像素位置，其误差限制在像素间隔的二分之一以内。

2.2.2 中点画圆算法

这里仅讨论圆心位于坐标原点(0，0)的圆的扫描转换算法，对于圆心不在原点的圆，可先用平移变换，将它的圆心平移到原点，然后进行扫描转换，最后再平移到原来的位置。另外，所画圆弧范围为：在第一象限中，圆弧段从 $x=0$ 到 $x=y$，曲线的斜率从 0 变化到 -1.0。因此，在该八分之一圆弧上以 x 方向取单位间隔步长。并使用决策参数来确定每一步两个可能的 y 位置中，哪个更接近于圆的位置。最后其他 7 个八分之一圆弧中的位置可以通过对称性得到。

定义一个圆心位于坐标原点(0，0)的圆函数为：

$F(x，y) = x^2 + y^2 - r^2$

根据点与圆的相对位置关系，可得：

如果点$(x，y)$在圆上，则 $F(x，y)=0$；

如果点$(x，y)$在圆外，则 $F(x，y)>0$；

如果点$(x，y)$在圆内，则 $F(x，y)<0$。

假设已经确定像素 $P_i(x_i，y_i)$ 为描述圆的一个像素点，当 $x_{i+1}=x_i+1$ 处需要确定像素位置 $(x_i+1，y_i)$ 与 $(x_i+1，y_i-1)$ 哪个更接近圆在该位置的交点，如图 2-7 所示。

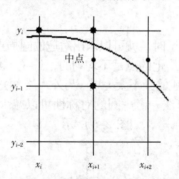

图 2-7 根据中点与圆的位置决定取哪个像素

我们把两个像素的中点$(x_i+1，y_i-0.5)$代入圆函数作为决策参数。如果中点在圆内，则像素$(x_i+1，y_i)$离圆在该处的实际位置近些；否则，像素$(x_i+1，y_i-1)$离圆在该处的实际位置近些。

因此，构造决策参数为：

$d_i = F(M) = F(x_i+1，y_i-0.5) = (x_i+1)^2 + (y_i-0.5)^2 - r^2$

若 $d_i<0$，那么中点在圆内，则应取像素$(x_i+1，y_i)$描绘圆路径在该处的实际位置，否则，中点在圆外或圆边界上，应取像素$(x_i+1，y_i-1)$描绘圆路径在该处的实际位置。

后续的决策参数可以使用增量运算得到：

$d_{i+1} = F(M) = F(x_{i+1}+1，y_{i+1}-0.5) = (x_{i+1}+1)^2 + (y_{i+1}-0.5)^2 - r^2$

由于 $x_{i+1}=x_i+1$，当用 d_{i+1} 减去 d_i，可得：

$d_{i+1} - d_i = 2(x_i+1) + (y_{i+1}^2 - y_i^2) - (y_{i+1}-y_i) + 1$

上式中 y_{i+1} 的值根据 d_i 可以确定，如果 $d_i<0$，则 $y_{i+1}=y_i$，否则 $y_{i+1}=y_i+1$。由此得到：

如果 $d_i < 0$，取像素$(x_i+1，y_i)$，而下一个决策参数 d_{i+1} 为：

$d_{i+1}=d_i+2x_i+3=d_i+2x_{i+1}+1$

否则，取像素$(x_i+1，y_i-1)$，而下一个决策参数 d_{i+1} 为：

$d_{i+1}=d_i+2x_i-2y_i+5=d_i+2x_{i+1}-2y_{i+1}+1$

这里 $x_{i+1}=x_i+1$，$y_{i+1}=y_i-1$

最后，对圆函数在起始位置$(x_0，y_0)=(0，r)$可得决策参数的初始值：

$d_0=F(1，r-0.5)=1.25-r$

假如将半径 r 指定为整数，可以对 d_0 进行简单的取整，即 $d_0=1-r$。

中点画圆算法可概括如下步骤：

（1）输入圆半径 r 和圆心$(x_c，y_c)$，并得到圆周(圆心在原点)上的第一个点：

$(x_c，y_c)=(0，r)$

（2）计算决策参数的初始值：

$d_0=1-r$

（3）在每个 x_i 位置，从 $i=0$ 开始，完成下列测试：假如 $d_i<0$，圆心在$(0，0)$的圆的下一个点为$(x_i+1，y_i)$，并且

$d_{i+1}=d_i+2x_{i+1}+1$

否则，圆的下一个点是$(x_i+1，y_i-1)$，并且

$d_{i+1}=d_i+2x_{i+1}-2y_{i+1}+1$

其中 $x_{i+1}=x_i+1$，$y_{i+1}=y_i-1$

（4）确定在其他 7 个八分圆中的对称点。

（5）将每个计算出的像素位置$(x，y)$位移到圆心在$(x_c，y_c)$的圆路径上，并画坐标值：

$x=x+x_c，y=y+y_c$

（6）重复步骤（3）到步骤（5），直至 $x \geqslant y$。

【例 3.4】给定圆的圆心为坐标原点、半径 $r=11$，应用中点画圆算法在第一象限从 $x=0$ 到 $x=y$ 扫描八分圆，并根据对称性得出整个圆的像素。

解：首先确定在第一象限从 $x=0$ 到 $x=y$ 沿八分圆的像素位置。决策参数的初始值为：

$d_0=1-r=1-10=-9$

对于中点在坐标原点的圆，初始点$(x_0，y_0)=(0，11)$，计算决策参数的初始增量项：

$2x_0=0，2y_0=22$

使用中点画圆算法计算的后继决策参数值和沿圆路径的位置如表 3。

表 3

i	P_i	(x_{i+1},y_{i+1})	$2x_{i+1}$	$2y_{i+1}$
0	-10	(1,11)	2	22
1	-7	(2,11)	2	22
2	-2	(3,11)	6	22
3	5	(4,10)	8	10
4	-6	(5,10)	10	20
5	5	(6,9)	12	18
6	0	(7,8)	14	16
7	-1	(8,8)	16	16

从而第一象限从 $x=0$ 到 $x=y$ 沿八分圆的像素为：

（0，11），（1，11）（2，11），（3，11），（4，10），（5，10），（6，9），（7，8），（8，8）

结果如图 2-8 所示。

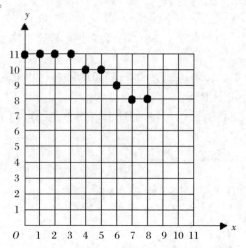

图 2-8　半径为 11 第一个八分圆的像素位置

2.2.3　中点椭圆生成算法

非严格地讲，椭圆是拉长了的圆，或经过修改的圆，它的半径从一个方向的最大值变到其正交方向的最小值。椭圆内部这两个正交方向的直线段称为椭圆的长轴和短轴。通过椭圆上任一点到称为椭圆焦点的两个定点的距离可以给出椭圆的精确定义：椭圆上任一点到这两点的距离之和都等于一个常数。

本节讨论椭圆的扫描转换中点算法，与中点画圆算法中讨论相似，设扫描的椭圆为中心在坐标原点的标准椭圆。如果需要中心不在坐标原点及显示不在标准位置的椭圆可以将扫描转换后的所有点进行平移及旋转几何变换并对长轴和短轴重新定向。但目前只考虑显示标准位置的椭圆。

和圆的扫描算法一样，考虑椭圆的对称性可以进一步减少计算量。圆心在坐标原点的标准椭圆分别关于 x 轴和 y 轴对称，即在四分象限中对称。但与圆不同，它在八分象限中不是对称。因此，我们只要计算一个象限中椭圆曲线的像素位置，就可通过对称性得到其他 3 个象限的像素位置，本算法扫描转换的范围为第一象限上的椭圆弧。中心在坐标原点的标准椭圆方程可以表示为：

$F(x,y)=b^2x^2+a^2y^2-a^2b^2=0$

对于二维平面上的点(x,y)与椭圆的位置关系如下：

（1）如果点在椭圆上，则 $F(x,y)=0$。

（2）如果点在椭圆外，则 $F(x,y)>0$。

（3）如果点在椭圆内，则 $F(x,y)<0$。

在第一象限上的椭圆弧扫描转换分两部分取单位步长，以弧上斜率为 -1 的点作为分界，将第一象限椭圆弧分为上下两部分。上部分椭圆弧切线斜率绝对值都小于 1，所以以 x 方向取单位步长，判断 y 方向到底哪个值；而下部分椭圆弧切线斜率绝对值都大于 1，所以以 y 方向取单位步长，判断 x 方向到底哪个值，如图 2-9 所示。

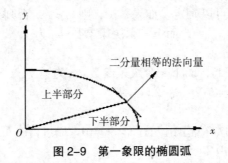

图 2-9　第一象限的椭圆弧

从上半部分移到下半部分的判断条件可以根据椭圆的斜率计算出，椭圆的斜率从椭圆方程可得：

$$\frac{d_y}{d_x}=-\frac{b^2x}{a^2y}$$

在上半部分和下半部分的交界区，$\frac{d_y}{d_x}=-1$，即：$b^2x=a^2y$

因此，移出上半部分的条件是：

$b^2x \geq a^2y$

（1）首先进行椭圆弧的上半部分扫描转换：与中点画圆算法类似，从起始像素 $(0，b)$ 开始，以 x 方向取单位步长进行选取像素。假设已经确定 $(x_i，y_i)$ 为描述椭圆弧的一个像素点。在该部分以 x 方向取单位步长，当 $x_{i+1}=x_i+1$ 处需要确定像素位置 $(x_i+1，y_i)$ 与 $(x_i+1，y_i-1)$ 哪个更接近椭圆在该位置的交点。方法是将这两个像素的中点 $(x_i+1，y_i+0.5)$ 代入椭圆函数作为决策参数。如果中点在圆内，则像素 $(x_i+1，y_i)$ 离椭圆在该处的实际位置近些；否则，像素 $(x_i+1，y_i-1)$ 离圆在该处的实际位置近些，如图 2-10 所示。

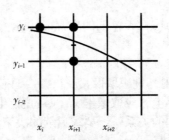

图 2-10　椭圆轨迹上取样位置在 x_i+1 处候选像素间的中点

具体算法如下：

将像素点 $(x_i+1，y_i)$ 与像素点 $(x_i+1，y_i-1)$ 的中点 $(x_i+1，y_i-0.5)$ 代入椭圆函数作为判断选取哪个像素点的决策参数 d_i：

$$d_i=F(x_i+1，y_i-0.5)=b^2(x_i+1)^2+a^2(y_i-0.5)^2-a^2b^2$$

若 $d_i<0$，那么中点在椭圆内，则应取像素 $(x_i+1，y_i)$ 描绘圆路径在该处的实际位置。

否则，中点在椭圆外或边界上，应取像素 $(x_i+1，y_i-1)$ 描绘圆路径在该处的实际位置。

后续的决策参数可以使用增量运算得到：

$$d_{i+1}=F(M)=F(x_{i+1}+1，y_{i+1}-0.5)=b^2(x_{i+1}+1)^2+a^2(y_{i+1}-0.5)^2-a^2b^2$$

由于 $x_{i+1}=x_i+1$，当用 d_{i+1} 减去 d_i，可得：

$$d_{i+1}-d_i=2b^2(x_i+1)+a^2(y_{i+1}^2-y_i^2)-a^2(y_{i+1}-y_i)+b^2$$

上式中 y_{i+1} 的值根据 d_i 可以确定，如果 $d_i<0$，则 $y_{i+1}=y_i$，否则 $y_{i+1}=y_i+1$。由此得到：

如果 $d_i<0$，取像素(x_i+1, y_i)，而下一个决策参数 d_{i+1} 为：

$d_{i+1}=d_i+b^2(2x_i+3)=d_i+2b^2x_{i+1}+b^2$

否则，取像素(x_i+1, y_i-1)，而下一个决策参数 d_{i+1} 为：

$d_{i+1}=d_i+2b^2x_i+3b^2-2y_i+2a^2=d_i+2b^2x_{i+1}-2a^2y_{i+1}+b^2$

这里 $x_{i+1}=x_i+1$，$y_{i+1}=y_i-1$

最后，对该部分椭圆函数在起始位置$(x_0, y_0)=(0, R)$可得决策参数的初始值：

$d_0=F(1, R-0.5)=b^2-a^2b+0.25a^2$

（2）在扫描转换椭圆的下半部分时，在负 y 方向取单位步长。当 $y_{i+1}=y_i-1$ 处需要确定像素位置(x_i, y_i-1)与(x_i+1, y_i-1)哪个更接近椭圆在该位置的交点。方法还是将这两个像素的中点$(x_i+0.5, y_i-1)$代入椭圆函数作为决策参数。如果中点在圆内，则像素(x_i+1, y_i-1)离椭圆在该处的实际位置近些；否则，像素(x_i, y_i-1)离圆在该处的实际位置近些，如图 2-11 所示。

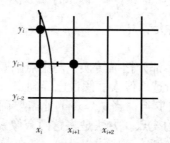

图 2-11 椭圆轨迹上取样位置在 x_i-1 处候选像素间的中点

具体算法如下：

将像素点(x_i, y_i-1)与像素点(x_i+1, y_i-1)的中点$(x_i+0.5, y_i-1)$代入椭圆函数作为判断选取哪个像素点的决策参数 d_i：

$d_i=F(x_i+0.5, y_i-1)=b^2(x_i+0.5)^2+a^2(y_i-1)^2-a^2b^2$

若 $d_i<0$，那么中点在椭圆内，则应取像素(x_i+1, y_i-1)描绘圆路径在该处的实际位置。

否则，中点在椭圆外或边界上，应取像素(x_i, y_i-1)描绘圆路径在该处的实际位置。

为了确定连续的决策参数间的关系，还要求后续的决策参数 d_{i+1}：

$d_{i+1}=F(M)=F(x_{i+1}+0.5, y_{i+1}-1)=b^2(x_{i+1}+0.5)^2+a^2(y_{i+1}-1)^2-a^2b^2$

由于 $y_{i+1}=y_i-1$，当用 d_{i+1} 减去 d_i，可得：

$d_{i+1}-d_i=b^2(x_{i+1}^2-x_i^2)+b^2(x_{i+1}-x_i)-2a^2(y_i-1)+a^2$

上式中 x_{i+1} 的值根据 d_i 可以确定，如果 $d_i<0$，则 $x_{i+1}=x_i+1$，否则 $x_{i+1}=x_i$。由此得到：

如果 $d_i<0$，取像素(x_i+1, y_i-1)，而下一个决策参数 d_{i+1} 为：

$d_{i+1}=d_i+2b^2x_i+3b^2-2y_i+3a^2=d_i+2b^2x_{i+1}-2a^2y_{i+1}+a^2$

否则，取像素(x_i, y_i-1)，而下一个决策参数 d_{i+1} 为：

$d_{i+1}=d_i-2a^2y_i+3a^2=d_i-2a^2y_{i+1}+a^2$

这里 $x_{i+1}=x_i+1$，$y_{i+1}=y_i-1$

最后，求决策参数初始值时，特别注意：下半部分椭圆函数起始位置是上半部分椭圆弧扫描转换得到的最后一个像素点，如果把该起始位置设为(x_0, y_0)可得决策参数的初始值：

$d_0=F(x_0+0.5, y_0-1)=b^2(x_0+0.5)^2+a^2(y_0-1)^2-a^2b^2$

> 特殊说明：对于下半部分椭圆弧扫描转换，还可以以逆时针方向，从 $(a, 0)$ 开始选择像素位置，然后以 y 方向取正单位步长，直到扫描到上部分的最后位置，该过程请读者自己推导。

中点椭圆算法可概括如下步骤：

(1) 输入 a，b 和椭圆中心 (x_c, y_c)，并得到椭圆(中心在原点)上的第一个点：

$(x_0, y_0)=(0, r_y)$

(2) 计算上半部分区域中决策参数的初始值：

$d_0=b^2-a^2b+0.25a^2$

(3) 在上半部分区域中的每个 x_i 位置，从 $i=0$ 开始，完成下列测试：如果 $d_i<0$，沿中心在 $(0, 0)$ 的椭圆的下一个点为 (x_i+1, y_i)，而下一个决策参数 d_{i+1} 为：

$d_{i+1}=d_i+2b^2x_{i+1}+b^2$

否则，沿椭圆的下一个点为 (x_i+1, y_i-1)，而下一个决策参数 d_{i+1} 为：

$d_{i+1}=d_i+2b^2x_{i+1}-2a^2y_{i+1}+b^2$

这里 $x_{i+1}=x_i+1$，$y_{i+1}=y_i-1$

并且直到 $b^2x \geq a^2y$

(4) 使用上半部分区域中的最后点 (x_0, y_0) 来计算下半部分区域中参数的初始值：

$d_0=b^2(x_0+0.5)^2+a^2(y_0-1)^2-a^2b^2$

(5) 在下半部分区域中的每个 y_i 位置，从 $i=0$ 开始，完成下列测试：如果 $d_i<0$，沿中心在 $(0, 0)$ 的椭圆的下一个点为 (x_i+1, y_i-1)，而下一个决策参数 d_{i+1} 为：

$d_{i+1}=d_i+2b^2x_{i+1}-2a^2y_{i+1}+a^2$

否则，沿椭圆的下一个点为 (x_i, y_i-1)，而下一个决策参数 d_{i+1} 为：

$d_{i+1}=d_i-2a^2y_{i+1}+a^2$

直到 $y=0$

(6) 确定其他 3 个象限中的对称点。

(7) 将计算出的每个像素位置 (x, y) 移到中心在 (x_c, y_c) 的椭圆轨迹上，并按坐标值绘制点：$x=x+x_c$，$y=y+y_c$。

【例 3.5】应用中点椭圆算法，给定输入椭圆参数 $a=8$ 和 $b=6$，确定第一象限内椭圆轨迹上的光栅像素位置。

解：对于上半部分区域，圆心在原点的椭圆的初始点为 $(x_0, y_0)=(0, 6)$，决策参数的初始值为：

$d_0=b^2-a^2b+0.25a^2=-332$

表 4 列出了使用中点算法后的后续决策参数值和椭圆轨迹的位置。

表 4

i	P_i	(x_{i+1}, y_{i+1})	$2b^2x_{i+1}$	$2a^2y_{i+1}$
0	-332	(1,6)	72	768
1	-224	(2,6)	144	768
2	-44	(3,6)	216	768
3	208	(4,5)	288	640
4	-108	(5,5)	360	640
5	288	(6,4)	432	512
6	244	(7,3)	504	384

由于 $2b^2x \geq 2a^2y$，因此椭圆轨迹已经移出上半部分区域。

对于下半部分区域，初始点为 $(x_0, y_0)=(7, 3)$，初始决策参数为：

$d_0=b^2(x_0+0.5)^2+a^2(y_0-1)^2-a^2b^2=-151$

第一象限中椭圆轨迹的其余位置计算如表5。

表 5

i	P_i	(x_{i+1}, y_{i+1})	$2b^2x_{i+1}$	$2a^2y_{i+1}$
0	−151	(8,2)	576	256
1	233	(8,1)	576	128
2	745	(8,0)	—	—

图 2-12 给出了第一象限内沿椭圆边界计算出的位置。

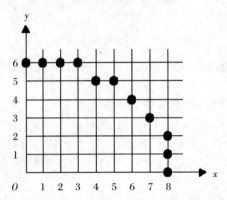

图 2-12　中心在原点，$a=8$ 和 $b=6$，应用中点椭圆算法得到该椭圆在第一象限的像素位置

2.3　多边形的区域填充

本节讨论如何用一个颜色或图案来填充一个二维区域。所填充的图形称为填充区或填充区域。填充区常常是一个平面上封闭的轮廓，一般来说，区域的封闭轮廓可以简单地看做多边形。若轮廓线由曲线构成，则可将曲线转换成多条直线段顺序连接而成，此时，区域轮廓线仍然是一种逼近的多边形。另外，尽管填充区可以使用各种图形，但图形库一般不支持任意填充图形的描述。多数库函数要求填充区为指定的多边形。由于多边形有限性边界，比其他填充形状更容易处理。因而我们主要以讨论多边形的区域填充为主。

2.3.1　多边形填充的基础理论

1）多边形理论

一个多边形（Polygon）在数学上定义为由 3 个或更多称为定点的坐标位置描述的平面图形，这些顶点由称为多边形的边（Edge 或 Side）顺序连接。进一步来看，几何上要求多边形的边除了端点之外没有其他的公共点。因此，根据定义，一个多边形在其单一平面上必须有其所有的顶点且边之间无交叉。多边形的例子有三角形、矩形、八边形和十六边形等。有时，任一有封闭折线边界的平面图形暗指一个多边形，而若其没有交叉边则称为标准多边形（Standard Polygon）或简单多边形（Simple Polygon）。为了避免对象引用的混淆，我们把术语"多边形"限定为那些有封闭折线边界且无交叉边的平面图形。

（1）多边形分类。

多边形一个内角（Interior Angle）是由两条相邻边形成的多边形边界之内的角。如果一个多边形的所有内角均小于 180°，则该多边形为凸（Convex）边形。凸边形的一个等价定义是它的内部完全在它的任一边及其延长线的一侧。同样，如果任意两点位于凸边形的内部，其连线也位于内部。不是凸边形的多边形称为凹（Concave）多边形。

（2）识别凹多边形。

凹多边形中至少有一个内角大于 180°。凹多边形某些边的延长线会与其他边相交叉且有时一对内点连线会与多边形边界相交。因此，我们将凹多边形的这些特征中的任意一个作为基础设计识别算法。

如果为每一边建立一个向量，则可使用相邻边的叉积来测试凸凹性。凸边形的所有向量叉积均同号。因此，如果某些叉积取正值而另一些为负值，可确定其为凹多边形。

识别凹多边形的另一个方法是观察多边形顶点位置与每条边延长线的关系。如果某些顶点在某一边延长线的一侧而其他一些顶点在另一侧，则该多边形为凹多边形。

（3）分割凹多边形。

一旦识别出凹多边形，我们可以将它分割成一组凸多边形。这可使用边向量和边叉积来完成。我们可以利用顶点和边延长线的关系来确定哪些顶点在一侧，哪些顶点在另一侧。在下面的算法中，我们假定多边形均在 xy 平面上。当然，在世界坐标系中描述的多边形的初始位置可能不在 xy 平面上，但我们可以使用第 3 章讨论的变换方法将它们移到 xy 平面上。

对于分割凹多边形的向量方法（Vector Method），我们首先要形成边向量。给定相继的向量位置 V_k 和 V_{k+1}，定义向量：$E_k=V_{k+1}-V_k$

按着多边形边界顺序计算连续的边向量的叉积。如果有些叉积的 z 分量为正而另一些为负，则多边形为凹多边形；否则多边形为凸多边形。这意味着不存在 3 个连续的顶点共线，即不存在连续两个边向量其叉积为 0。如果所有顶点共线，则得到一个退化多边形（一条线段）。我们可以通过逆时针方向处理边向量来应用向量方法。如果有一个叉积的 z 分量为负值，那么多边形为凹且可沿叉积中第一边向量的直线进行切割。

（4）将凸多边形分割成三角形集。

一旦有了一个凸多边形的顶点集，我们可以将其变成一组三角形。这通过将任意顺序的 3 个连续顶点定义为一个新多边形（三角形）来实现。然后将三角形的中间顶点从多边形原顶点队列中删除。接着使用相同的过程处理修改后的顶点队列来分出另一个三角形。这种分割一直进行到原多边形仅留下 3 个顶点，它们定义三角形集中的最后一个。凹多边形也可以使用这种方法分割为三角形集，但要求每次 3 个顶点形成的内角小于 180°（一个"凸"角）。

（5）内 – 外测试。

各种图形处理经常需要鉴别对象的内部区域。识别简单对象如凸多边形、圆或椭圆的内部通常是一件很容易的事情。但有时我们必须处理较复杂的对象。例如，我们可能要描述一个有相交边的复杂填充区。在该形状中，xy 平面上哪一部分为对象边界的"内部"，哪一部分为"外部"并不总是一目了然的。奇偶规则和非零环绕规则是识别平面图形内部区域的两种常用方法。

奇偶规则也称奇偶性规则或偶奇规则，该规则从任意位置 P 到对象坐标范围以外的远点画一条概念上的直线（射线），并统计沿该射线与各边的交点数目。假如与这条射线相交的多边形为奇数，则 P 是内部（Interior）点，否则 P 是外部（Exterior）点。为了得到精确的相交边数，必须确认所画的直线不与任何多边形顶点相交。

在计算机图形学中，多边形有两种重要的表示方法：顶点表示和点阵表示。顶点表示是用多边形的顶点序列来表示多边形，特点直观、几何意义强、占内存少，易于进行几何变换，但由于它没有明确指出哪些像素在多边形内，故不能直接用于面着色。点阵表示是用位于多边形内的像素集合来刻画多边形。这种表示丢失了许多几何信息，但便于帧缓冲器表示图形，是面着色所需要的图形表示形式。光栅图形的一个基本问题是把多边形的顶点表示转换为点阵表示。这种转换称为多边形的扫描转换。

区域填充也就是指先将在点阵表示的多边形区域内的一点（称为种子点）赋予指定的颜色和灰度，然后将这种颜色和灰度扩展到整个区域内的过程。

这里所讨论的多边形可以是凸多边形、凹多边形，还可以是含内环多边形，3 种多边形分别描述如下：

(1) 凸多边形：任意两顶点间的连线均在多边形内。

(2) 凹多边形：任意两顶点间的连线有不在多边形内的部分。

(3) 含内环多边形：多边形内包含有封闭多边形。

2) 逐点判别算法

(1) 多边形内点的判别准则。

对多边形进行填充，关键是找出多边形内的像素。在顺序给定多边形顶点坐标的情况下，如何判明一个像素点是处于多边形的内部还是外部呢？

从测试点引出一条伸向无穷远处的射线（假设是水平向右的射线，如图 2-13 所示），因为多边形是闭合的，那么：

若射线与多边形边界的交点个数为奇数时，则该点为内点（如测试点 4 引出的射线）；

反之，交点个数为偶数时，则该点为外点（如测试点 2 引出的射线）。

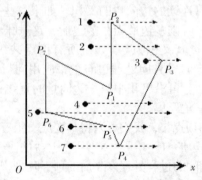

图 2-13　多边形内点的判别准则和奇异点

(2) 奇异点的处理。

上述的判别准则，在大多数情况下是正确的，但当水平扫描线正好通过多边形顶点时，要特别注意。例如，图 2-13 中过顶点的射线 1、射线 7，它们与多边形的交点个数为奇数，按照判别准则它们应该是内点，但实际上却是外点。

而图中过顶点的射线 3、射线 5，对于判别准则的使用又是正确的。

综合以上情况，我们将多边形的顶点分为两大类：

①局部极值点：如图中的点 P_1、P_2、P_4 和 P_7。对于这些点来说，进入该点的边线和离开该点的边线位于过该点扫描线的同一侧。

②非极值点：如图中的点 P_3、P_5、P_6。对于这些点来说，进入该点的边线和离开该点

的边线位于过该点扫描线的两侧。

处理奇异点规则：

①对于局部极值点，应看成两个点。

②对于非极值点，应看成一个点。

（3）逐点判别算法步骤。

①求出多边形的最小包围盒：从 $P_i(x_i, y_i)$ 中求极值，x_{min}、y_{min}、x_{max}、y_{max}。

②对包围盒中的每个像素引水平射线进行测试。

③求出该射线与多边形每条边的有效交点个数。

④如果个数为奇数，该点置为填充色。

⑤否则，该点置为背景色。

逐点判别算法虽然简单，但不可取，原因是速度慢。它割断了各像素之间的联系，孤立地考虑问题，由于要对每个像素进行多次求交运算，求交时要做大量的乘除运算，从而影响了填充速度。

2.3.2　多边形的扫描线填充算法

扫描线多边形区域填充算法是按扫描线顺序，计算扫描线与多边形的相交区间，再用要求的颜色显示这些区间的像素。区间的端点可以通过计算扫描线与多边形边界线的交点获得。对于一条扫描线，多边形的填充过程可以分为 4 个步骤。

（1）求交：计算扫描线与多边形各边的交点。

（2）排序：把所有交点按 x 值递增顺序排序。

（3）配对：第一个与第二个，第三个与第四个等，每对交点代表扫描线与多边形的一个相交区间。

（4）填色：把相交区间内的像素置成多边形颜色，把相交区间外的像素置成背景色。

在研究扫描线与多边形交点配对时，有两个需要考虑特殊问题：一是当扫描线与多边形顶点相交时，交点的取舍问题。二是多边形边界上像素的取舍问题。对于第二个问题，当扫描线与多边形顶点相交时，规定落在右／上边界的像素不予填充，而落在左／下边界的像素予以填充，这样就可以解决，从而避免填充扩大化。

对于第一个问题。当扫描线与多边形顶点相交时，会出现异常情况。如图 2-14 所示，扫描线 2 与 P_1 相交。按前述方法求得交点（x 坐标）序列 2、2、8。这将导致[2, 8]区间内的像素取背景色，而这个区间的像素正是属于多边形内部，需要填充的。所以，我们拟考虑当扫描线与多边形顶点相交时，相同的交点只取一个。这样，扫描线 2 与多边形的交

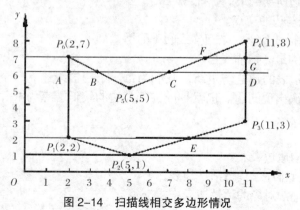

图 2-14　扫描线相交多边形情况

点序列就成为[2，8]，正是我们所希望的结果。然而，按新的规定，扫描线 7 与多边形边的交点序列为 2、9、11。这将导致错把[2，9]区间作为多边形内部填充。

为了正确地进行交点取舍，必须对上述两种情况区别对待。在第一种情况，扫描线交于一顶点，而共享顶点的两条边分别落在扫描线的两边，这时，交点只算一个。在第二种情况，共享交点的两条边在扫描线的同一边，这时，交点作为 0 个或 2 个，取决于该点是多边形的局部最高点还是局部最低点。具体实现时，只需检查顶点的两条边的另外两个端点的 y 值。按这两个 y 值中大于交点 y 值的个数是 0、1、2 来决定是 0 个、1 个，还是两个。例如，扫描线 1 交顶点 P_2，由于共享该顶点的两条边的另外两个顶点均高于扫描线，故取交点 P_2 两次，这使得 P_2 像素用多边形颜色设置。再考虑扫描线 2，在 P_1 处，由于 P_6 高于扫描线，而 P_2 低于扫描线，所以该交点只算一个。而在 P_6 处，由于 P_1 和 P_5 均在下方，所以扫描线 7 与之相交时，交点算 0 个，该点不予填充。

这里具体实现方法：为多边形的每一条边建立一边表。为了提高效率，在处理一条扫描线时，仅对与它相交的多边形的边进行求交运算。把与当前扫描线相交的边称为活性边，并把它们按与扫描线交点递增的顺序存放在一个链表中，称此链表为活性边表。另外，使用增量法计算时，需要知道一条边何时不再与下一条扫描线相交，以便及时把它从扫描线循环中删除出去。为了方便活性边表的建立与更新，为每一条扫描线建立一个新边表（NET），存放在该扫描线第一次出现的边。为使程序简单、易读，这里新边表的结构应保存其对应边如下信息：当前边的边号、边的较低端点 (x_{min}, y_{min}) 与边的较高端点 (x_{max}, y_{max}) 和从当前扫描线到下一条扫描线间 x 的增量 Δx。

活性边表（AET）：把与当前扫描线相交的边称为活性边，并把它们按与扫描线交点 x 坐标递增的顺序存放在一个链表中结点内容。

假定当前扫描线与多边形某一条边的交点的 x 坐标为 x，则下一条扫描线与该边的交点不要重计算，只要加一个增量 Δx。设该边的直线方程为 $ax+by+c=0$；若 $y=y_i$，$x=x_i$；则当 $y=y_{i+1}$ 时：

$$x_{i+1} = \frac{1}{a}(-b \cdot y_{i+1} - c_i) = x_i - \frac{b}{a}$$

其中 $\Delta x = -\frac{b}{a}$ 为常数。

另外使用增量法计算时，我们需要知道一条边何时不再与下一条扫描线相交，以便及时把它从活性边表中删除出去。综上所述，活性边表的结点应为对应边保存如下内容：第一项存当前扫描线与边的交点坐标 x 值；第二项存从当前扫描线到下一条扫描线间 x 的增量 Δx；第三项存该边所交的最高扫描线号 y_{max}。

x：当前扫描线与边的交点坐标。

Δx：从当前扫描线到下一条扫描线间 x 的增量。

y_{max}：该边所交的最高扫描线号。

为了方便活性边表的建立与更新，我们为每一条扫描线建立一个新边表（NET），存放在该扫描线第一次出现的边。也就是说，若某边的较低端点为 y_{min}，则该边就放在扫描线 y_{min} 的新边表中。

算法步骤如下：

（1）初始化：构造边表。

（2）对边表进行排序，构造活性边表。

（3）对每条扫描线对应的活性边表中求交点。

（4）判断交点类型，并两两配对。

（5）对符合条件的交点之间用画线方式填充。

（6）下一条扫描线，直至满足扫描结束条件。

算法描述如下：

```
void polyfill （polygon，color）
  int color；多边形 polygon；
  {for （各条扫描线 i）
    {初始化新边表头指针 NET[i]；
     把 y_min=i 的边放进边表 NET[i]；
    }
  y=最低扫描线号；
  初始化活性边表 AET 为空；
  for （各条扫描线 i）
  {
```

把新边表 NET[i]中的边结点用插入排序法插入 AET 表，使之按 x 坐标递增顺序排列；

遍历 AET 表，把配对交点区间（左闭右开）上的像素 $(x，y)$，用 drawpixel $(x，y，$ color)改写像素颜色值；

遍历 AET 表，把 $y_{max}=i$ 的结点从 AET 表中删除，并把 $y_{max}>i$ 结点的 x 值递增 Δx；

若允许多边形的边自相交，则用冒泡排序法对 AET 表重新排序；

```
  }
}/*polyfill*/
```

当设备驱动程序允许一次写多个连续像素的值时，可利用区间连贯性，用每一指令填充区间若干连续像素，进一步提高算法效率。此算法一般也称作有序边表算法。

2.3.3　边填充算法

上一节所介绍的有序边表算法对显示的每个像素只访问一次，这样输入输出的要求可降为最少。又由于该算法与输入输出的细节无关，因而它也与设备无关。该算法的主要缺点是对各种表的维持和排序开销太大，适合软件实现而不适合硬件实现。下面介绍另一类的实区域扫描转换算法——边填充算法。

边填充算法的基本思想：对于每一条扫描线和每条多边形边的交点 $(x_1，y_1)$，将该扫描线上交点右方的所有像素取补。对多边形的每条边作此处理，多边形的顺序随意。如图 2-15 所示，为应用边填充算法填充一个多边形的示意图。其中(a)是对 P_1P_2 处理，(b)是对 P_2P_3 处理，(c)是对 P_3P_4 处理，(d)是对 P_4P_5 处理，(e)是对 P_5P_1 处理。

边填充算法最适用于具有帧缓冲器的图形系统，按任意顺序处理多边形的边。在处理每条边时，仅访问与该边有交点的扫描线上交点右方的像素。当所有的边都被处理之后，按照扫描线顺序读出帧缓冲器的内容，送入显示设备。可见本算法的优点是简单，缺点是对于复杂图形，每一像素可能被访问多次，输入／输出的量比有序边表算法大得多。

为了减少边填充算法访问像素的次数，可引入栅栏。所谓栅栏指的是一条与扫描线垂直的直线，栅栏位置通常取过多边形顶点，且把多边形分成左右两半。栅栏填充算法的基本思想是：对于每个扫描线与多边形的交点，就将交点与栅栏之间的像素取补。若交点位于栅栏左边，则将交点之右、栅栏之左的所有像素取补；若交点位于栅栏右边，则将栅栏

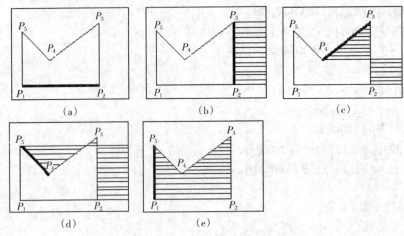

图 2-15　边填充算法示意图

之右、交点之左的所有像素取补。如图 2-16 所示，为应用栅栏填充算法填充一个多边形的示意图。其中(a)是对 P_1P_2 处理，(b)是对 P_2P_3 处理，(c)是对 P_3P_4 处理，(d)是对 P_4P_5 处理，(e)是对 P_5P_1 处理。

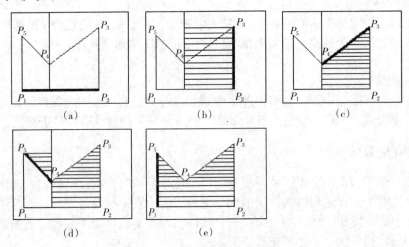

图 2-16　栅栏填充算法示意图

　　栅栏填充算法只是为了减少被重复访问的像素的数目，但仍有一些像素会被重复访问。

　　下面介绍的边标志算法进一步改进了栅栏填充算法，使得算法对每个像素仅访问一次。边标志算法分为两个步骤：

　　(1) 对多边形的每条边进行直线扫描转换，亦即对多边形边界所经过的像素打上边标志。

　　(2) 填充。对每条与多边形相交的扫描线，依从左到右顺序，逐个访问该扫描线上像素。使用一个布尔量 inside 来指示当前点的状态，若点在多边形内，则 inside 为真。若点在多边形外，则 inside 为假。Inside 的初始值为假，每当当前访问像素为被打上边标志的点，就把 inside 取反。对未打标志的像素，inside 不变。若访问当前像素时，对 inside 作必要操作之后，inside 取真，则把该像素置为多边形色。

2.3.4　种子填充算法

这里的区域指已表示成点阵形式的填充图形，是像素的集合。区域有两种表示形式：内点表示和边界表示，如图 2-17 所示。内点表示，即区域内的所有像素有相同颜色；边界表示，即区域的边界点有相同颜色。区域填充指先将区域的一点赋予指定的颜色，然后将该颜色扩展到整个区域的过程。

区域填充算法要求区域是连通的。区域可分为 4 向连通区域和 8 向连通区域，如图 2-18 所示。4 向连通区域指的是从区域上一点出发，可通过 4 个方向，即上、下、左、右移动的组合，在不越出区域的前提下，到达区域内的任意像素；8 向连通区域指的是从区域内每一像素出发，可通过 8 个方向，即上、下、左、右、左上、右上、左下、右下这 8 个方向的移动的组合来到达。

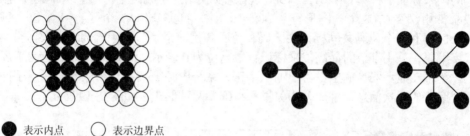

● 表示内点　　○ 表示边界点

图 2-17　区域的内点表示和边界表示　　　　图 2-18　4 向连通区域和 8 向连通区域

种子填充算法则是假设在多边形内有一像素已知，由此出发利用连通性填充区域内的所有像素。一般采用多次递归方式。种子填充算法中允许从 4 个方向寻找下一个像素者，称为四向算法；允许从 8 个方向寻找下一个像素者，称为八向算法。下面以四向算法为例来讨论种子填充算法。如果是八向算法，只是简单地把搜索方向从 4 个改成 8 个。可以使用栈结构来实现简单的种子填充算法。算法原理如下：种子像素入栈；当栈非空时重复执行如下 3 步操作：

（1）栈顶像素出栈。

（2）将出栈像素置成多边形色。

（3）按左、上、右、下顺序检查与出栈像素相邻的 4 个像素，若其中某个像素不在边界且未置成多边形色，则把该像素入栈。

简单的种子填充算法把太多的像素压入堆栈，有些像素甚至会入栈多次，从而降低了算法的效率，同时还要求很大的存储空间来实现栈结构。下面介绍一下扫描线种子填充算法，该填充算法能够提高区域填充的效率。

算法的基本过程如下：给定种子点 (x, y)，首先填充种子点所在扫描线上给定区域的一个区段，然后确定与这一区段相连通的上、下两条扫描线上位于给定区域内的区段，并依次保存下来。反复这个过程，直到填充结束。

扫描线种子填充算法可由下列 3 个步骤实现。

（1）初始化：确定种子点元素 (x, y)。

（2）判断种子点 (x, y) 是否满足非边界、非填充色的条件，若满足条件，以 y 作为当前扫描线沿当前扫描线向左、右两个方向填充，直到边界。

（3）确定新的种子点：检查与当前扫描线 y 上、下相邻的两条扫描线上的像素。若存在非边界、未填充的像素，则返回步骤（2）进行扫描填充。直至区域所有元素均为填充色，程序结束。

2.4 字符的生成

字符指数字、字母、汉字等符号。计算机中字符由一个数字编码唯一标识。国际上最流行的字符集是《美国信息交换用标准代码集》，简称 ASCII 码（American Standard Code for Information Interchange）。它是用 7 位二进制数进行编码表示 128 个字符，包括字母、标点、运算符以及一些特殊符号。其中编码 0~31 表示控制字符（不可显示），编码 32~127 表示英文字母、数字、标点符号等可显示字符。一个字符的 ASCII 码用一个字节（8 位）表示，其最高位不用或者作为奇偶校验位。我国除采用 ASCII 码外，还另外制定了汉字编码的国家标准字符集 GB2312—1980《信息交换用汉字编码字符集　基本集》。该字符集共收录常用汉字 6763 个，图形符号 682 个。该字符集分为 94 个区、94 个位，每个符号由一个区码和一个位码共同标识。区码和位码各用一个字节表示。为了能够区分 ASCII 码与汉字编码，采用字节的最高位来标识：最高位为 0 表示 ASCII 码；最高位为 1 表示汉字编码。为了在显示器等输出设备上输出字符，系统中必须装备有相应的字库。字库中存储了每个字符的形状信息，字库分为矢量和点阵型两种形式，如图 2-19 所示。

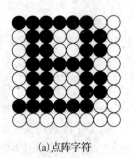

(a) 点阵字符　　　　　　　　(b) 点阵字库中的位图表示　　　　(c) 矢量轮廓字符
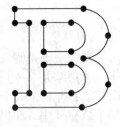

图 2-19　字符的种类

2.4.1　点阵字符

就目前来说，用得最多的是点阵字符。在字符的点阵表示中，每个字符由一个位图（字符掩模）来表示，对于西文字符的掩模矩阵一般不小于 5×7，而定义汉字的掩模矩阵一般不小于 16×16。一个字符的点阵数越多，字符越清晰、美观。在点阵字符库中，在表示字的位图中，该位为 1 表示字符的笔画经过此位，对应于此位的像素置为字符颜色。该位为 0 表示字符的笔画不经过此位，对应于此位的像素置为背景颜色。在实际应用中，有多种字体（如宋体、楷体等），每种字体又有多种大小型号，因此字库的存储空间是很庞大的。解决这个问题一般采用压缩技术。如黑白段压缩、部件压缩、轮廓字形压缩等。其中，轮廓字形法压缩比大，且能保证字符质量，是当今国际上最流行的一种方法。轮廓字形法采用直线或二 / 三次 Beziér 曲线的集合来描述一个字符的轮廓线。轮廓线构成一个或若干个封闭的平面区域。轮廓线定义加上一些指示横宽、竖宽、基点、基线等控制信息就构成了字符的压缩数据。点阵字符的显示分为两步，首先从字库中将它的位图检索出来，然后将检索到的位图写到帧缓冲器中。

2.4.2　矢量字符

矢量字符记录字符的笔画信息而不是整个位图，具有存储空间小，美观、变换方便等优点，特别在排版软件、工程绘图软件中，它几乎完全取代了传统的点阵字符。对于字符的旋转、缩放等变换，点阵字符的变换需要对表示字符位图中的每一像素进行；而矢量字符的变换只要对其笔画端点进行变换就可以了。矢量字符的显示也分为两步，首先从字库中找到它的字符信息，然后取出端点坐标，对其进行适当的几何变换，再根据各端点的标志显示出字符。

1) 字符坐标系

字符处于局部坐标系中，见图 2–20 中的 (a)。对一个字符来说，它由构成它的笔画组成，而每一笔画又由其两端点坐标和端点间是否连线的标志确定。

例如，汉字"士"有 3 画，6 个端点，可以按图 2–20 中的 (b) 的结构保存该汉字。

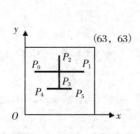

字符的编码			
x_0	y_0	0	0：不连线
x_1	y_1	1	1：连线
x_2	y_2	0	
x_3	y_3	1	
x_4	y_4	0	
x_5	y_5	1	
		–1	–1：结束标志

(a) 大小为 64×64 的字符局部坐标系　　　　(b) 矢量字符的存储结构

图 2–20　字符坐标系示例

2) 矢量字符的变换

点阵字符的表示是位图，点阵字符的变换是图像变换，当将点阵字符旋转或者放大时，会发现显示结果粗糙而难看；而用来表示矢量字符的是端点坐标，对矢量字符的变换就是对这些端点进行变换，是图形的几何变换，它可以对矢量字符进行任意变换而不影响显示结果。此外，点阵字符的变换需要对字符位图中的每一个像素进行，计算量大；而矢量字符的变换只需对其较少的笔画端点变换，因此变换速度快，变换效果好。

3) 矢量字符的显示

矢量字符的显示也是分为两个步骤：

(1) 根据给定的字符编码，在字库中检索出该字符的数据，由于各个字符的笔画不一样多，端点也就不一样多，造成存储各个字符的字节数不相同，给检索带来一定的麻烦。为了提高检索效率，可以改善字符的存储结构。

(2) 取出端点坐标，对其进行适当的几何变换，再根据各端点是否连线的标志显示出字符。

4) 矢量字符的存储

前面已经提到，矢量字符的存储是对其笔画的端点坐标进行存储的，因此在存储方面，矢量字符比点阵字符占用较少的空间，这表现在两个方面：

(1) 就单个字符来说，它占用较少的空间。例如图 2–20 中 (a) 的"士"，表示一个端点 $P(x, y)$，需要 6+6+1=13 位（局部坐标系范围：64×64，1 位表示连线标志），一共有 6 个端点，需 $6 \times 13/8$ 约为 10 个字节。而保存 64×64 的点阵字符，则需要 $64 \times 64/8=512$ 字节。

(2) 对矢量字符来说，每种字体（如宋体、黑体等）只需保存一套字符，所需不同型号（16×16、24×24）的字符可以通过相应的几何变换来实现。值得一提的是，矢量字符技术发展到今天，已经不仅仅用直线段来表示笔画了，而是用更复杂的二次曲线段（如早期的 True Type 字体）、三次曲线段（如北大方正排版系统用的字体）来表示笔画，使字符不但存储容量小、变换方便而且愈加美观。

2.4.3　字符属性

字符属性一般包括字体、字高、字宽因子（扩展 / 压缩）、字倾斜角、对齐方式、字色和写方式等。字符属性的内容如下：

(1) 字体，如仿宋体、楷体、黑体、隶书。

(2) 字倾斜角，如倾斜。

(3) 对齐方式，如左对齐、中心对齐、右对齐。

(4) 字色，如红、绿、蓝色。

(5) 写方式，替换方式时，对应字符掩模中空白区被置成背景色。写方式时，这部分区域颜色不受影响。

2.4.4　轮廓字形技术

当对输出字符的字形要求较高时（如排版印刷），需要使用高质量的点阵字符。对于 GB2312—1980 所规定的 6763 个基本汉字，假设每个汉字是 72×72 点阵，那么一个字库就需要 $72 \times 72 \times 6763/8=4.4$ MB 存储空间。不但如此，在实际使用时，还需要多种字体（如基本体、宋体、仿宋体、黑体、楷体等），每种字体又需要多种字号。可见，直接使用点阵式字符方法将耗费巨大的存储空间。因此把每种字体、字号的字符都分别存储一个对应的点阵，在一般情况下是不可行的。

一般采用压缩技术解决这个问题。对字形数据压缩后再存储，使用时，将压缩的数据还原为字符位图点阵。压缩方法有多种，最简单的有黑白段压缩法，这种方法简单，还原快，不失真，但压缩质量较差，使用起来也不方便，一般用于低级的文字处理系统中；另一种方法是部件压缩法，这种方法压缩比大，缺点是字形质量不能保证；三是轮廓字形法，这种方法压缩比大，且能保证字符质量，是当今国际上最流行的一种方法，基本上也被认为是符合工业标准化的方法。轮廓字形法采用直线或者二次 Beziér 曲线、三次 Beziér 曲线的集合来描述一个字符的轮廓线。轮廓线构成一个或若干个封闭的平面区域。轮廓线定义和一些指示横宽、竖宽、基点、基线等的控制信息，就构成了字符的压缩数据。这种控制信息用于保证字符变倍而引起的字符笔画原来的横宽、竖宽变大变小时，其宽度在任何点阵情况下永远一致。采用适当的区域填充算法，可以从字符的轮廓线定义产生字符位图点阵。区域填充算法可以用硬件实现，也可以用软件实现。

由美国 Apple 公司和 Microsoft 公司联合开发的 True Type 字形技术就是一种轮廓字形技术，已被用于为 Windows 中文版生成汉字字库。当前，占领我国主要电子印刷市场的北大方正和华光电子印刷系统，用的字形技术是汉字字形轮廓矢量法。这种方法能够准确地把字符的信息描述下来，保证了还原的字符质量，又对字形数据进行了大量的压缩。调用字符时，可以任意地放大、缩小或进行修饰性变化，基本上能满足电子印刷中字形质量的要求。轮廓字形技术有着广泛的应用，到目前为止在印刷行业中使用最多。随着 MSWin-dows 操作系统的大量使用，在计算机辅助设计、图形学等领域也将变得越来越重要。

2.5　线型和线宽的处理

通过光栅扫描线算法画的一般是在每个取样位置只使用一个像素而生成的连续、标准的直线段或圆等基本图形元素。但实际应用中，我们经常需要具有一定宽度和线型的直线段或曲线。

2.5.1　直线的线型处理

线型包括实线、虚线和点线等。线型的显示可用像素段方法实现：针对不同的线型，画线程序沿路径输出一些连续像素段，在每两个实心段之间有一段中间空白段来表示虚线，它们的长度（像素数目）可用像素模板指定。像素模板是包含数字 0 和 1 的字符串，用来指出沿线路径需要绘制哪些位置，一般 1 对应的像素位置显示当前颜色，而 0 对应的像素位置显示背景色。例如，像素模板 111111000 可用来显示划线长度为 6 个像素，间隔空白段为 3 个像素的虚线。

使用固定数目的像素来画线会产生不同方向的划线长度不相等的问题。如图 2-21 所示的两个线段都是两个实心像素、两个空白像素的形成虚线段。但由于对角线方向像素和像素的距离要是水平方向像素和像素的距离的 $\sqrt{2}$ 倍。如果需要进行精确的绘制，那么对任何直线方向的划线长度应保持近似相等。可以按照直线的斜率来调整实心段和中间空白段的像素数目。另一个保持划线等长的方法是将划线看成单独的线段，将每条划线的端点坐标进行定位后，调用沿划线路径计算像素位置的画线程序。

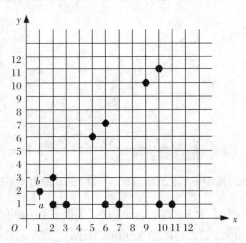

图 2-21　相同数目像素显示的不等长划线

2.5.2　直线的线宽处理

如果需要产生具有一定宽度的线，可以顺着所生成的单像素线条轨迹，移用一把具有一定宽度的"刷子"来获得。常用的刷子包括线刷子和方刷子。

1) 线刷子

常用的线刷子包括垂直刷子和水平刷子。线刷子的原理：假设直线斜率在[-1，1]之间，这时可以把刷子置成垂直方向，刷子的中点对准直线一端点，然后让刷子中心往直线的另一端移动，"刷出"具有一定宽度的线。当直线斜率不在[-1，1]之间，这时可以把刷子置成水平方向，同样刷子的中点对准直线一端点，然后让刷子中心往直线的另一端移动，"刷出"具有一定宽度的线。具体实现线刷子时，只要对直线扫描转换算法的内循环稍作修改即可。如图 2-22 所示，将每步迭代所得到的像素点上下各增加一个像素，从而得到线宽为 3 个像素的线段。

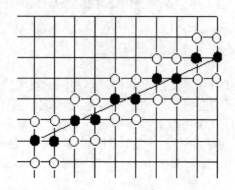

图 2-22　用线刷子绘制的具有宽度的线段

使用线刷子算法比较简单，效率高，但也存在一些问题。斜线与水平（或垂直）线不一样粗，水平和垂直线最粗，其粗细与指定线宽相等，而 45° 斜线的粗细仅有指定线宽的 $\frac{1}{\sqrt{2}} \approx 0.7$ 倍。利用线刷子生成线的始末端总是水平或垂直的，看起来不自然。如图 2-23 所示。

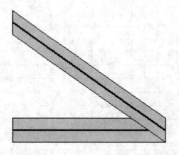

图 2-23　线刷子生成的线线宽不一致，末端总是水平或垂直

我们可以通过添加"线帽（Line Cap）"的方式来调整线端的形状，从而给出更好的外观。如图 2-24 所示，常用形式有方帽、凸方帽和圆帽。

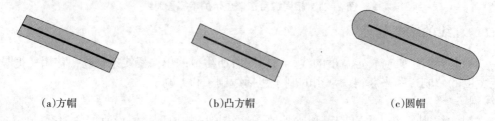

（a）方帽　　　　　　　　　（b）凸方帽　　　　　　　　　（c）圆帽

图 2-24　常用 3 种形式的线帽

它们分别描述如下：

（1）方帽：调整端点位置，使粗线的显示具有垂直于线段路径的正方形端点。

（2）凸方帽：简单将线向两头延伸一半线宽并添加方帽。

（3）圆帽：通过对每个方帽添加一个填充的半圆。

另外，线刷子还有一些缺点。比如，当线宽为偶数个像素时，用上述方法绘制的线条要么粗一个像素，要么细一个像素；当比较接近水平的线与比较接近垂直的线汇合时，汇合处外角将有缺口，如图 2-25 所示。

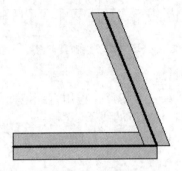

图 2-25 线刷子产生的缺口

对于比较接近水平的线与比较接近垂直的线汇合形成粗折线时，需要一些额外的处理。通常，显示单个线段所使用的方法不能生成平滑连续的一系列线段，也就是说，折线往往通过几次的线段生成。所以，我们可以通过线段端点进行额外的处理来生成平滑连接的粗折线。可以使用如图 2-26 所示的斜角连接、圆连接和斜切连接进行两粗线段的平滑连接。

(a)斜角连接   (b)圆连接   (c)斜切连接

图 2-26 粗线的 3 种连接

2) 方刷子

所谓方刷子是一个具有指定线段 W 形的正方形，将它的中心沿所绘直线做平行移动，获得具有一定宽度的线，如图 2-27 所示。方刷子和线刷子的不同之处在于，用方刷子绘制的线总体上要粗些；与线刷子相反，对于水平或垂直线，线宽最小，而对于斜率为 ±1 的线条，线宽最大，为水平或垂直线线宽的 $\sqrt{2}$ 倍。

实现方刷子最简单的方法是，将正方形中心对准单像素宽的线条上各个像素，并把方形内的所有像素都置成线条颜色。由于相邻两个像素的正方形一般会重叠，这种简单方法将会重复写线条颜色。为了避免重复写像素，可以采用与活化边表似技术，为每条扫描线表建立一个表，存放该扫描线于线条的相交区间左右端点位置。在每个像素使用方刷子时，用该正方形于各扫描线的相交区间端点坐标去更新原表内端点数据。

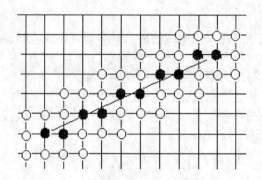

图 2-27   用方刷子绘制具有宽度的线段

3) 其他线宽处理方式

（1）区域填充：先算出线条各个角点，再用直线把相邻角点连接起来，最后使用多边形填充算法进行填充，得到具有宽度的线条。

（2）改变刷子形状：使用像素模板定义其他形状的刷子，如图 2-28 所示。

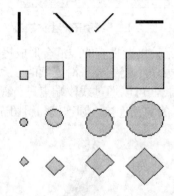

图 2-28   常用的刷子形状

2.5.3   圆弧的线型和线宽处理

1) 圆弧的线型处理

圆弧的线型处理同样可以采用像素模板的方法，如图 2-29 所示，利用模板 110 绘制虚线圆弧。

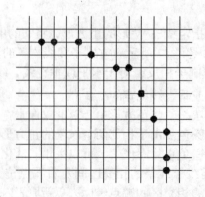

图 2-29   利用模板 110 进行圆的线型处理

在圆弧的线型处理中特别需要注意两点：

（1）从一个八分象限转入下一个八分象限时要交换像素的位置，以保持划线长度近似相等。

（2）在沿圆周移动时调整画每根划线的像素数目以保证划线长度近似相等。

对于与直线段线型处理同样出现的划线长度不均衡及空白长度不均衡的问题，圆弧线型绘制时可以采用沿等角弧画像素代替用等长区间的像素模板来生成等长划线。

2）圆弧的线宽处理

与直线的线宽处理类似，圆弧的线宽处理也可用线刷子和方刷子等方法。另外，还可应用圆弧刷子，处理过程与方刷子相似。额外需要注意如下几点：

（1）线刷子：经过曲线斜率为 1 和 −1 处，必须切换刷子。且曲线接近水平与垂直的地方，线条更粗。

（2）方刷子：接近水平垂直的地方，线条更细；要显示一致的曲线宽度可通过旋转刷子方向以使其在沿曲线移动时与斜率方向一致。

（3）也可采用区域填充的办法。

（4）圆弧刷子：可以显示一致的线宽。

2.6　图形的反走样技术

在光栅图形显示器中，对于非水平且非垂直的直线或多边形边界进行扫描转换时会呈现锯齿状以及一些小于一个像素尺寸的微小图形会丢失，这种用离散量表示连续量引起的失真，称为走样。如图 2–30 所示，经过扫描转换后的线段呈现锯齿状。

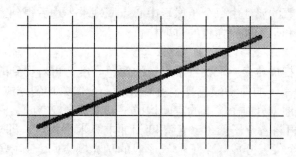

图 2–30　绘制直线时出现锯齿状的走样现象

当图形的尺寸很小，小到在像素格子内描述某种图形，但对于光栅系统，像素只能点亮或不点亮，从而产生图形的丢失。如图 2–31 所示，图中每个正方形代表一个像素。

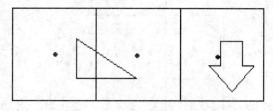

图 2–31　绘制微小图形时的走样现象

造成走样的原因主要是因为数学意义上的图形是由无限多个连续的、面积为零的点构成；但在光栅显示器上，用有限多个离散的、具有一定面积的像素来近似的表示它们。

为了提高图形的显示质量，需要减少或消除走样现象。用于减少或消除这种效果的技术，称为图形反走样技术。常用的反走样技术可分为两类：其中一类反走样方法是基于提高分辨率即增加取样点，也称为过取样；另一类反走样方法是把像素作为一个有限区域，对区域取样。

2.6.1 提高分辨率的反走样技术

反走样技术的一种简单方法是以较高的分辨率显示对象，也称为过取样，如图 2-32 所示，把显示器分辨率提高 1 倍，由于每个锯齿在 x 方向与 y 方向都只有低分辨率的一半，所以效果看起来会好一些。但这种改进是以 4 倍的存储器代价和扫描转换时间获得的，并会受到硬件条件的限制。另外，这种方法只能减轻锯齿问题，但不能消除它。

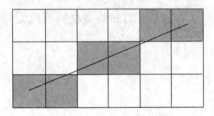 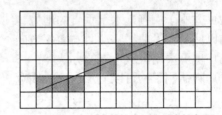

(a)正常分辨下扫描的线段   (b)把分辨率提高 1 倍后显示的结果

图 2-32   分辨率提高 1 倍后阶梯状程度减小

过取样是在高于显示分辨率的较高分辨率下用点取样方法计算，然后对几个像素的属性进行平均得到较低分辨率下的像素属性。首先将每个像素划分为若干个子像素，形成分辨率较高的光栅。像素的属性由每个子像素中心点属性求平均后得到。过取样可分为算术平均法、重叠过取样和基于加权模板的过取样。

1) 算术平均法

在较高分辨率下扫描转换，求得各子像素的颜色亮度，再对得到的像素颜色亮度进行平均，得到较低分辨率下的像素颜色亮度。一般将一个像素均匀分成 4 个像素或 16 个像素，屏幕上由被虚拟地划分成子像素的空间构成了一个伪光栅空间，它的分辨率被虚拟提高了 4 倍或 16 倍，再将各个子像素颜色亮度相加求算术平均数，即求得该像素的属性。如图 2-33 所示，一个像素分成 4 个子像素形成的伪光栅空间，其中●表示原像素中心，而＋用于计算的子像素的中心。

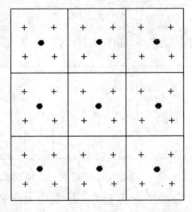

图 2-33   算术平均法中子像素示意图

2) 重叠过取样

为了得到更好的效果，在对一个像素点进行着色处理时，不仅仅只对其本身的子像素进行取样，同时对其周围的多个像素的子像素进行取样，来计算该点的颜色属性。

如图 2-34 所示，设显示器分辨率为 $m×n$，其中 $m=4$，$n=3$，首先把显示窗口划分为 $(2m+1)×(2n+1)$ 个子像素，然后通过扫描转换求得各子像素的颜色值，再对位于像素中心及四周的 9 个子像素的颜色值进行平均，最后得到显示像素的颜色亮度值。

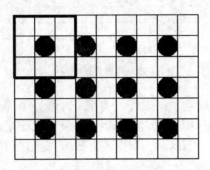

图 2-34　重叠过取样

3) 基于加权模板的过取样

前面在确定像素的亮度时，仅仅是对所有子像素的亮度进行简单的平均。更常见的做法是给接近像素中心的子像素赋予较大的权值，即对所有子像素的亮度进行加权平均。如图 2-35 所示的是一些常用的加权模板。

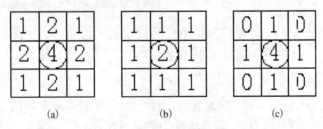

（a）　　　　　　　　（b）　　　　　　　　（c）

图 2-35　常用的加权模板

2.6.2　区域反走样技术

在整个像素区域内进行取样，这种技术称为区域取样。又由于像素的亮度是作为一个整体被确定的，不需要划分子像素，故也被称为前置滤波。区域取样技术可分为简单的区域取样和加权区域取样的过滤技术两种方法。

1) 简单的区域取样

前面介绍的直线扫描算法假定像素是数学上的一个点，像素的颜色是由对应于像素中心的图形中一点的颜色决定的。但是，实际上像素不是一个点，而是一个有限区域。屏幕上所画的直线段不是数学意义上无宽度的理想线段，而是一个宽度至少为一个像素单位的线条。所以把屏幕上的直线看成如图 2-36 所示的长方条形更合理。在绘制该直线条时，所有与该长方条相交的像素都采用适当的宽度给予显示。当然，这要求显示器各像素可以用多灰度显示。

在简单的区域取样过程中，像素的灰度与它落在直线条内的面积成正比。假设在多灰

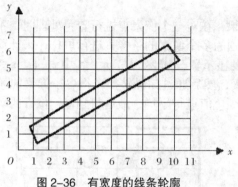

图 2-36　有宽度的线条轮廓

度黑白显示器的白色背景上绘制一条黑线，若一个像素整个都落在线条上，则将它置成纯黑色；若一个像素与线条部分相交，则根据相交部分的大小来选择不同的灰度。相交部分大的像素更黑些，相交部分小的像素则白些。这种方法将使边界变得比较模糊，由此来减轻锯齿效应。

直线段与像素相交区域的面积的计算，一般可以根据直线的斜率 k 和直线的精确起点位置算出。如图 2-37 所示，给出两种直线条与像素相交时常见的情况，其他情况也可以由这两种情况类似推导出。在图 2-37 的（a）情况中，假设阴影三角形在 y 方向的边长为 d_1，则 x 方向边长为 $\dfrac{d_1}{m}$，m 为直线斜率。由此，可得阴影三角形面积 S 为：

$$S = \frac{1}{2} \times d_1 \times \frac{d_1}{m} = \frac{d_1^2}{2m}$$

在图 2-37 的（b）情况中，假设阴影梯形的左底边长为 d_2，则该阴影梯形面积 S 是长、宽分别为 d_2、1 的长方形面积减去两直角边为 m、1 的直角三角形面积：

$$S = d_2 - \frac{m}{2}$$

所得的面积都是介于 0～1 之间的正数。用它乘以像素最大灰度值，再取整，可得像素显示灰度值。应用这种面积取样的方法绘制的直线比在相同分辨率下进行点取样绘制的直线效果好很多。但这种方法如果每个相交的像素都计算在线宽内部分，计算量较大。

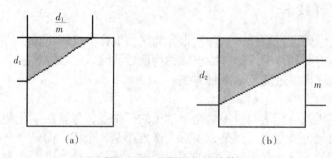

(a)　　　　　　　　　　　(b)

图 2-37　阴影面积的计算

为了简化面积的计算，可以利用一种求相交区域近似面积的离散计算方法：
(1) 将屏幕像素分割成 n 个更小的子像素。
(2) 计算中心落在直线段内的子像素的个数 m。

(3) $\dfrac{m}{n}$ 为线段与像素相交区域面积的近似值。

在简单的区域取样方法中，直线段对一个像素亮度的贡献与该像素落在线条轮廓内的面积成正比，从而和直线段与像素中心点的距离成正比。无论该区域与理想直线的距离多远，各区域相同的面积将产生相同的灰度值。这仍然会导致锯齿效应，只不过这时的锯齿比点取样情形会模糊一些，另外，在简单的区域取样方法中，直线条上沿理想直线方向的相邻两个像素，有时会有较大的灰度差。

2) 加权区域取样的过滤技术

过取样中，我们对所有子像素的亮度进行简单平均或加权平均来确定像素的亮度。在区域取样中，我们使用覆盖像素的连续的加权函数或滤波函数来确定像素的亮度。这种方法类似于应用加权的像素掩模，只是假设一个连续的加权函数（或过滤函数）覆盖像素。

加权函数 $W(x, y)$ 是定义在二维显示平面上的函数。对于位置为 (x, y) 的小区域 d 来说，函数值 $W(x, y)$ [也称为在 (x, y) 处的高度] 表示小区域 d 的权值。将加权函数在整个二维显示图形上积分，得到具有一定体积的滤波器（Filter），该滤波器的体积为 1。将加权函数在显示图形上进行积分，得到滤波器的一个子体，该子体的体积介于 $0 \sim 1$ 之间，用它来表示像素的亮度。

如图 2-38 所示的是一些常用的过滤函数。

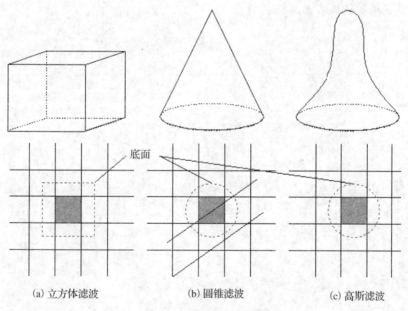

底面

(a) 立方体滤波　　　　　(b) 圆锥滤波　　　　　(c) 高斯滤波

图 2-38　常用的过滤函数

应用过滤函数的方法类似于应用加权掩模，但过滤函数是集成像素曲面来得到加权的平均亮度。为了减少计算量，经常使用查表法来得到整数值。该方法能够使接近理想直线的像素将被分配更多的灰度值，并且相邻两个像素的滤波器相交，有利于缩小直线条上相邻像素的灰度差。

2.7　本章小结

　　本章主要讲述如何在指定的输出设备（如光栅图形显示器）上利用点构造其他基本二维几何图形（如点、直线、圆、椭圆、多边形域及字符串等）的算法与原理。

　　首先介绍了 DDA（数值微分）画线算法、中点画线法和 Bresenham 画线算法 3 种直线生成算法，以及中点画圆算法和中点椭圆生成算法。在多边形的区域填充的讨论中分别介绍了多边形填充的基础理论、多边形的扫描线填充算法、边填充算法和种子填充算法。最后介绍了字符的生成、线型和线宽的处理和图形的反走样技术。

2.8　本章习题

　　(1) 应用 DDA 画线算法绘制起点为 (1，1)，终点为 (15，7) 的直线段。

　　(2) 应用中点画线法绘制起点为 (5，8)，终点为 (20，15) 的直线段。

　　(3) 应用 Bresenham 画线算法绘制起点为 (4，4)，终点为 (18，12) 的直线段。

　　(4) 给定圆半径 $r=15$，应用中点画圆算法绘制圆心为坐标原点，在 $x=0$ 到 $x=y$ 范围内的八分圆，并应用对称性得到整个圆的所有像素值。

　　(5) 应用中点椭圆生成算法，给定输入椭圆参数 $a=10$ 和 $b=8$，确定第一象限内椭圆轨迹上的光栅像素位置，并应用对称性得到整个椭圆的所有像素值。

　　(6) 上机实现各区域填充算法。

第 3 章 图形的变换与观察

在计算机图形学中，图形的变换与观察是研究的基础内容之一。在图形设计与构造中图形的二维和三维几何变换有着广泛的应用。另外，在二维图形观察中，可使用 xy 平面上的包含全图或任意部分的区域来选择视图，用户可以只选择一个区域，也可以同时选择几个区域来显示，利用裁剪窗口将需要保留的场景映射到设备坐标系上。对于三维图形，需要有投影子程序将场景变换到平面视图，再识别可见部分。

3.1 图形的几何变换

图形的几何变换一般是应用于图形的几何描述并改变它的位置、方向或大小的操作。主要的几何变换包括平移、旋转、缩放、对称及错切等操作。对图形进行几何变换往往有两种方法，一种是变换矩阵作用到图形的每个点产生图形变换。而另一种是变换矩阵作用到图形一系列顶点，从而得到这些顶点在几何变换后新的顶点序列，连接新的顶点序列即可得到变换后的图形。因此，我们都以点的形式研究经过某种图形几何变换到什么位置。

3.1.1 数学基础

1）矢量运算

矢量是一有向线段，具有方向和大小两个参数。设有两个矢量 $V_1(x_1,\ y_1,\ z_1)$，$V_2(x_2,\ y_2,\ z_2)$。

（1）矢量的长度。

$$|V_1| = \sqrt{x_1^2 + y_1^2 + z_1^2}$$

（2）数乘矢量。

$$aV_1 = (ax_1,\ ay_1,\ az_1)$$

（3）两个矢量之和。

$$V_1 + V_2 = (x_1 + x_2,\ y_1 + y_2,\ z_1 + z_2)$$

（4）两个矢量的点积。

$$V_1 \cdot V_2 = |V_1||V_2|\cos\theta = x_1 \cdot x_2 + y_1 \cdot y_2 + z_1 \cdot z_2$$

θ 为两个向量之间的夹角。

另外，点积满足交换律和分配律：

$$V_1 \cdot V_2 = V_2 \cdot V_1$$

$$V_1(V_2 + V_3) = V_1 \cdot V_2 + V_1 \cdot V_3$$

（5）两个矢量的叉积。

$$V_1 \times V_2 = \begin{vmatrix} i & j & k \\ x_1 & y_1 & z_1 \\ x_2 & y_2 & z_2 \end{vmatrix} = (y_1 \cdot z_2 - y_2 \cdot z_1,\ z_1 \cdot x_2 - z_2 \cdot x_1,\ x_1 \cdot y_2 - x_2 \cdot y_1)$$

叉积满足反交换律和分配律：

$$V_1 \times V_2 = -V_2 \cdot V_1$$

$$V_1 \times (V_2 + V_3) = V_1 \times V_2 + V_1 \times V_3$$

2）矩阵运算

设有一个 m 行 n 列矩阵 A：

$$A_{mn}=\begin{bmatrix} a_{11} & a_{12} & \cdots & a_{1n} \\ a_{21} & a_{22} & \cdots & a_{2n} \\ \cdots & \cdots & \cdots & \cdots \\ a_{m1} & a_{m2} & \cdots & a_{mn} \end{bmatrix}$$

（1）矩阵的加法运算。

设两个矩阵 A 和 B 都是 $m \cdot n$ 的，把它们对应位置的元素相加而得到的矩阵叫做 A、B 的和，记为 $A+B$。

$$A+B=\begin{bmatrix} a_{11}+b_{11} & a_{12}+b_{12} & \cdots & a_{1n}+b_{1n} \\ a_{21}+b_{21} & a_{22}+b_{22} & \cdots & a_{2n}+b_{2n} \\ \cdots & \cdots & \cdots & \cdots \\ a_{m1}+b_{m1} & a_{m2}+b_{m2} & \cdots & a_{mn}+b_{mn} \end{bmatrix}$$

只有在两个矩阵的行数和列数都相同时才能加法。

（2）数乘矩阵。

用数 k 乘矩阵 A 的每一个元素而得的矩阵叫做 k 与 A 之积，记为 kA。

$$kA=\begin{bmatrix} ka_{11} & ka_{12} & \cdots & ka_{1n} \\ ka_{21} & ka_{22} & \cdots & ka_{2n} \\ \cdots & \cdots & \cdots & \cdots \\ ka_{m1} & ka_{m2} & \cdots & ka_{mn} \end{bmatrix}$$

（3）矩阵的乘法运算。

只有当前矩阵的列数等于后矩阵的行数时两个矩阵才能相乘。

$C_{mn}=A_{mp} \cdot B_{pn}$，矩阵 C 中的每个元素 c_{ij} 为：

$$c_{ij}=\sum_{k=1}^{p} a_{ik} \cdot b_{kj}$$

下面让我们用一个简单的例子来说明，设 A 为 2×3 的矩阵，B 为 3×2 的矩阵，则两者的乘积为：

$$C=A \cdot B=\begin{bmatrix} a_{11} & a_{12} & a_{13} \\ a_{21} & a_{22} & a_{23} \end{bmatrix}\begin{bmatrix} b_{11} & b_{12} \\ b_{21} & b_{22} \\ b_{31} & b_{32} \end{bmatrix}$$

$$=\begin{bmatrix} a_{11}b_{11}+a_{12}b_{21}+a_{13}b_{31} & a_{11}b_{12}+a_{12}b_{22}+a_{13}b_{32} \\ a_{21}b_{11}+a_{22}b_{21}+a_{23}b_{31} & a_{21}b_{12}+a_{22}b_{22}+a_{23}b_{32} \end{bmatrix}$$

（4）单位矩阵。

对于一个 $n \times n$ 的矩阵，如果它的对角线上的各个元素均为 1，其余元素都为 0，则该矩阵称为单位矩阵，记为 I_n。对于任意 $m \times n$ 的矩阵恒有：

$A_{mn}I_n=A_{mn}$

$I_mA_{mn}=A_{mn}$

（5）矩阵的转置。

交换一个矩阵 $A_{m \times n}$ 的所有的行列元素，那么所得到的 $m \times n$ 的矩阵被称为原有矩阵的转置，记为 A^T：

$$A^T=\begin{bmatrix} a_{11} & a_{21} & \cdots & a_{m1} \\ a_{12} & a_{22} & \cdots & a_{m2} \\ \cdots & \cdots & \cdots & \cdots \\ a_{1n} & a_{2n} & \cdots & a_{mn} \end{bmatrix}$$

可得：$(A^T)^T=A$，$(A+B)^T=(A^T+B^T)$，$(kA)^T=kA^T$

对于矩阵的积为：$(A\cdot B)^T=B^T\cdot A^T$

（6）矩阵的逆。

对于一个 $m\times n$ 的方阵 A，如果存在一个 $m\times n$ 的方阵 B，使得 $AB=BA=I_n$，则称 B 是 A 的逆，记为 $B=A^{-1}$，A 则被称为非奇异矩阵。矩阵的逆是相互的，A 同样也可记为 $B=A^{-1}$，B 也是一个非奇异矩阵。任何非奇异矩阵有且只有一个逆矩阵。

（7）矩阵运算的基本性质。

矩阵加法适合交换律与结合律：

$(A+B)=(B+A)$

$A+(B+C)=(A+B)+C$

数乘矩阵适合分配律与结合律：

$a(A+B)=aA+aB$

$a(A\cdot B)=(a\cdot A)B=A\cdot aB$

矩阵的乘法适合结合律：

$A(B\cdot C)=(A\cdot B)C$

矩阵的乘法对加法适合分配律：

$(A+B)C=AC+BC$

$C(A+B)=CA+CB$

矩阵的乘法不适合交换率：

$A\cdot B\neq B\cdot A$

3.1.2　二维基本几何变换

1）平移、旋转、缩放变换

（1）平移变换。

通过将位移量加到一个点的坐标上生成新的坐标位置，称为平移变换。将平移距离 t_x、t_y 加到原来的坐标 $P(x，y)$ 变为新的坐标 $P'(x'，y')$，则平移变换等式形式为：

$$\begin{cases} x'=x+t_x \\ y'=y+t_y \end{cases}$$

变换矩阵形式为：

$$\begin{bmatrix} x' \\ y' \end{bmatrix}=\begin{bmatrix} t_x \\ t_y \end{bmatrix}+\begin{bmatrix} x \\ y \end{bmatrix}$$

或写成：

$P'=P+T$

其中：

$$P=\begin{bmatrix} x \\ y \end{bmatrix} \qquad P'=\begin{bmatrix} x' \\ y' \end{bmatrix} \qquad T=\begin{bmatrix} t_x \\ t_y \end{bmatrix}$$

将一个三角形进行平移得到的图形如图 3-1 所示。

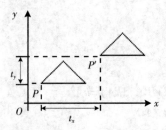

图 3-1 三角形平移变换示例

(2) 旋转变换。

通过指定一个旋转轴和一个旋转角度，可以进行一次旋转变换。二维旋转是将一个对象绕与 xy 平面垂直的旋转轴旋转，旋转轴与 xy 平面的交点称为基准点。另外，特别注意旋转角度是分正负的：正角度 θ 定义为绕基准点的逆时针旋转，而负角度将对象绕基准点的顺时针旋转。

如图 3-2 所示，设函数图形以坐标原点为基准点，逆时针旋转 θ 角，原来的坐标 $P(x，y)$ 变为新的坐标 $P'(x'，y')$。

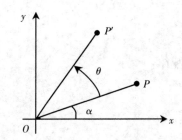

图 3-2 相对原点将点 P 旋转得到 P'

旋转变换推导过程为：

变换前点 $(x，y)$ 可表示为：

$$\begin{cases} x'=r\cos\alpha \\ y'=r\sin\alpha \end{cases}$$

变换后点 $(x'，y')$ 可表示为：

$$\begin{cases} x'=r\cos(\alpha+\theta)=r\cos\alpha\cos\theta-r\sin\alpha\sin\theta \\ y'=r\sin(\alpha+\theta)=r\sin\alpha\cos\theta-r\cos\alpha\sin\theta \end{cases}$$

因而得到旋转变换等式形式为：

$$\begin{cases} x'=x\cos\theta-y\sin\theta \\ y'=x\sin\theta+y\cos\theta \end{cases}$$

变换矩阵形式为：

$$\begin{bmatrix} x' \\ y' \end{bmatrix} = \begin{bmatrix} \cos\theta & -\sin\theta \\ \sin\theta & \cos\theta \end{bmatrix} \begin{bmatrix} x \\ y \end{bmatrix}$$

或写成：

$$P'=R \cdot P$$

其中：

$$P = \begin{bmatrix} x \\ y \end{bmatrix} \qquad P' = \begin{bmatrix} x' \\ y' \end{bmatrix} \qquad R = \begin{bmatrix} \cos\theta & -\sin\theta \\ \sin\theta & \cos\theta \end{bmatrix}$$

如果顺时针旋转 θ 角，此时 θ 代入负值即可。

将一个三角形绕着坐标原点进行旋转得到的图形如图 3-3 所示。

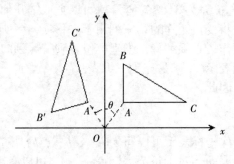

图 3-3　将三角形 *ABC* 绕着坐标原点进行旋转 θ 角所得结果

（3）缩放变换。

将缩放系数 s_x 和 s_y 与原来的坐标 $P(x，y)$ 分别相乘得到新的坐标 $P'(x'，y')$，则缩放变换等式形式为：

$$\begin{cases} x' = x \cdot s_x \\ y' = y \cdot s_y \end{cases}$$

变换矩阵形式为：

$$\begin{bmatrix} x' \\ y' \end{bmatrix} = \begin{bmatrix} s_x & 0 \\ 0 & s_y \end{bmatrix} \begin{bmatrix} x \\ y \end{bmatrix}$$

或写成：

$$P' = S \cdot P$$

其中：

$$P' = \begin{bmatrix} x' \\ y' \end{bmatrix} \qquad S = \begin{bmatrix} s_x & 0 \\ 0 & s_y \end{bmatrix} \qquad P = \begin{bmatrix} x \\ y \end{bmatrix}$$

在缩放过程中，有一个在缩放变换后不改变位置的点，称为固定点，以固定缩放后对象的位置，在此缩放中，假设固定点为坐标原点。固定点可以选择任何其他空间位置，在后面"复合变换"一节中再加以描述。缩放系数 s_x 和 s_y 可以取任何正数值。值小于 1 将缩小对象的尺寸，值大于 1 将放大对象的尺寸。当 s_x 和 s_y 取相同值，x 和 y 两方向保持相对比例不变，可称为一致缩放，否则，称为差值缩放。

将一个三角形 *ABC* 以固定点为坐标原点进行缩放变换得到的图形如图 3-4 所示。

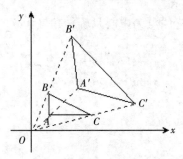

图 3-4　固定点为坐标原点的缩放变换示意图

2) 齐次矩阵表示

从平移、旋转、缩放变换的矩阵表示我们可以看到：平移是加法运算，而旋转、缩放是乘法，变换矩阵形式不统一，无法形成几何变换的模板式运算，也更难进行复合几何变换。为了使变换矩阵形式统一，引入齐次坐标。

如果将 2×2 矩阵表达扩充为 3×3 矩阵，就可以把二维几何变换中的乘法和平移项组合成单一矩阵表示。这时将变换矩阵的第三列用于平移项，而所有的变换公式可表达为矩阵乘法。但为了这样的操作，必须解释二维坐标位置到三元列向量的矩阵表示。标准的实现技术是将二维坐标位置表示(x, y)扩充到三维表示(x_h, y_h, h)，称为齐次坐标，这里的齐次系数 h 是一个非零值，因此

$$x = \frac{x_h}{h}, \quad y = \frac{y_h}{h}$$

这样，普通的二维齐次坐标表示可以写为$(h \cdot x, h \cdot y, h)$。对于二维几何变换，可以把齐次参数 h 取为非零值。因而，对于每个坐标点(x, y)，可以有无数个等价的齐次表达式。最方便的选择是简单地设置成 $h=1$。因此每个二维坐标位置都可用齐次坐标$(x, y, 1)$来表示。h 的其他值也是需要的，例如在三维观察变换的矩阵公式中。

齐次坐标这一术语在数学中用来指出笛卡尔方程表达效果。当笛卡尔点(x, y)转换为齐次坐标(x_h, y_h, h)时，包含 x 和 y 的方程 $f(x, y)=0$ 变成了 3 个参数 x_h、y_h 和 h 的齐次方程。这恰好说明，假如 3 个参数均被各自乘上值 v 后的值替换，那么 v 可以从方程中作为因子提取出来。

利用齐次坐标表示位置，使我们可以用矩阵相乘的形式来表示所有的几何变换公式，而这是图形系统中使用的标准方法。二维坐标位置用三元素列向量表示，而二维变换操作用一个 3×3 矩阵表示。

3) 几何变换的矩阵表示

在本书中所有的几何变换都将采用齐次坐标进行矩阵运算。

（1）二维平移变换矩阵表示。

使用齐次坐标方法，二维平移变换矩阵形式可表示为：

$$\begin{bmatrix} x' \\ y' \\ 1 \end{bmatrix} = \begin{bmatrix} 1 & 0 & t_x \\ 0 & 1 & t_y \\ 0 & 0 & 1 \end{bmatrix} \begin{bmatrix} x \\ y \\ 1 \end{bmatrix} = \begin{bmatrix} x+t_x \\ y+t_y \\ 1 \end{bmatrix} = T(t_x, t_y) \begin{bmatrix} x \\ y \\ 1 \end{bmatrix}$$

其中平移矩阵 $T(t_x, t_y)$ 可表示为：

$$T(t_x, t_y) = \begin{bmatrix} 1 & 0 & t_x \\ 0 & 1 & t_y \\ 0 & 0 & 1 \end{bmatrix}$$

（2）二维旋转变换矩阵表示。

使用齐次坐标方法，以坐标原点为中心且旋转角度为 θ 的二维旋转变换矩阵形式可表示为：

$$\begin{bmatrix} x' \\ y' \\ 1 \end{bmatrix} = \begin{bmatrix} \cos\theta & -\sin\theta & 0 \\ \sin\theta & \cos\theta & 0 \\ 0 & 0 & 1 \end{bmatrix} \begin{bmatrix} x \\ y \\ 1 \end{bmatrix} = \begin{bmatrix} x\cos\theta - y\sin\theta \\ x\sin\theta + y\cos\theta \\ 1 \end{bmatrix} = R(\theta) \begin{bmatrix} x \\ y \\ 1 \end{bmatrix}$$

其中旋转矩阵 $R(\theta)$ 可表示为：

$$R(\theta)= \begin{vmatrix} \cos\theta & -\sin\theta & 0 \\ \sin\theta & \cos\theta & 0 \\ 0 & 0 & 1 \end{vmatrix}$$

(3) 二维缩放变换矩阵表示。

使用齐次坐标方法，固定点为坐标原点且缩放系数为 s_x 和 s_y 的二维缩放变换矩阵形式可表示为：

$$\begin{bmatrix} x' \\ y' \\ 1 \end{bmatrix} = \begin{vmatrix} s_x & 0 & 0 \\ 0 & s_y & 0 \\ 0 & 0 & 1 \end{vmatrix} \begin{vmatrix} x \\ y \\ 1 \end{vmatrix} = \begin{vmatrix} s_x \cdot x \\ s_y \cdot y \\ 1 \end{vmatrix} = S(s_x,\ s_y) \begin{bmatrix} x \\ y \\ 1 \end{bmatrix}$$

其中缩放矩阵 $S(s_x,\ s_y)$ 可表示为：

$$S(s_x,\ s_y) = \begin{bmatrix} s_x & 0 & 0 \\ 0 & s_y & 0 \\ 0 & 0 & 1 \end{bmatrix}$$

4) 逆变换

对于平移变换，通过对平移距离取负值得到平移变换的逆矩阵，所以，如果二维平移距离为 t_x、t_y，则其逆平移矩阵为：

$$T^{-1}(t_x,\ t_y) = \begin{bmatrix} 1 & 0 & -t_x \\ 0 & 1 & -t_y \\ 0 & 0 & 1 \end{bmatrix}$$

也就是说，产生了原平移变换的相反方向平移，因此，平移矩阵和其逆平移矩阵的乘积为一个单位矩阵。

对于旋转变换，通过对旋转角度取负值得到平移旋转变换的逆矩阵，坐标原点为基准点，旋转 θ 角的旋转变换，则其逆旋转矩阵为：

$$R^{-1}(\theta) = \begin{vmatrix} \cos(-\theta) & \sin(-\theta) & 0 \\ \sin(-\theta) & \cos(-\theta) & 0 \\ 0 & 0 & 1 \end{vmatrix} = \begin{vmatrix} \cos\theta & \sin\theta & 0 \\ -\sin\theta & \cos\theta & 0 \\ 0 & 0 & 1 \end{vmatrix}$$

也就是相同角度 θ 绕着逆时针和顺时针形成两个互逆矩阵，因此，旋转矩阵和其逆旋转矩阵的乘积为一个单位矩阵。

对于缩放变换，将缩放系数取其倒数形成缩放变换的逆矩阵。因此，固定点为坐标原点且缩放系数为 s_x 和 s_y 的二维缩放变换的逆矩阵可表示为：

$$S^{-1}(s_x,\ s_y) = \begin{bmatrix} \dfrac{1}{s_x} & 0 & 0 \\ 0 & \dfrac{1}{s_y} & 0 \\ 0 & 0 & 1 \end{bmatrix}$$

该逆矩阵生成相反的缩放变换，因此，缩放矩阵和其逆缩放矩阵的乘积也为一个单位矩阵。

5) 复合变换

利用几何变换中矩阵表达式，可以通过计算单个变换的矩阵乘积，将任意的变换序列组成复合变换矩阵。例如，我们对点位置 P 进行两次变换，根据矩阵乘积结合率，可知变换后的位置将用下式计算：

$$P' = M_2 \cdot M_1 \cdot P = (M_2 \cdot M_1) \cdot P$$

如果令：$M = M_2 \cdot M_1$，

则有：$P' = M \cdot P$

该坐标位置使用矩阵 M 来变换，而不是单独先用 M_1 然后 M_2 来变换。M 即为复合变换矩阵。两次变换如此，3 个或以上变换都可类似推导。

复合变换也就是：如果图形要做一次以上的几何变换，那么可以将各个变换矩阵综合起来进行一步到位的变换。常见的几何变换应用复合变换理论可得以下结论：

（1）复合二维平移。

如果将两个连续的平移向量 (t_{1x}, t_{1y}) 和 (t_{2x}, t_{2y}) 作用于坐标位置 P，那么变换后位置 P' 可以计算为：

$$P' = T(t_{1x}, t_{1y})\{T(t_{2x}, t_{2y}) \cdot P\}$$
$$= \{T(t_{1x}, t_{1y})T(t_{2x}, t_{2y})\} \cdot P$$

其中，P 和 P' 为齐次坐标列向量。计算两个平移变换矩阵乘积可得：

$$\begin{bmatrix} 0 & 0 & t_{2x} \\ 0 & 0 & t_{2y} \\ 0 & 0 & 1 \end{bmatrix} \begin{bmatrix} 0 & 0 & t_{1x} \\ 0 & 0 & t_{1y} \\ 0 & 0 & 1 \end{bmatrix} = \begin{bmatrix} 0 & 0 & t_{2x}+t_{1x} \\ 0 & 0 & t_{2y}+t_{1y} \\ 0 & 0 & 1 \end{bmatrix}$$

或：

$$T(t_{1x}, t_{1y})T(t_{2x}, t_{2y}) = T(t_{2x}+t_{1x}, t_{2y}+t_{1y})$$

因而，可以得出：对同一图形做两次平移变换相当于两次的平移分量之和作为平移分量的平移变换，矩阵表示形式为：

$$P' = T(t_{1x}, t_{1y})T(t_{2x}, t_{2y}) \cdot P$$
$$= T(t_{2x}+t_{1x}, t_{2y}+t_{1y}) \cdot P$$

其中 $T(t_{2x}+t_{1x}, t_{2y}+t_{1y})$ 还是平移矩阵，即：

$$T(t_{2x}+t_{1x}, t_{2y}+t_{1y}) = \begin{bmatrix} 0 & 0 & t_{2x}+t_{1x} \\ 0 & 0 & t_{2y}+t_{1y} \\ 0 & 0 & 1 \end{bmatrix}$$

（2）复合二维旋转。

如果将两个连续的旋转角度 θ_1 和 θ_2 作用于坐标位置 P，那么变换后位置 P' 可以计算为：

$$P' = R(\theta_2)\{R(\theta_1) \cdot P\}$$
$$= \{R(\theta_2) \cdot R(\theta_1)\} \cdot P$$

其中，P 和 P' 为齐次坐标列向量。计算两个旋转变换矩阵乘积可得：

$$\begin{bmatrix} \cos\theta_1 & -\sin\theta_1 & 0 \\ \sin\theta_1 & \cos\theta_1 & 0 \\ 0 & 0 & 1 \end{bmatrix} \begin{bmatrix} \cos\theta_2 & -\sin\theta_2 & 0 \\ \sin\theta_2 & \cos\theta_2 & 0 \\ 0 & 0 & 1 \end{bmatrix} = \begin{bmatrix} \cos(\theta_1+\theta_2) & -\sin(\theta_1+\theta_2) & 0 \\ \sin(\theta_1+\theta_2) & \cos(\theta_1+\theta_2) & 0 \\ 0 & 0 & 1 \end{bmatrix}$$

或：

$$R(\theta_2) \cdot R(\theta_1) = R(\theta_1+\theta_2)$$

因而，可以得出：对同一图形做两次旋转变换相当于两次的旋转角度之和作为旋转角度的旋转变换，矩阵表示形式为：

$$P' = R(\theta_2) \cdot R(\theta_1) \cdot P$$
$$= R(\theta_1+\theta_2) \cdot P$$

其中 $R(\theta_1+\theta_2)$ 还是旋转矩阵：

$$R(\theta_1+\theta_2)=\begin{bmatrix} \cos(\theta_1+\theta_2) & -\sin(\theta_1+\theta_2) & 0 \\ \sin(\theta_1+\theta_2) & \cos(\theta_1+\theta_2) & 0 \\ 0 & 0 & 1 \end{bmatrix}$$

（3）复合二维缩放。

如果将两个连续缩放变换作用于坐标位置 P，那么变换后位置 P' 可以计算为：

$$P'=S(s_{1x}, s_{1y})\{S(s_{2x}, s_{2y})\cdot P\}$$
$$=\{S(s_{1x}, s_{1y})S(s_{2x}, s_{2y})\}\cdot P$$

其中，P 和 P' 为齐次坐标列向量。计算两个缩放变换矩阵乘积可得：

$$\begin{bmatrix} s_{2x} & 0 & 0 \\ 0 & s_{2y} & 0 \\ 0 & 0 & 1 \end{bmatrix}\begin{bmatrix} s_{1x} & 0 & 0 \\ 0 & s_{1y} & 0 \\ 0 & 0 & 1 \end{bmatrix}=\begin{bmatrix} s_{1x}\cdot s_{2x} & 0 & 0 \\ 0 & s_{1y}\cdot s_{2y} & 0 \\ 0 & 0 & 1 \end{bmatrix}$$

或：

$$S(s_{1x}, s_{1y})\cdot S(s_{2x}, s_{2y})= S(s_{1x}\cdot s_{2x}, s_{1y}\cdot s_{2y})$$

因而，可以得出：对同一图形做两次缩放变换相当于两次的缩放系数之积作为缩放系数的缩放变换，矩阵表示形式为：

$$P'=S(s_{1x}, s_{1y})S(s_{2x}, s_{2y})\cdot P$$
$$=S(s_{1x}\cdot s_{2x}, s_{1y}\cdot s_{2y})\cdot P$$

其中 $S(s_{1x}\cdot s_{2x}, s_{1y}\cdot s_{2y})$ 还是缩放矩阵：

$$S(s_{1x}\cdot s_{2x}, s_{1y}\cdot s_{2y})=\begin{bmatrix} s_{1x}\cdot s_{2x} & 0 & 0 \\ 0 & s_{1y}\cdot s_{2y} & 0 \\ 0 & 0 & 1 \end{bmatrix}$$

（4）二维基准点为 (x_r, y_r) 的旋转变换。

在 1）中所学习的旋转变换以原点为基准点，如果基准点为任意点 (x_r, y_r)，可以通过下面 3 个步骤的组成的复合变换得到。

① 平移对象使基准点 (x_r, y_r) 回到坐标原点处，那么对象上的任意一点 (x_0, y_0) 通过 x 方向的平移分量 $-x_r$、y 方向的平移分量 $-y_r$ 的平移变换变换到 (x_1, y_1)，应用平移矩阵变换：

$$\begin{bmatrix} x_1 \\ y_1 \\ 1 \end{bmatrix}=T(t_x, t_y)\begin{bmatrix} x_0 \\ y_0 \\ 1 \end{bmatrix}$$

其中：

$$T(t_x, t_y)=\begin{bmatrix} 0 & 0 & -x_r \\ 0 & 0 & -y_r \\ 0 & 0 & 1 \end{bmatrix}$$

② 然后进行基准点为坐标原点的旋转变换，应用旋转变换矩阵：

$$\begin{bmatrix} x_2 \\ y_2 \\ 1 \end{bmatrix}=R(\theta)\begin{bmatrix} x_1 \\ y_1 \\ 1 \end{bmatrix}$$

其中：

$$R(\theta)=\begin{bmatrix} \cos\theta & -\sin\theta & 0 \\ \sin\theta & \cos\theta & 0 \\ 0 & 0 & 1 \end{bmatrix}$$

③ 最后将基准点移回原来的位置 (x_r, y_r)，x 方向的平移分量 x_r、y 方向的平移分量 y_r，

即步骤①中平移变换的逆变换：

$$\begin{bmatrix} x_3 \\ y_3 \\ 1 \end{bmatrix} = T^{-1}(t_x,\ t_y) \begin{bmatrix} x_2 \\ y_2 \\ 1 \end{bmatrix}$$

其中：

$$T^{-1}(t_x,\ t_y) = \begin{bmatrix} 0 & 0 & x_r \\ 0 & 0 & y_r \\ 0 & 0 & 1 \end{bmatrix}$$

所以利用复合变换可表示为：

$$\begin{bmatrix} x_3 \\ y_3 \\ 1 \end{bmatrix} = \begin{bmatrix} 0 & 0 & x_r \\ 0 & 0 & y_r \\ 0 & 0 & 1 \end{bmatrix} \begin{bmatrix} \cos\theta & -\sin\theta & 0 \\ \sin\theta & \cos\theta & 0 \\ 0 & 0 & 1 \end{bmatrix} \begin{bmatrix} 0 & 0 & -x_r \\ 0 & 0 & -y_r \\ 0 & 0 & 1 \end{bmatrix} \begin{bmatrix} x_1 \\ y_1 \\ 1 \end{bmatrix}$$

$$= \begin{bmatrix} \cos\theta & -\sin\theta & x_r(1-\cos\theta) + y_r\sin\theta \\ \sin\theta & \cos\theta & y_r(1-\cos\theta) - x_r\sin\theta \\ 0 & 0 & 1 \end{bmatrix} \begin{bmatrix} x_1 \\ y_1 \\ 1 \end{bmatrix}$$

复合变换矩阵为：

$$R(x_r,\ y_r,\ \theta) = T(x_r,\ y_r)\, R(\theta)\, T(-x_r,\ -y_r)$$

$$= \begin{bmatrix} 0 & 0 & x_r \\ 0 & 0 & y_r \\ 0 & 0 & 1 \end{bmatrix} \begin{bmatrix} \cos\theta & -\sin\theta & 0 \\ \sin\theta & \cos\theta & 0 \\ 0 & 0 & 1 \end{bmatrix} \begin{bmatrix} 0 & 0 & -x_r \\ 0 & 0 & -y_r \\ 0 & 0 & 1 \end{bmatrix}$$

$$= \begin{bmatrix} \cos\theta & -\sin\theta & x_r(1-\cos\theta) + y_r\sin\theta \\ \sin\theta & \cos\theta & y_r(1-\cos\theta) - x_r\sin\theta \\ 0 & 0 & 1 \end{bmatrix}$$

如图 3-5 所示，其中(a)中的对象和基准点$(x_r,\ y_r)$都在原始位置；(b)平移对象使基准点$(x_r,\ y_r)$位于坐标原点；(c)绕坐标原点进行旋转；(d)平移对象使基准点回到$(x_r,\ y_r)$所在的原始位置。

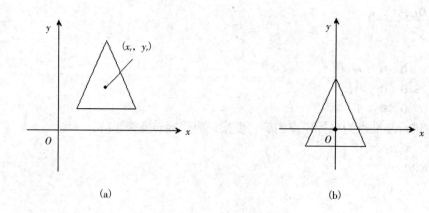

(a)　　　　　　　　　　　　(b)

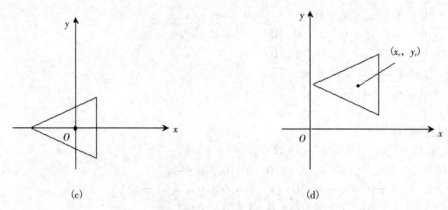

图 3-5　基准点为$(x_r,\ y_r)$旋转变换的变换顺序

(5) 二维固定点为$(x_f,\ y_f)$的缩放变换。

在 1) 中所学习的缩放变换的固定点为坐标原点。如果固定点为任意点$(x_f,\ y_f)$可以通过下面 3 个步骤的组成的复合变换得到。

①平移对象使固定点$(x_f,\ y_f)$回到坐标原点处，那么对象上的任意一点$(x_0,\ y_0)$通过 x 方向的平移分量$-x_f$、y 方向的平移分量$-y_f$的平移变换变换到$(x_1,\ y_1)$，应用平移矩阵变换：

$$\begin{bmatrix} x_1 \\ y_1 \\ 1 \end{bmatrix} = T(t_x,\ t_y) \begin{bmatrix} x_0 \\ y_0 \\ 1 \end{bmatrix}$$

其中：

$$T(t_x,\ t_y) = \begin{bmatrix} 0 & 0 & -x_f \\ 0 & 0 & -y_f \\ 0 & 0 & 1 \end{bmatrix}$$

②进行固定点为坐标原点的缩放变换，应用缩放矩阵变换：

$$\begin{bmatrix} x_2 \\ y_2 \\ 1 \end{bmatrix} = S(s_x,\ s_y) \begin{bmatrix} x_1 \\ y_1 \\ 1 \end{bmatrix}$$

其中：

$$S(s_x,\ s_y) = \begin{bmatrix} s_x & 0 & 0 \\ 0 & s_y & 0 \\ 0 & 0 & 1 \end{bmatrix}$$

③最后将固定点移回原来的位置$(x_f,\ y_f)$，x 方向的平移分量 x_f、y 方向的平移分量 y_f，即步骤①中平移变换的逆变换：

$$\begin{bmatrix} x_3 \\ y_3 \\ 1 \end{bmatrix} = T^{-1}(t_x,\ t_y) \begin{bmatrix} x_2 \\ y_2 \\ 1 \end{bmatrix}$$

其中：

$$T^{-1}(t_x,\ t_y) = \begin{bmatrix} 0 & 0 & x_f \\ 0 & 0 & y_f \\ 0 & 0 & 1 \end{bmatrix}$$

所以利用复合变换可表示为：

$$\begin{bmatrix} x_3 \\ y_3 \\ 1 \end{bmatrix} = \begin{bmatrix} 0 & 0 & x_f \\ 0 & 0 & y_f \\ 0 & 0 & 1 \end{bmatrix} \begin{bmatrix} s_x & 0 & 0 \\ 0 & s_y & 0 \\ 0 & 0 & 1 \end{bmatrix} \begin{bmatrix} 0 & 0 & -x_f \\ 0 & 0 & -y_f \\ 0 & 0 & 1 \end{bmatrix} \begin{bmatrix} x_0 \\ y_0 \\ 1 \end{bmatrix}$$

$$= \begin{bmatrix} s_x & 0 & x_f(1-s_x) \\ 0 & s_y & y_f(1-s_y) \\ 0 & 0 & 1 \end{bmatrix} \begin{bmatrix} x_0 \\ y_0 \\ 1 \end{bmatrix}$$

复合变换矩阵为：

$$S(x_f,\ y_f,\ s_x,\ s_y)=T(x_f,\ y_f)S(s_x,\ s_y)T(-x_f,\ -y_f)$$

$$= \begin{bmatrix} 0 & 0 & x_f \\ 0 & 0 & y_f \\ 0 & 0 & 1 \end{bmatrix} \begin{bmatrix} s_x & 0 & 0 \\ 0 & s_y & 0 \\ 0 & 0 & 1 \end{bmatrix} \begin{bmatrix} 0 & 0 & -x_f \\ 0 & 0 & -y_f \\ 0 & 0 & 1 \end{bmatrix}$$

$$= \begin{bmatrix} s_x & 0 & x_f(1-s_x) \\ 0 & s_y & y_f(1-s_y) \\ 0 & 0 & 1 \end{bmatrix}$$

如图 3-6 所示，其中(a)中的对象和固定点$(x_f,\ y_f)$都在原始位置；(b)平移对象使固定点$(x_f,\ y_f)$位于坐标原点；(c)绕坐标原点进行缩放；(d)平移对象使固定点回到$(x_f,\ y_f)$所在的原始位置。

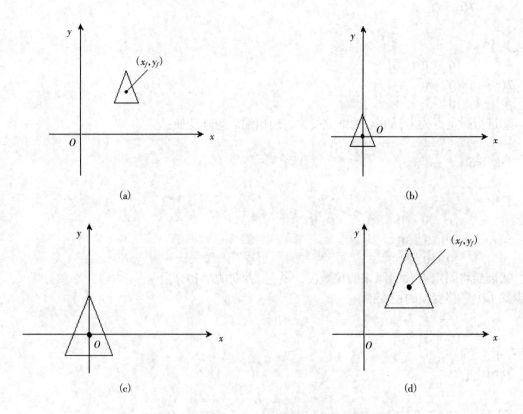

图 3-6　固定点为$(x_f,\ y_f)$缩放变换的变换顺序

6) 对称变换

产生对象镜像的变换称为对称变换，也可称为镜像变换。对于二维对称操作可将对象绕对称轴旋转 180° 而成，下面列举几个常用对称轴的对称变换：

(1) 坐标点 $(x，y)$ 关于 $y=0$ 即 x 轴的对称变换后得到新的坐标 $(x'，y')$，等式形式为：

$$\begin{cases} x'=x \\ y'=-y \end{cases}$$

对应的变换矩阵为：

$$\begin{bmatrix} x' \\ y' \\ 1 \end{bmatrix} = \begin{bmatrix} 1 & 0 & 0 \\ 0 & -1 & 0 \\ 0 & 0 & 1 \end{bmatrix} \begin{bmatrix} x \\ y \\ 1 \end{bmatrix}$$

这种对称变换保持 x 值相同，而"翻动" y 坐标位置的值。该变换可以看做将对象移至 xy 平面，通过三维空间绕 x 轴旋转 180°，再回到 x 轴另一侧的 xy 平面。将三角形 ABC 关于 x 轴做对称变换，所得图形如图 3-7 所示。

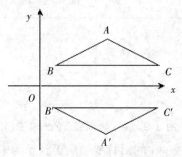

图 3-7　关于 x 轴的对称变换

(2) 坐标点 $(x，y)$ 关于 $x=0$ 即 y 轴的对称变换后得到新的坐标 $(x'，y')$，等式形式为：

$$\begin{cases} x'=-x \\ y'=y \end{cases}$$

对应的变换矩阵为：

$$\begin{bmatrix} x' \\ y' \\ 1 \end{bmatrix} = \begin{bmatrix} -1 & 0 & 0 \\ 0 & 1 & 0 \\ 0 & 0 & 1 \end{bmatrix} \begin{bmatrix} x \\ y \\ 1 \end{bmatrix}$$

这种对称变换保持 y 值相同，而"翻动" x 坐标位置的值。该变换可以看做将对象移至 xy 平面，通过三维空间绕 y 轴旋转 180°，再回到 y 轴另一侧的 xy 平面。将三角形 ABC 关于 y 轴做对称变换，所得图形如图 3-8 所示。

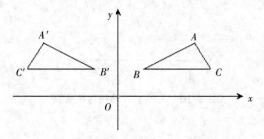

图 3-8　关于 y 轴的对称变换

(3) 坐标点$(x，y)$关于坐标原点的对称变换后得到新的坐标$(x'，y')$，等式形式为：

$$\begin{cases} x'=-x \\ y'=-y \end{cases}$$

对应的变换矩阵为：

$$\begin{bmatrix} x' \\ y' \\ 1 \end{bmatrix} = \begin{bmatrix} -1 & 0 & 0 \\ 0 & -1 & 0 \\ 0 & 0 & 1 \end{bmatrix} \begin{bmatrix} x \\ y \\ 1 \end{bmatrix}$$

这种对称变换同时"翻动"x坐标值和y坐标值，可以将对象在xy平面绕坐标原点旋转半圈得到。将三角形ABC关于坐标原点做对称变换，所得图形如图3-9所示。

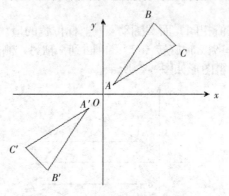

图3-9 关于坐标原点的对称变换

(4) 坐标点$(x，y)$关于直线$y=x$的对称变换后得到新的坐标$(x'，y')$，等式形式为：

$$\begin{cases} x'=y \\ y'=x \end{cases}$$

对应的变换矩阵为：

$$\begin{bmatrix} x' \\ y' \\ 1 \end{bmatrix} = \begin{bmatrix} 0 & 1 & 0 \\ 1 & 0 & 0 \\ 0 & 0 & 1 \end{bmatrix} \begin{bmatrix} x \\ y \\ 1 \end{bmatrix}$$

这种对称变换可以通过一系列旋转和坐标轴对称的复合变换得到，比如逆时针旋转45°使$y=x$的旋转成y轴，再完成关于y轴做对称，最后顺时针旋转45°使$y=x$回到原始位置。将三角形ABC关于$y=x$轴做对称变换，所得图形如图3-10所示。

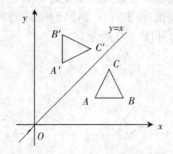

图3-10 关于$y=x$轴的对称变换

（5）坐标点$(x，y)$关于直线 $y=-x$ 的对称变换后得到新的坐标$(x'，y')$，等式形式为：

$$\begin{cases} x'=-y \\ y'=-x \end{cases}$$

对应的变换矩阵为：

$$\begin{bmatrix} x' \\ y' \\ 1 \end{bmatrix} = \begin{bmatrix} 0 & -1 & 0 \\ -1 & 0 & 0 \\ 0 & 0 & 1 \end{bmatrix} \begin{bmatrix} x \\ y \\ 1 \end{bmatrix}$$

这种对称变换可以通过一系列旋转和坐标轴对称的复合变换得到，比如顺时针旋转 $45°$ 使 $y=-x$ 的旋转成 y 轴，再完成关于 y 轴做对称，最后逆时针旋转 $45°$ 使 $y=-x$ 回到原始位置。将三角形 ABC 关于 $y=-x$ 轴做对称变换，所得图形如图 3-11 所示。

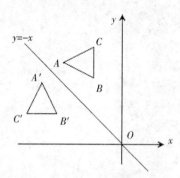

图 3-11　关于 $y=-x$ 轴的对称变换

（6）坐标点$(x，y)$关于任意直线 $y=ax+b$ 的对称变换。

这种对称变换可以通过复合变换完成。具体操作为：先平移使对称轴 $y=ax+b$ 过原点，然后旋转使对称轴成为某个坐标轴，再关于该坐标轴对称，最后逆旋转和逆平移使对称轴回到原来的位置，这样就可以得到坐标点$(x，y)$关于任意直线 $y=ax+b$ 的对称点$(x'，y')$。由于平移时可以沿 x 方向或 y 方向平移，而旋转时也逆时针或顺时针旋转成为某个坐标轴，因此变换矩阵并不唯一。

从对称轴 $y=mx+b$ 的直线方程可知：该直线在 y 轴上的截距为 b、在 x 轴上的截距为 $-\dfrac{b}{m}$。假设直线的正切角为 α，则 $\alpha=\arctan m$，α 余角设为 $\beta=90°-\alpha$。那么正常描述坐标点$(x，y)$关于任意直线 $y=ax+b$ 的对称变换可分以下两种情况：

第一种情况：沿 y 方向平移使对称轴过原点，逆时针旋转 β 角度使其成为 y 轴，再关于 y 轴做对称，最后相应逆旋转和逆平移使对称轴回到原来的位置。对应的复合变换矩阵形式为：

$$\begin{bmatrix} x' \\ y' \\ 1 \end{bmatrix} = \begin{bmatrix} 1 & 0 & 0 \\ 0 & 1 & b \\ 0 & 0 & 1 \end{bmatrix} \begin{bmatrix} \cos\beta & \sin\beta & 0 \\ -\sin\beta & \cos\beta & 0 \\ 0 & 0 & 1 \end{bmatrix} \begin{bmatrix} -1 & 0 & 0 \\ 0 & 1 & 0 \\ 0 & 0 & 1 \end{bmatrix} \begin{bmatrix} \cos\beta & -\sin\beta & 0 \\ \sin\beta & \cos\beta & 0 \\ 0 & 0 & 1 \end{bmatrix} \begin{bmatrix} 1 & 0 & 0 \\ 0 & 1 & -b \\ 0 & 0 & 1 \end{bmatrix} \begin{bmatrix} x \\ y \\ 1 \end{bmatrix}$$

如图 3-12 所示。

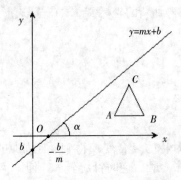

(a)三角形与对称轴 y=mx+b 原始位置

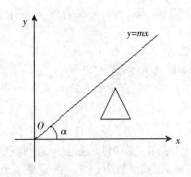

(b)平移使对称轴过原点

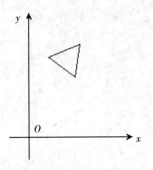

(c) 逆时针旋转 β 角度使对称轴成为 y 轴

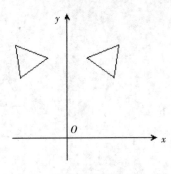

(d)关于 y 轴对称

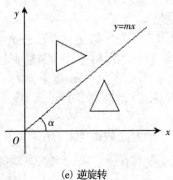

(e) 逆旋转

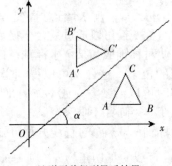

(f)逆平移得到最后结果

图 3-12　关于任意直线 y=ax+b 的对称变换过程

第二种情况：沿 x 方向平移使对称轴过原点，顺时针旋转 α 角度使其成为 x 轴，再关于 x 轴做对称，最后相应逆旋转和逆平移使对称轴回到原来的位置。对应的变换矩阵为：

$$\begin{bmatrix} x' \\ y' \\ 1 \end{bmatrix} = \begin{bmatrix} 1 & 0 & -\dfrac{b}{m} \\ 0 & 1 & 0 \\ 0 & 0 & 1 \end{bmatrix} \begin{bmatrix} \cos\alpha & -\sin\alpha & 0 \\ \sin\alpha & \cos\alpha & 0 \\ 0 & 0 & 1 \end{bmatrix} \begin{bmatrix} 1 & 0 & 0 \\ 0 & -1 & 0 \\ 0 & 0 & 1 \end{bmatrix} \begin{bmatrix} \cos\alpha & \sin\alpha & 0 \\ -\sin\alpha & \cos\alpha & 0 \\ 0 & 0 & 1 \end{bmatrix} \begin{bmatrix} 1 & 0 & \dfrac{b}{m} \\ 0 & 1 & 0 \\ 0 & 0 & 1 \end{bmatrix} \begin{bmatrix} x \\ y \\ 1 \end{bmatrix}$$

两种情况通过平移两方向与旋转时针再互换一下就可得出，但注意旋转使对称轴成为某个轴时，对称矩阵就必须只有关于该轴对称。

7) 错切变换

错切变换是一种使对象形状发生变化的变换，经过错切的对象好像是由已经相互滑动的内部夹层组成。下面介绍两种简单的沿着 x 方向的错切变换和沿着 y 方向的错切变换。

(1) 简单沿 x 方向的错切变换。

这种错切变换 y 值保持不变，而 x 值产生同 y 值成正比的平移量。

变换等式如下：

$$\begin{cases} x'=x+sh_x \cdot y \\ y'=y \end{cases}$$

其中，sh_x 称为错切参数，可以定义任意实数。sh_x 为正值时坐标位置向右移动，sh_x 为负值时坐标位置向左移动。

对应的变换矩阵为：

$$\begin{bmatrix} x' \\ y' \\ 1 \end{bmatrix} = \begin{bmatrix} 1 & sh_x & 0 \\ 0 & 1 & 0 \\ 0 & 0 & 1 \end{bmatrix} \begin{bmatrix} x \\ y \\ 1 \end{bmatrix}$$

如图 3-13 所示。

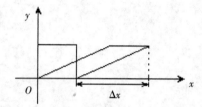

图 3-13 简单沿 x 方向的错切变换

在图 3-13 中，可以看出：错切参数 $sh_x = \dfrac{\Delta x}{y}$。

(2) 简单沿 y 方向的错切变换。

这种错切变换 x 值保持不变，而 y 值产生同 x 值成正比的平移量。

变换等式如下：

$$\begin{cases} x'=x \\ y'=y+sh_y \cdot x \end{cases}$$

对应的变换矩阵为：

$$\begin{bmatrix} x' \\ y' \\ 1 \end{bmatrix} = \begin{bmatrix} 1 & 0 & 0 \\ sh_y & 1 & 0 \\ 0 & 0 & 1 \end{bmatrix} \begin{bmatrix} x \\ y \\ 1 \end{bmatrix}$$

如图 3-14 所示。

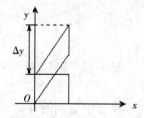

图 3-14 简单沿 y 方向的错切变换

在图 3-14 中，可以看出：错切参数 $sh_y = \dfrac{\Delta y}{x}$。

3.1.3 三维基本几何变换

三维几何变换的方法是在二维几何变换的基础上考虑 z 坐标而得到的。三维平移与三维缩放只是在二维相应几何变换基础上多了 z 分量。而三维旋转变换从二维旋转扩展较复杂些：在 xy 平面上的二维旋转只需考虑沿着垂直于 xy 平面的坐标轴进行旋转，其实也就是绕一个基准点旋转；而三维空间中，可以选择空间的任意方向的旋转轴进行旋转，往往可以通过绕某个坐标轴复合得到，因此关于坐标轴的旋转最为常用，也最为关键。

一个三维位置在齐次坐标中表示为 4 元列向量。因此，现在的每一个几何变换操作是一个从左边乘坐标向量的 4×4 变换矩阵。

1）三维平移变换

将平移距离 t_x、t_y、t_z 加到原来的坐标 (x,y,z) 变为新的坐标 (x',y',z')，则平移变换等式形式为：

$$\begin{cases} x'=x+t_x \\ y'=y+t_y \\ z'=z+t_z \end{cases}$$

对应的变换矩阵为：

$$\begin{bmatrix} x' \\ y' \\ z' \\ 1 \end{bmatrix} = \begin{bmatrix} 1 & 0 & 0 & t_x \\ 0 & 1 & 0 & t_y \\ 0 & 0 & 1 & t_z \\ 0 & 0 & 0 & 1 \end{bmatrix} \begin{bmatrix} x \\ y \\ z \\ 1 \end{bmatrix}$$

或：$P'=T \cdot P$

其中平移矩阵 T 为：

$$T = \begin{bmatrix} 1 & 0 & 0 & t_x \\ 0 & 1 & 0 & t_y \\ 0 & 0 & 1 & t_z \\ 0 & 0 & 0 & 1 \end{bmatrix}$$

如图 3-15 所示。

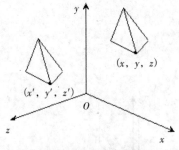

图 3-15　平移变换

2）三维旋转变换

在三维旋转变换中，旋转轴可以是三维空间的任意一条直线，不过关于坐标轴的旋转是最容易处理的。一般任意坐标轴的旋转往往可以通过围绕坐标轴的旋转并结合适当平移变换的复合而得到。因此，我们首先讨论绕着 3 个坐标轴的旋转。另外，旋转角度还是以逆时针旋转为正方向。

（1）绕 z 轴三维旋转变换。

任意点绕 z 轴三维旋转形成一个与 z 轴垂直的旋转平面，z 坐标在该变换中保持不变，而 x、y 坐标在旋转平面中为二维旋转。因此变换等式形式为：

$$\begin{cases} x'=x\cos\theta-y\sin\theta \\ y'=x\sin\theta+y\cos\theta \\ z'=z \end{cases}$$

对应齐次变换矩阵形式为：

$$\begin{bmatrix} x' \\ y' \\ z' \\ 1 \end{bmatrix} = \begin{bmatrix} \cos\theta & -\sin\theta & 0 & 0 \\ \sin\theta & \cos\theta & 0 & 0 \\ 0 & 0 & 1 & 0 \\ 0 & 0 & 0 & 1 \end{bmatrix} \begin{bmatrix} x \\ y \\ z \\ 1 \end{bmatrix}$$

或写成：$P'=R_z \cdot P$

其中，绕 z 轴的三维旋转矩阵 R_z 为：

$$R_z = \begin{bmatrix} \cos\theta & -\sin\theta & 0 & 0 \\ \sin\theta & \cos\theta & 0 & 0 \\ 0 & 0 & 1 & 0 \\ 0 & 0 & 0 & 1 \end{bmatrix}$$

如图 3-16 所示。

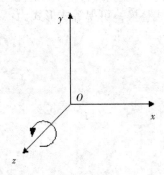

图 3-16　绕 z 轴三维旋转

（2）绕 y 轴三维旋转变换。

由于 3 个坐标轴是对等关系，对（1）中等式做坐标参数 x、y、z 循环替换（如图 3-17 所示）：

$z \rightarrow y$，$y \rightarrow x$，$x \rightarrow z$ 根据该方式替换，可得等式形式为：

$$\begin{cases} z'=z\cos\theta-x\sin\theta \\ x'=z\sin\theta+x\cos\theta \\ y'=y \end{cases}$$

对应齐次变换矩阵为：

$$\begin{bmatrix} x' \\ y' \\ z' \\ 1 \end{bmatrix} = \begin{bmatrix} \cos\theta & 0 & \sin\theta & 0 \\ 0 & 1 & 0 & 0 \\ -\sin\theta & 0 & \cos\theta & 0 \\ 0 & 0 & 0 & 1 \end{bmatrix} \begin{bmatrix} x \\ y \\ z \\ 1 \end{bmatrix}$$

或写成：$P'=R_y \cdot P$

其中，绕 y 轴的三维旋转矩阵 R_y 为：

$$R_y = \begin{bmatrix} \cos\theta & 0 & \sin\theta & 0 \\ 0 & 1 & 0 & 0 \\ -\sin\theta & 0 & \cos\theta & 0 \\ 0 & 0 & 0 & 1 \end{bmatrix}$$

坐标轴替换如图 3-17 所示。

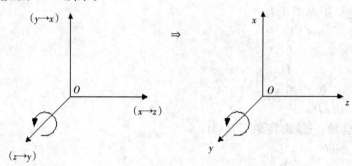

图 3-17   由绕 z 轴旋转经过循环坐标替换生成绕 y 轴旋转

（3）绕 x 轴三维旋转变换。

对（1）中等式做坐标参数 x、y、z 循环替换（如图 3-18 所示）：

$z \rightarrow x$，$x \rightarrow y$，$y \rightarrow z$ 根据该方式替换，可得等式形式为：

$$\begin{cases} y' = y\cos\theta - z\sin\theta \\ z' = y\sin\theta + z\cos\theta \\ x' = x \end{cases}$$

对应齐次变换矩阵为：

$$\begin{bmatrix} x' \\ y' \\ z' \\ 1 \end{bmatrix} = \begin{bmatrix} 1 & 0 & 0 & 0 \\ 0 & \cos\theta & -\sin\theta & 0 \\ 0 & \sin\theta & \cos\theta & 0 \\ 0 & 0 & 0 & 1 \end{bmatrix} \begin{bmatrix} x \\ y \\ z \\ 1 \end{bmatrix}$$

或写成：$P' = R_x \cdot P$

其中，绕 x 轴的三维旋转矩阵 R_x 为：

$$R_x = \begin{bmatrix} 1 & 0 & 0 & 0 \\ 0 & \cos\theta & -\sin\theta & 0 \\ 0 & \sin\theta & \cos\theta & 0 \\ 0 & 0 & 0 & 1 \end{bmatrix}$$

坐标轴替换如图 3-18 所示。

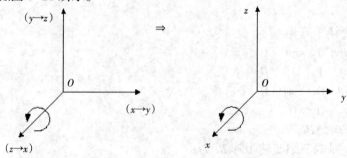

图 3-18   由绕 z 轴旋转经过循环坐标替换生成绕 x 轴旋转

(4) 绕任意轴的一般三维旋转。

如果旋转轴不是坐标轴，而是一条任意轴，可以应用关于坐标轴旋转和平移所形成的复合变换得到。假设任意轴由两个坐标点 P_1 和 P_2 确定，如果沿着从 P_2 到 P_1 的轴进行观察，并且旋转的方向为逆时针方向，并且旋转角度为 θ。则轴向量的齐次坐标利用两点可以定义为：

$$V=P_2-P_1=\begin{bmatrix} x_2-x_1 \\ y_2-y_1 \\ z_2-z_1 \\ 1 \end{bmatrix}$$

同时，沿旋转轴的单位向量的齐次坐标 u 则定义为：

$$u=\frac{V}{|V|}=\begin{bmatrix} a \\ b \\ c \\ 1 \end{bmatrix}$$

其中，分量 a，b，c 是旋转轴的方向余弦：

$$a=\frac{x_2-x_1}{|V|}, \quad b=\frac{y_2-y_1}{|V|}, \quad c=\frac{z_2-z_1}{|V|}$$

可以将旋转轴变换到 3 个坐标轴的任意一个，下面以选择 z 轴作为最后旋转轴为例来讨论其变换序列。

操作步骤如下：

① 平移对象，使旋转轴的一个点 P_1 与坐标原点重合。

② 旋转对象使旋转轴与某一个坐标轴重合，如 z 轴。

③ 绕坐标轴完成指定的旋转。

④ 利用逆旋转变换使旋转轴回到其原始方向。

⑤ 利用逆平移变换使旋转轴回到原始位置。

如图 3-19 所示。

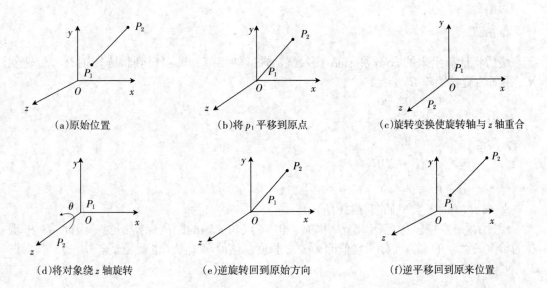

(a)原始位置   (b)将 p_1 平移到原点   (c)旋转变换使旋转轴与 z 轴重合

(d)将对象绕 z 轴旋转   (e)逆旋转回到原始方向   (f)逆平移回到原来位置

图 3-19　绕任意轴旋转时，将旋转轴变换成 z 轴的 5 个步骤

具体实现过程为：

(1) 选择将 P_1 点移到坐标原点，P_1 点的三维坐标为 (x_1, y_1, z_1)，应用平移变换矩阵：

$$T(-x_1, -y_1, -z_1)=\begin{vmatrix} 1 & 0 & 0 & -x_1 \\ 0 & 1 & 0 & -y_1 \\ 0 & 0 & 1 & -z_1 \\ 0 & 0 & 0 & 1 \end{vmatrix}$$

(2) 将旋转轴与 z 轴重合的变换可以通过两次坐标轴旋转完成。

实现方法并不唯一，可以通过先绕 x 轴旋转，将向量 u 变换到 xOz 平面上，设旋转矩阵为 $R_x(\alpha)$；再绕 y 轴旋转，将向量 u 变换到 z 轴，设旋转矩阵为 $R_y(\beta)$。图 3-20 和图 3-21 给出向量 u 的两次旋转。由于旋转计算包括正弦函数和余弦函数，可以通过标准向量运算来得到这两个旋转矩阵的元素。向量的点积运算可以确定余弦项，向量的叉积运算可以确定正弦项。

① 求 $R_x(\alpha)$ 的参数（如图 3-20 所示）。

旋转角 α 是旋转轴 u 在 yOz 平面的投影 $u'=(0, b, c)$ 与 z 轴的夹角。则旋转角度 α 的余弦可以由 u' 和 z 轴上单位向量 u_z 的点积得到：

$$\cos\alpha=\frac{u' \cdot u_z}{|u'||u_z|}=\frac{c}{d}$$

其中 d 是 u' 的模：

$$d=\sqrt{b^2+c^2}$$

同样，可以利用 u' 和 u_z 的叉积得到 α 的正弦。u' 和 u_z 叉积形式为：

$$u' \times u_z=u_x|u'||u_z|\sin\alpha$$

并且 u' 和 u_z 叉积的笛卡尔形式为：

$$u' \times u_z=u_x \cdot b$$

两种叉积形式等式右边联立可得：

$$u_x|u'||u_z|\sin\alpha=u_x \cdot b$$

另外有：$|u'|=d$，$|u_z|=1$，

得出：

$$\sin\alpha=\frac{b}{d}$$

最后将计算出来的 $\cos\alpha$ 和 $\sin\alpha$ 代入绕 x 轴旋转矩阵，即可得到将旋转轴 P_1P_2 旋转到 xOz 平面的旋转矩阵 $R_x(\alpha)$：

$$R_x(\alpha)=\begin{vmatrix} 1 & 0 & 0 & 0 \\ 0 & \dfrac{c}{d} & -\dfrac{b}{d} & 0 \\ 0 & \dfrac{b}{d} & \dfrac{c}{d} & 0 \\ 0 & 0 & 0 & 1 \end{vmatrix}$$

② 求 $R_y(\beta)$ 的参数（如图 3-21 所示）。

经过 $R_x(\alpha)$ 变换，P_2 已落入 xOz 平面，但 P_2 点与 x 轴的距离保持不变。因此，P_1P_2 现在的单位矢量 u'' 的 z 方向分量之值即为 u' 之长度，该值等于 d。也就是 $u''=(a, 0, d)$。设 β 是 u'' 与 u_z 之夹角。

u'' 的模 $|u''|$ 为：

$$|u''|=\sqrt{a^2+d^2}=\sqrt{a^2+b^2+c^2}=1$$

单位向量 u_z 的模 $|u_z|=1$。

所以有：

$$\cos\beta=\frac{u''\cdot u_z}{|u''||u_z|}=d$$

比较叉积与坐标无关的形式：

$$u''\times u_z=u_y|u''||u_z|\sin\beta$$

并且 u'' 和 u_z 叉积的笛卡尔形式为：

$$u''\times u_z=u_y\cdot(-a)$$

所以有：

$$\sin\beta=-a$$

最后将计算出来的 $\cos\beta$ 和 $\sin\beta$ 代入绕 y 轴旋转矩阵，即可得到将旋转轴 P_1P_2 旋转到 z 轴的旋转矩阵 $R_y(\beta)$：

$$R_y(\beta)=\begin{bmatrix} d & 0 & -a & 0 \\ 0 & 1 & 0 & 0 \\ a & 0 & d & 0 \\ 0 & 0 & 0 & 1 \end{bmatrix}$$

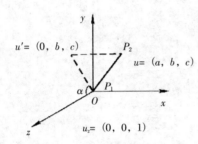

图 3-20　求旋转变换 $R_x(\alpha)$ 的参数

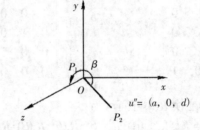

图 3-21　求旋转变换 $R_y(\beta)$ 的参数

（3）将旋转轴与 z 轴重合后，做对象关于 z 轴旋转 θ 角的旋转变换，最后分别进行 $R_y(\beta)$ 的逆变换、$R_x(\alpha)$ 的逆变换和 $T(-x_1,\ -y_1,\ -z_1)$ 的逆变换得到最终结果。

关于 z 轴旋转 θ 角的旋转变换矩阵为：

$$R_z(\theta)=\begin{bmatrix} \cos\theta & -\sin\theta & 0 & 0 \\ \sin\theta & \cos\theta & 0 & 0 \\ 0 & 0 & 0 & 0 \\ 0 & 0 & 0 & 1 \end{bmatrix}$$

$R_y(\beta)$ 的逆变换矩阵为：

$$R_y^{-1}(\beta)=\begin{bmatrix} d & 0 & a & 0 \\ 0 & 1 & 0 & 0 \\ -a & 0 & d & 0 \\ 0 & 0 & 0 & 1 \end{bmatrix}$$

$R_x(\alpha)$ 的逆变换矩阵为：

$$R_x^{-1}(\alpha)=\begin{bmatrix} 1 & 0 & 0 & 0 \\ 0 & \dfrac{c}{d} & \dfrac{b}{d} & 0 \\ 0 & -\dfrac{b}{d} & \dfrac{c}{d} & 0 \\ 0 & 0 & 0 & 1 \end{bmatrix}$$

$T(-x_1, -y_1, -z_1)$ 的逆变换矩阵为：

$$T^{-1}(-x_1, -y_1, -z_1)=\begin{bmatrix} 1 & 0 & 0 & x_1 \\ 0 & 1 & 0 & y_1 \\ 0 & 0 & 1 & z_1 \\ 0 & 0 & 0 & 1 \end{bmatrix}$$

最终，可得绕任意轴 P_1P_2 旋转 θ 角旋转变换的复合变换为：

$$\begin{bmatrix} x' \\ y' \\ z' \\ 1 \end{bmatrix}=\begin{bmatrix} 1 & 0 & 0 & x_1 \\ 0 & 1 & 0 & y_1 \\ 0 & 0 & 1 & z_1 \\ 0 & 0 & 0 & 1 \end{bmatrix}\begin{bmatrix} 1 & 0 & 0 & 0 \\ 0 & \dfrac{c}{d} & \dfrac{b}{d} & 0 \\ 0 & -\dfrac{b}{d} & \dfrac{c}{d} & 0 \\ 0 & 0 & 0 & 1 \end{bmatrix}\begin{bmatrix} d & 0 & a & 0 \\ 0 & 1 & 0 & 0 \\ -a & 0 & d & 0 \\ 0 & 0 & 0 & 1 \end{bmatrix}\begin{bmatrix} \cos\theta & -\sin\theta & 0 & 0 \\ \sin\theta & \cos\theta & 0 & 0 \\ 0 & 0 & 0 & 0 \\ 0 & 0 & 0 & 1 \end{bmatrix}\cdot$$

$$\begin{bmatrix} d & 0 & -a & 0 \\ 0 & 1 & 0 & 0 \\ a & 0 & d & 0 \\ 0 & 0 & 0 & 1 \end{bmatrix}\begin{bmatrix} 1 & 0 & 0 & 0 \\ 0 & \dfrac{c}{d} & -\dfrac{b}{d} & 0 \\ 0 & \dfrac{b}{d} & \dfrac{c}{d} & 0 \\ 0 & 0 & 0 & 1 \end{bmatrix}\begin{bmatrix} 1 & 0 & 0 & -x_1 \\ 0 & 1 & 0 & -y_1 \\ 0 & 0 & 1 & -z_1 \\ 0 & 0 & 0 & 1 \end{bmatrix}\begin{bmatrix} x \\ y \\ z \\ 1 \end{bmatrix}$$

复合变换 $R(\theta)$ 可简写为：

$$R(\theta)=T^{-1}\cdot R_x^{-1}(\alpha)\cdot R_y^{-1}(\beta)\cdot R_z(\theta)\cdot R_y(\beta)\cdot R_x(\alpha)\cdot T$$

3) 三维缩放变换

点 $P(x, y, z)$ 相对于坐标原点的三维缩放只是二维缩放基础上增加个 z 坐标缩放参数即可，因此缩放系数为 s_x、s_y、s_z 的三维缩放的等式形式为：

$$\begin{cases} x'=x\cdot s_x \\ y'=y\cdot s_y \\ z'=z\cdot s_z \end{cases}$$

对应的变换矩阵为：

$$\begin{bmatrix} x' \\ y' \\ z' \\ 1 \end{bmatrix}=\begin{bmatrix} s_x & 0 & 0 & 0 \\ 0 & s_y & 0 & 0 \\ 0 & 0 & s_z & 0 \\ 0 & 0 & 0 & 1 \end{bmatrix}\begin{bmatrix} x \\ y \\ z \\ 1 \end{bmatrix}$$

如图 3-22 所示。

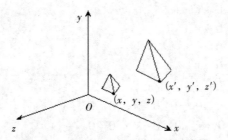

图 3-22　相对于坐标原点的缩放变换

在前面所学习的缩放变换的固定点为坐标原点。如果固定点为任意点$(x_f,\ y_f,\ z_f)$可以通过下面 3 个步骤的组成的复合变换得到，如图 3-23 所示。

①平移对象使固定点 $(x_f,\ y_f,\ z_f)$回到坐标原点处，那么对象上的任意一点 $(x_0,\ y_0,\ z_0)$ 通过 x 方向的平移分量$-x_f$、y 方向的平移分量$-y_f$、z 方向的平移分量$-z_f$ 的平移变换变换到 $(x_1,\ y_1,\ z_1)$，应用平移矩阵变换：

$$\begin{bmatrix} x_1 \\ y_1 \\ z_1 \\ 1 \end{bmatrix} = T(t_x,\ t_y,\ t_z) \begin{bmatrix} x_0 \\ y_0 \\ z_0 \\ 1 \end{bmatrix}$$

其中：

$$T(t_x,\ t_y,\ t_z) = \begin{bmatrix} 0 & 0 & 0 & -x_f \\ 0 & 0 & 0 & -y_f \\ 0 & 0 & 0 & -z_f \\ 0 & 0 & 0 & 1 \end{bmatrix}$$

②进行固定点为坐标原点的缩放变换，应用缩放矩阵变换：

$$\begin{bmatrix} x_2 \\ y_2 \\ z_2 \\ 1 \end{bmatrix} = S(s_x,\ s_y,\ s_z) \begin{bmatrix} x_1 \\ y_1 \\ z_1 \\ 1 \end{bmatrix}$$

其中：

$$S(s_x,\ s_y,\ s_z) = \begin{bmatrix} s_x & 0 & 0 & 0 \\ 0 & s_y & 0 & 0 \\ 0 & 0 & s_z & 0 \\ 0 & 0 & 0 & 1 \end{bmatrix}$$

③最后将固定点移回原来的位置 $(x_f,\ y_f,\ z_f)$，x 方向的平移分量 x_f、y 方向的平移分量 y_f、z 方向的平移分量 z_f。即步骤①中平移变换的逆变换：

$$\begin{bmatrix} x_3 \\ y_3 \\ z_3 \\ 1 \end{bmatrix} = T^{-1}(t_x,\ t_y,\ t_z) \begin{bmatrix} x_2 \\ y_2 \\ z_2 \\ 1 \end{bmatrix}$$

其中：

$$T^{-1}(t_x, \ t_y, \ t_z) = \begin{vmatrix} 0 & 0 & 0 & x_f \\ 0 & 0 & 0 & y_f \\ 0 & 0 & 0 & z_f \\ 0 & 0 & 0 & 1 \end{vmatrix}$$

所以利用复合变换可表示为：

$$\begin{bmatrix} x_3 \\ y_3 \\ z_3 \\ 1 \end{bmatrix} = \begin{vmatrix} 0 & 0 & 0 & x_f \\ 0 & 0 & 0 & y_f \\ 0 & 0 & 0 & z_f \\ 0 & 0 & 0 & 1 \end{vmatrix} \begin{vmatrix} s_x & 0 & 0 & 0 \\ 0 & s_y & 0 & 0 \\ 0 & 0 & s_z & 0 \\ 0 & 0 & 0 & 1 \end{vmatrix} \begin{vmatrix} 0 & 0 & 0 & -x_f \\ 0 & 0 & 0 & -y_f \\ 0 & 0 & 0 & -z_f \\ 0 & 0 & 0 & 1 \end{vmatrix} \begin{bmatrix} x_0 \\ y_0 \\ z_0 \\ 1 \end{bmatrix}$$

$$= \begin{vmatrix} s_x & 0 & 0 & (1-s_x) \ x_f \\ 0 & s_y & 0 & (1-s_y) \ y_f \\ 0 & 0 & s_z & (1-s_z) \ z_f \\ 0 & 0 & 0 & 1 \end{vmatrix} \begin{bmatrix} x_0 \\ y_0 \\ z_0 \\ 1 \end{bmatrix}$$

复合变换矩阵表示为：

$$T(x_f, \ y_f, \ z_f)S(s_x, \ s_y, \ s_z)T(-x_f, \ -y_f, \ -z_f) = \begin{vmatrix} s_x & 0 & 0 & (1-s_x) \ x_f \\ 0 & s_y & 0 & (1-s_y) \ y_f \\ 0 & 0 & s_z & (1-s_z) \ z_f \\ 0 & 0 & 0 & 1 \end{vmatrix}$$

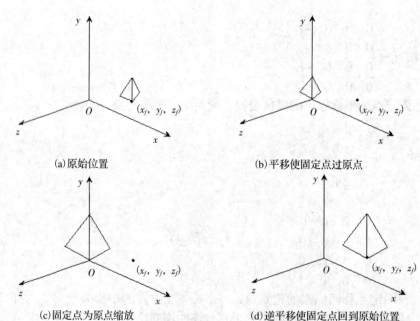

(a)原始位置   (b)平移使固定点过原点

(c)固定点为原点缩放   (d)逆平移使固定点回到原始位置

图 3-23　任意固定点缩放变换的变换序列

3.2　二维观察

3.2.1　二维观察的基本概念

二维世界坐标系的场景描述到设备坐标系的映射称为二维观察变换。从构造场景到显示给屏幕往往经过一系列坐标系的变换。通常，在构造和显示一个场景的过程会使用几个不同的笛卡尔参照系，并在各自坐标系中构造每个对象的形状，这些坐标系可称为建模坐标系或局部坐标系；一旦每部分对象已确定，我们把建模坐标系下各个部分对象放到一个坐标系中而形成整体的物体形状，该坐标系就称为世界坐标系。当然对于简单的图形，我们直接可以在世界坐标系中建立，建模坐标系与世界坐标系之间也不受任何输出设备的约束，只是为方便设计的一种方式。世界坐标系位置要转换到对场景进行观察所对应的观察坐标系，就好像照相机根据不同位置和方向对描述的景物进行拍照一样，要选取需要显示的那一部分。另外，各种图形由指定输出设备显示，还需要将场景存入规范化坐标系，其坐标范围为 –1～1 或 0～1，这依赖不同系统而定。最后，图形经图形扫描转换到光栅系统的刷新缓存中进行显示。显示设备的坐标系称为设备坐标系，或对视频监视器而言称为屏幕坐标系。

　　划分二维场景中要显示的部分应用裁剪窗口，所有在此区域之外的场景均要裁去，只有在裁剪窗口内部的场景才能显示在屏幕上，如图 3-24 所示。裁剪窗口有时暗指世界窗口或观察窗口。图形系统曾一度简称裁剪窗口为"窗口"，但由于现有众多的窗口系统在计算机上使用，因此必须把它们区分开来。例如，窗口管理系统创建和管理监视器上的若干个区域，其中每一区域称为一个"窗口"，它可以用来显示图形和文字。因此，我们永远使用术语裁剪窗口来表示可能要转换为监视器上某显示窗口的点阵的场景部分。图形系统还用视口的另一"窗口"来控制在显示窗口的定位。对象在裁剪窗口内的部分映射到显示窗口中指定位置的视口中。窗口选择要看什么，而视口指定在输出设备的什么位置进行观察。

　　通过改变视口的位置，我们可以在输出设备的显示区域的不同位置观察物体。使用多个视口可在不同的屏幕位置观察场景的不同部分。我们也可以通过改变视口的尺寸来改变显示对象的尺寸和位置。如果将不同尺寸的裁剪窗口连续映射到固定尺寸的视口中，则可以得到"拉镜头"的效果。当裁剪窗口越变越小时，就可以聚焦到场景中的某一部分，从而观察到使用较大的裁剪窗口时未显示出的细节。同样，通过从一个场景部分开始连续地放大的裁剪窗口，可以得到逐步扩大的场景。通过将一个固定尺寸的裁剪窗口移过场景中的不同对象，就可以产生"摇镜头"的效果。

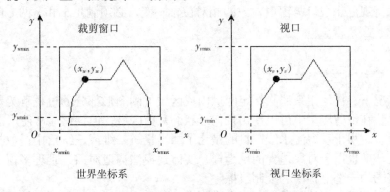

图 3-24　与坐标轴平行的裁剪窗口及对应的视口

　　裁剪窗口和视口一般都是正则矩形，其各边分别与坐标轴平行，如图 3-24 所示。有时也会采用多边形和圆形等其他形状的窗口和视口，但是处理时间长一些。应用程序要得到特殊的裁剪效果，可通过选择裁剪窗口的不同形状、大小和方向来实现。例如，可以使用星形模子、椭圆或由样条曲线围成的形状作为裁剪窗口。但使用凹多边形或非线性边界裁剪窗口来裁剪比用矩形裁剪要花费更多时间。确定对象与圆的交点比确定它与直线的交点需要更多的计算。最简单的用于裁剪的窗口边界是与坐标轴平行的直线段。因此，图形软件一般仅允许使用平行 x 轴和 y 轴的矩形裁剪窗口。如果要使用其他形状的裁剪窗口，就必须自己实现裁剪和坐标变换算法。也可以对图进行编辑，生成一定形状的场景来显示。比如，可以将填上背景色的多边形围成所要的图案来实现对图的修剪。我们可以使用这种方法获得任意的边界，甚至在图中放上一些洞。正则矩形裁剪窗口很容易通过给定矩形的一对顶点坐标来定义。如果要转一个角度观察场景，则需要在旋转过的观察坐标系中定义一个矩形的一对顶点坐标来定义。如果要转一个角度观察场景，则需要在旋转过的观察坐标系中定义一个矩形裁剪窗口或旋转世界坐标场景，两者的效果一样。有些系统给出旋转的二维观察系统供用户选择，但裁剪窗口必须在世界坐标系中指定。

有些图形系统将规范化和窗口—视口转换合并成一步。这样，视口坐标是 $0 \sim 1$，即视口位于一个单位正方形内。裁剪后包含视口的单位正方形映射到输出显示设备。在其他一些系统中，规范化和裁剪在窗口—视口转换之前进行。这些系统的视口边界在与显示窗口位置对应的屏幕坐标系指定。为了说明规范化和视口变换的一般过程，首先定义一个视口，其规范坐标值为 $0 \sim 1$。按点的变换方式将对象描述变换到该视口。如果对象在观察坐标系中心，则它也必然显示在视口的中心。如图 3-25 所示，显示了窗口到视口的映射，窗口内的点 (x_w, y_w) 映射到对应规范化视口的点 (x_v, y_v)。

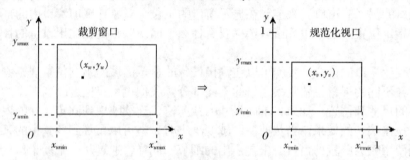

图 3-25 窗口内的点 (x_w, y_w) 映射到对应规范化视口的点 (x_v, y_v)

为了保持规范化视口与窗口对象的相对位置不变，必须满足 x 和 y 两方向比例不变：

$$\frac{x_v - x_{vmin}}{x_{vmax} - x_{vmin}} = \frac{x_w - x_{wmin}}{x_{wmax} - x_{wmin}}$$

$$\frac{y_v - y_{vmin}}{y_{vmax} - y_{vmin}} = \frac{y_w - y_{wmin}}{y_{wmax} - y_{wmin}}$$

一般情况下，任何用来消除指定区域内或区域外的图形部分的过程称为裁剪算法，简称裁剪。尽管在裁剪应用中可以使用任何形状的裁剪区域，但我们通常使用正则矩形。

裁剪最多应用于观察流水线，目的是为了从场景（二维或三维）中提取指定部分显示在输出上，裁剪也用于对象边界的反走样、实体建模法构造对象、管理多窗口环境及在绘画程序中将图的一部分移动、复制或擦除。

在二维观察函数中的裁剪算法用来识别出裁剪窗口中的图形部分。任何位于裁剪窗口外的内容都将要送到输出设备上显示的场景中消除。对裁剪窗口的规范化边界应用裁剪算法是实现观察流水线裁剪的高效方法。由于可以在裁剪前合并所有的几何和观察变换矩阵并应用于场景描述，因此大大减少了计算量。裁剪后的场景送到屏幕坐标系进行最后的处理。一般，图元类型的二维裁剪算法包括：点的裁剪、线段的裁剪（直线段）、区域的裁剪（多边形）、曲线的裁剪和文字的裁剪。

点、线段和多边形的裁剪是图形软件包的标准部分。类似的方法除用于样条曲线和曲面外，还用于圆、椭圆等其他二次曲线以及球面。但非线性边界的对象常近似为直线段或多边形表面以便减少计算量。

除非特别声明，我们都假设裁剪区域是一个正则矩形，其边界位于 x_{wmin}、x_{wmax}、y_{wmin}、y_{wmax}。这些边界与从 0 到 1 或从 −1 到 1 的规范化正方形的边界对应。

3.2.2 二维点裁剪

假设裁剪窗口是一个在标准位置的矩形，如果点 $P(x，y)$ 满足下列不等式，则保存该点用于显示：

$$\begin{cases} x_{wmin} \leqslant x \leqslant x_{wmax} \\ y_{wmin} \leqslant y \leqslant y_{wmax} \end{cases}$$

如果这个不等式组中有任何一个不满足，则裁减掉该点（将不会存储和显示该点）。虽然点的裁剪不如线或多边形的裁剪应用得多，但许多情况下还是需要点的裁剪过程，特别是当使用特定系统建模的时候。例如，点的裁剪可以用于包含云、海面泡沫、烟或爆炸等用小圆或小球这样的粒子进行建模的场景。另外，点裁剪是最基本的裁剪形式，其他裁剪方法往往都以点裁剪为基础。

3.2.3 二维线裁剪

线裁剪算法通过一系列的测试和求交计算来判断是否整条线段或其中的某部分可以保存下来。线段与窗口边界的交点计算是线裁剪函数的耗时部分。因此，减少交点计算是任一线裁剪算法的主要目标。为此，我们可以先进行测试，确定线段是否完整地在裁剪窗口的内部或完整地位于外部。如果不能确定一线段是否完整地在裁剪窗口的内部或外部，则必须通过交点计算来确定该线段是否有一部分落在窗口内部。

我们通过上一节中的点裁剪测试来测试一线段是否完整地落在所指定的裁剪窗口的内部和外部。如果两个端点都在 4 条裁剪边界内，如图 3–26 中 P_1 到 P_2 的线段，则该线段完全在裁剪窗口内，就将其存储起来。如果一线段的两个端点都在 4 条边界中任意一条的外侧（图 3–26 中线段 P_3P_4），则该线段完全在裁剪窗口的外部，因而应从场景描述中清除。但如果上述两个测试都失败，则线段必定和至少一条边界线相交，也许穿过也许不穿过裁剪窗口。

直线段可用下列参数公式表示其中坐标点 $(x_0，y_0)$ 和 $(x_{end}，y_{end})$ 给出线段的两个端点。

$x= x_0+u(x_{end}-x_0)$

$y= y_0+u(y_{end}-y_0)$

其中：$0 \leqslant u \leqslant 1$

通过将某一边界赋值给 x 或 y，解出 u 值，我们便可确定线段与每一裁剪窗口边界的相交位置。比如，当窗口左边界位于 x_{wmin} 时，将代入 x 并解出 u，即可求出交点的 y 值。如果 u 值在 0~1 之外，则线段与窗口边界不相交。但如果 u 值在 0~1 之内，就有部分线段位于该边界之内。我们再对位于内部的线段部分使用另一边界进行处理，直到线段不再有边界内的部分或找到窗口内的部分。

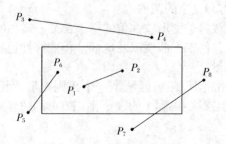

图 3-26　线段与裁剪窗口的位置关系

如果对于每条通过简单测试无法排除完全在裁剪窗口之内或之外的线段都将某一边界赋值给 x 或 y，解出 u 值，通过 u 值是否在 $0\sim1$ 范围判断来决定线段是否与该边界相交。这样裁剪虽然比较直接但效率较低。能够尽量排除不与裁剪窗口相交线段，从而减少不必要的求交运算，是提高裁剪速度的关键，为此已经开发出一些快速的裁剪算法。有些算法是针对二维图形的，有些算法可以很容易地移植到三维应用中。

1）Cohen–Sutherland 线段裁剪算法

这是一个最早开发的快速线段裁剪算法，已经得到广泛的使用。该算法通过初始测试来减少交点计算，从而减少线段裁剪算法所用的时间。为了方便掌握，Cohen–Sutherland 线段裁剪算法可以归纳为 3 步：

第一步：定义区域码。

我们是把裁剪窗口矩形的 4 条边分别延长成直线从而形成 4 条边界，每条边界把平面分成两部分，裁剪窗口总是在某边界的一侧。从而，有裁剪窗口的一侧，称之为内侧，而没有裁剪窗口的一侧称之为外侧。

每条线段的端点都赋予称为区域码（Region Code）的四位二进制码 $B_4 B_3 B_2 B_1$，每一位用来标识端点相对于相应裁剪窗口边界的内侧还是外侧。在区域码中，裁剪窗口边界可以按任意次序，如图 3-27 所示，给出了从右到左编号，从 1 到 4 的一种顺序。在这个顺序下，B_1 对应裁剪窗口的左边界，B_2 对应裁剪窗口的右边界，B_3 对应裁剪窗口的下边界，B_4 对应裁剪窗口的上边界。对于任意位码，由于是二进制码，该位只能取 1 或取 0，我们定义如下：

如果码位的值为 1（真），表示端点在相应窗口边界的外侧。

如果码位的值为 0（假），表示端点不在相应窗口边界的外侧（在内侧或在边界上）。

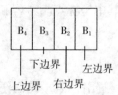

图 3-27　区域码各位及对应裁剪窗口边界

通过给线段每个端点都赋予四位二进制的区域码，就可以通过区域码确定线段两端点相对于裁剪窗口 4 个边界的所在位置。另一方面，每一裁剪窗口的 4 条边界将二维空间划分成 9 个区域，每个区域都有唯一并且固定的区域码。也就是说，通过线段端点的区域码可以知道该端点在所分 9 个区域的哪个区域。如图 3-28 所示列出了 9 个区域的二进制码。

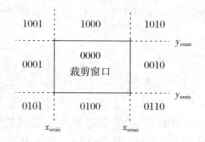

图 3-28　经裁剪窗口 4 个边界划分的 9 个区域及其区域码

区位码的位值可以通过将端点的坐标值 $(x，y)$ 与裁剪窗口边界相比较而确定：

若 $x < x_{w\min}$，则 $B_1=1$，否则 $B_1=0$；

若 $x > x_{w\max}$，则 $B_2=1$，否则 $B_2=0$；

若 $y < y_{w\min}$，则 $B_3=1$，否则 $B_3=0$；

若 $y > y_{w\max}$，则 $B_4=1$，否则 $B_4=0$。

除了使用不等式测试，我们还可以通过计算端点坐标与裁剪边界的差值，并使用位处理操作来确定区域码的值：

B_1 为 $(x - x_{w\min})$ 的符号位；

B_2 为 $(x_{w\max} - x)$ 的符号位；

B_3 为 $(y - y_{w\min})$ 的符号位；

B_4 为 $(y_{w\max} - y)$ 的符号位。

第二步：测试线段。

假设根据上面方法分别求出线段两端点 P_1 和 P_2 的编码 code1 和 code2。很容易得出线段完全在裁剪窗口之内保留线段及线段两端点在某边界之外完全清除的两种情况。

（1）如果两个端点区域码都为 0000，则线段两端点都在窗口内，可得线段完全在窗口内。可应用两端点区域码逻辑或运算为假进行判断，即：若 code1|code2=False，直线完全在窗口内，保留输出。

（2）如果两个端点区域码某位同时为 1，则线段两端点在某边界之外，所以线段完全在窗口之外。可应用两端点区域码逻辑与运算为真进行判断，即：若 code1&code2=True，则该直线段完全在窗口之外，直接清除该线段。

（3）如果以上两种简单判断不满足，则按照左、右、下、上的处理顺序判断两端点区域码相应位满足以下 3 种情况的哪一种，进行不同处理：

①相应位如果其中一个是 1 而另一个是 0，可得线段与该边界有交点，进行求交运算。

②相应位如果同时为 0，可得线段在相应边界内，在该边界处理保留，进行下一个边界测试。

③相应位如果同时为 1，可得线段在相应边界之外，直接清除线段。

按照左、右、下、上顺序处理完或某一步判断线段被清除，算法结束。

对于 3 种测试，如果发生了情况①，即线段与该边界有交点，进行第三步处理；否则，第三步处理并不发生。

第三步：求交运算。

在测试线段过程中，如果线段与窗口某边界有交点，将边界值代入线段所在直线方程求交点。假定直线的端点坐标为(x_1,y_1)和(x_2,y_2)，直线方程为：

$$y=y_2+m(x-x_1)$$

其中斜率为：$m=\dfrac{y_2-y_1}{x_2-x_1}$

只要代入边界坐标，就可以求出在边界上交点的另一个坐标，从而得到交点坐标。

特别注意：在某方向测试中，如果线段与该方向边界有交点，那么交点与边界之外的部分就被裁剪掉了，到下一边界测试时就是该边界内部端点和得到的交点所表示的线段部分，因而需要确定交点的区域码。通过在求交过程中代入相应边界值求出的另一方向坐标值与相同坐标两个边界值比较确定区域码，具体情况如下：

(1) 假设线段与左边界有交点(x_{wmin}, y_L)，y_L就是将$x=x_{wmin}$代入直线方程所求的交点y坐标方向的值，那么用y_L与y坐标方向两边界值比较确定交点区域码：

如果$y_L<y_{wmin}$则交点区域码为0100；

如果$y_L>y_{wmax}$则交点区域码为1000；

如果$y_{wmin}\leqslant y_L\leqslant y_{wmax}$则交点区域码为0000。

(2) 假设线段与右边界有交点(x_{wmax}, y_R)，y_R就是将$x=x_{wmax}$代入直线方程所求的交点y坐标方向的值，那么用y_R与y坐标方向两边界值比较确定交点区域码：

如果$y_R<y_{wmin}$则交点区域码为0100；

如果$y_R>y_{wmax}$则交点区域码为1000；

如果$y_{wmin}\leqslant y_R\leqslant y_{wmax}$则交点区域码为0000。

(3) 假设线段与下边界有交点(x_B, y_{wmin})，x_B就是将$y=y_{wmin}$代入直线方程所求的交点x坐标方向的值，那么用x_B与x坐标方向两边界值比较确定交点区域码：

如果$x_B<x_{wmin}$则交点区域码为0001；

如果$x_B>x_{wmax}$则交点区域码为0010；

如果$y_{wmin}\leqslant y_B\leqslant y_{wmax}$则交点区域码为0000。

(4) 假设线段与上边界有交点(x_T, y_{wmax})，y_T就是将$y=y_{wmax}$代入直线方程所求的交点x坐标方向的值，那么用x_T与x坐标方向两边界值比较确定交点区域码：

如果$x_T<x_{wmin}$则交点区域码为0001；

如果$x_T>x_{wmax}$则交点区域码为0010；

如果$x_{wmin}\leqslant x_T\leqslant x_{wmax}$则交点区域码为0000。

经过上述4部分描述，Cohen-Sutherland线段裁剪算法的步骤可归纳如下：

(1) 输入直线段的两端点坐标：$P_1(x_1,y_1)$、$P_2(x_2,y_2)$，以及窗口的4条边界坐标：x_{wmin}、y_{wmin}、x_{wmax}、y_{wmax}。

(2) 对P_1、P_2进行编码：点P_1的编码为code1，点P_2的编码为code2。

(3) 若code1|code2=0，对直线段应简取之，转(6)；

否则，若code1&code2$\neq$0，对直线段可简弃之，转(7)；

当上述两条均不满足时，进行步骤(4)。

(4) 确保P_1在窗口外部：若P_1在窗口内，则交换P_1和P_2的坐标值和编码。

(5) 根据P_1编码从低位开始判断码值，确定P_1在窗口外的哪一侧，如果线段与窗口边界有交点，则求出直线段与相应窗口边界的交点，并用该交点的坐标值替换P_1的坐标值，并重新赋予新区域码。考虑到P_1是窗口外的一点，因此可以去掉P_1。转(2)。

(6) 用直线扫描转换算法画出当前的直线段P_1P_2。

(7) 算法结束。

2) 中点分割线段裁剪算法

在 Cohen–Sutherland 线段裁剪算法中，需要计算线段与窗口边界线的交点，而有些交点计算又是不必要，过程中涉及乘除运算降低裁剪效率，且不宜硬件实现。中点分割算法过程为：当对直线段不能依靠两端点都在窗口内保留，或两端点都在某边界外侧排除这两种情况时，简单地把线段等分为两段，对两段重复上述可见性测试处理，直至每条线段完全在窗口内或完全在窗口外。其核心思想是通过二分逼近来确定直线段与窗口的交点。

由于求线段中点 $\frac{x_1+x_2}{2}$，$\frac{y_1+y_2}{2}$ 可以由加法和位移实现，避免使用乘除法运算，所以该算法易于硬件实现。在编码时，应避免把线段裁剪成许多零碎的小段。这可以通过求可见线段的端点来实现。中点分割线段裁剪算法具体描述如下：

把线段在窗口内的点称为可见点。在线段 P_1P_2 上，求出离 P_1 最远的可见点和离 P_2 最远的可见点。这两点（若存在）就是线段 P_1P_2 的可见线段端点。由于这两点求法类似，这里只介绍如何求最远 P_1 的可见点。

若 P_2 可见，则 P_2 就是离 P_1 最远的可见点。

否则，进行(1)处理：对两端点的区域码按位作与运算，若结果为真，则说明整条线段全部不可见，直接清除该线段；

否则，进行(2)处理：在中点 P_m 处把线段 P_1P_2 分为两段。并测试中点 P_m 的可见性：

若 P_m 可见，把原问题转化为对 P_mP_2 离 P_1 最远的可见点。

若 P_m 不可见，若 P_1P_m 完全在窗外，在 P_2P_m 中找离 P_1 最远的可见点；若 P_2P_m 完全在窗外，在 P_1P_m 中找离 P_1 最远的可见点。

重复执行(1)(2)。

若算法在(1)停止，说明原线段 P_1P_2 不可见；

否则，一直进行到分点于线段端点距离达到分辨率精度为止。这时把分点作为所求点。

求完离 P_1 最远的可见点后，再类似求离 P_2 最远的可见点，以两可见点（如果都有）为端点形成的线段即为裁剪最终结果。

由于该算法只用到加法和除 2 运算，而除 2 运算在计算机中可简单地用右移一位来实现，因此，该算法特别适合于用硬件实现，并且两可见点的计算可通过并行处理来完成，使裁剪速度更快。但是，若用软件来实现，速度不但不会提高，反而可能会更慢。

3) Liang–Barsky 裁剪算法

对于端点为(x_1, y_1)和(x_2, y_2)直线段，可以使用参数形式描述直线段：

$x = x_1+u(x_2 - x_1)$

$y = y_1+u(y_2 - y_1)$

其中：$0 \leqslant u \leqslant 1$

对于直线上一点(x, y)，若它在窗口内，则有：

$x_{umin} \leqslant x_1+u(x_2 - x_1) \leqslant x_{umax}$

$y_{umin} \leqslant y_1+u(y_2 - y_1) \leqslant y_{umax}$

可以表示为：

$u(x_1 - x_2) \leqslant x_1 - x_{umin}$； $u(x_2 - x_1) \leqslant x_{umax}-x_1$

$u(y_1 - y_2) \leqslant y_1 - y_{umin}$； $u(y_2 - y_1) \leqslant y_{umax}-y_1$

对于直线上一点(x, y)，若它在窗口内可统一表示为：

$u \cdot p_k \leqslant q_k(k=1, 2, 3, 4)$

其中，参数 p_k，q_k 定义为：

$$p_1=-(x_2-x_1) \qquad q_1=x_1-x_{wmin}$$
$$p_2=x_2-x_1 \qquad q_2=x_{wmax}-x_1$$
$$p_3=-(y_2-y_1) \qquad q_3=y_1-y_{wmin}$$
$$p_4=y_2-y_1 \qquad q_4=y_{wmax}-y_1$$

任何一条直线如果平行于某一条裁剪边界，则有 $p_k=0$，下标 k 对应于直线段平行和窗口边界($k=1$，2，3，4，并且分别表示裁剪窗口的左、右、下、上边界)。如果对于某一个 k 值，如果还满足 $q_k<0$，那么直线完全在窗口的外面，可以抛弃。如果 $q_k\geq0$，则该直线在它所平行的窗口边界内部，还需要进一步计算才能确定直线是否在窗口内、外或相交。

当 $p_k<0$ 时，表示直线是从裁剪边界的外部延伸到内部。如果 $p_k>0$，则表示直线是从裁剪边界的内部延伸到外部。对于 $p_k\neq0$，可以计算出直线与边界 k 的交点的参数 u：

$$u=\frac{q_k}{p_k}$$

对于每一条直线，可以计算出直线位于裁剪窗口内线段的参数值 u_1、u_2。u_1 的值是由那些使得直线是从外部延伸到内部的窗口边界决定。对于这些边，计算 $r_k=\frac{q_k}{p_k}$，u_1 的值取 r_k 及 0 构成的集合中的最大值。u_2 的值是由那些使得直线是从内部延伸到外部的窗口边界 k 决定。计算出 r_k，u_2 取 r_k 和 1 构成的集合中的最小值。如果 $u_1>u_2$，这条直线完全在窗口的外面，可以简单抛弃，否则根据参数 u 的两个值，计算出裁剪后线段的端点。

例如，如图 3-29 所示的直线段 AB，根据裁剪算法，可知 $p_1<0$、$p_3<0$，则 r_1、r_3 分别表示的直线与窗口左、下边界的交点的参数值。$u_1=\max(r_1, r_3, 0)=r_1$；$p_2>0$、$p_4>0$，则 r_2 和 r_4 分别表示直线与窗口右、上边界交点的参数值。$u_2=\min(r_2, r_4, 1)=r_4$。从直线方程的几何意义可知 $u_1<u_2$，把参数代入方程，就分别得到裁剪后线段的端点。对于直线 CD，只不过是 $u_1>u_2$，此时线段完全在窗口外面，为完全不可见。

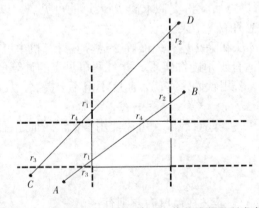

图 3-29   Liang-Barsky 裁剪算法中裁剪线段及所求参数

一般来说，Liang-Barsky 裁剪算法减少了求交计算，因此比 Cohen-Sutherland 算法的效率要高。在 Liang-Barsky 算法中，参数 u_1 和 u_2 的每次更新，只需要进行一次除法算法，且只有当最后获取裁剪结果线段时，才计算直线与窗口的交点。相反，在 Cohen-Sutherland 算法中即使直线完全在窗口的外面，也要重复进行求交计算。而且每次求交计算需要进行一次乘法和一次除法运算。另外，这两种算法都可以扩展到三维空间的裁剪。

Liang-Barsky 裁剪算法步骤如下：

(1) 输入直线段的两端点坐标：(x_1, y_1)、(x_2, y_2)，以及窗口的 4 条边界坐标：x_{wmin}、

x_{umax}、y_{umin}、y_{umax}。

(2) 若 $\Delta x=0$，则 $p_1=p_2=0$。此时进一步判断是否满足 $q_1<0$ 或 $q_2<0$，若满足，则该线段不在窗口内，算法转 (7)。否则，满足 $q_1>0$ 且 $q_2>0$，则进一步计算 u_1 和 u_2。算法转 (5)。

(3) 若 $\Delta y=0$，则 $p_3=p_4=0$。此时进一步判断是否满足 $q_3<0$ 或 $q_4<0$，若满足，则该线段不在窗口内，算法转 (7)。否则，满足 $q_3>0$ 且 $q_4>0$，则进一步计算 u_1 和 u_2。算法转 (5)。

(4) 若上述两条均不满足，则有 $p_k\neq0$（$k=1$，2，3，4）。此时计算 u_1 和 u_2。

(5) 求得 u_1 和 u_2 后，进行判断：若 $u_1>u_2$，则线段在窗口外，算法转 (7)。若 $u_1<u_2$，利用直线的参数方程求得线段在窗口内的两端点坐标。

(6) 利用线段扫描转换算法绘制在窗口内的线段。

(7) 算法结束。

3.2.4　多边形区域的裁剪

为了裁剪一个填充多边形，不能直接使用线裁剪算法对多边形的每条边进行裁剪，该方法一般无法构成封闭的多边形，往往会得到一系列不连接的线段。我们需要的是输出一个或多个裁剪后的填充区边界的封闭多边形。如图 3-30 所示，其中加粗部分表示裁剪后结果。如果直接应用线裁剪算法裁剪，得到如图(b)中两段折线，这并不是我们所期望得到的结果。我们希望得到的正确结果是如图(c)中封闭的多边形。

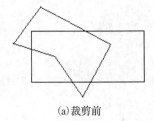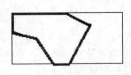

(a)裁剪前　　　　　　(b)直接采用直线段裁剪的结果　　　　　　(c)正确的裁剪结果

图 3-30　多边形裁剪

因此，多边形裁剪过程中，多边形裁剪过程中保留的顶点及多边形边、裁剪窗口的交点及在多边形区域内窗口的顶点都可能是输出多边形结果的顶点，关键是如何形成裁剪后多边形的正确的顶点序列。

1）Sutherland–Hodgeman 多边形裁剪算法

由 Sutherland 和 Hodgeman 提出的多边形裁剪算法是将多边形顶点依次传递给由裁剪窗口 4 个边界为裁剪器的每个裁剪阶段，每个裁剪后的顶点传递给下一个裁剪器。虽然裁剪结果与裁剪器的顺序无关，但默认顺序为左边界裁剪器、右边界裁剪器、下边界裁剪器及上边界裁剪器。被裁剪的多边形顶点序列代表多边形边的走向，一般默认以逆时针方向。多边形每条边的两端点相对于各边界裁剪器内外判断有 4 种可能情况：两端点都在裁剪边界内侧；第一个端点在裁剪边界外侧，而第二个端点在裁剪边界内侧；第一个端点在裁剪边界内侧，而第二个端点在裁剪边界外侧；两端点都在裁剪边界外侧。其中多边形边界的内外判断还是以线段裁剪中规则一致：有裁剪窗口的一侧为内侧，没有裁剪窗口的一侧为外侧。每个裁剪器裁剪时都按照由这 4 种可能情况分别形成不同结果的测试规则完成该阶段裁剪过程：

①如果两个输入端点都在裁剪边界内侧，则仅将第二个顶点传给下一个裁剪器。

②如果第一个输入端点在裁剪边界外侧，而第二个输入端点在裁剪边界内侧，则将该多边形边与边界的交点和第二个顶点传给下一个裁剪器。

③第一个端点在裁剪边界内侧，而第二个端点在裁剪边界外侧，则将该多边形边与边界的交点传给下一个裁剪器。

④两端点都在裁剪边界外部，则不向下一个裁剪器传递顶点。

以下边界裁剪为例，裁剪规则如图 3-31 所示。

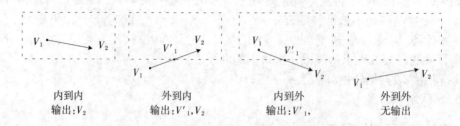

内到内
输出：V_2

外到内
输出：V'_1，V_2

内到外
输出：V'_1，

外到外
无输出

图 3-31　Sutherland-Hodgeman 多边形裁剪算法的裁剪规则

由裁剪窗口 4 个边界形成的 4 个裁剪器输出的最后顶点序列即为多边形裁剪的结果。

如图 3-32 所示，应用 Sutherland-Hodgeman 多边形裁剪算法裁剪多边形{1，2，3，4}。

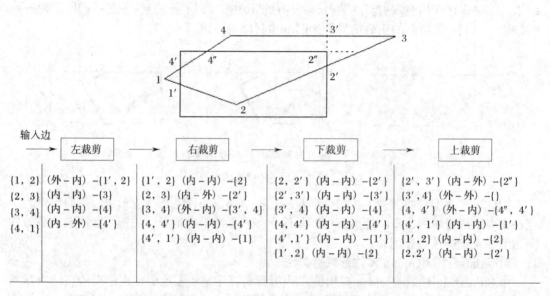

图 3-32　使用 Sutherland-Hodgeman 多边形裁剪算法裁剪多边形{1，2，3，4}

根据 Sutherland-Hodgeman 多边形裁剪的裁剪规则，多边形{1，2，3，4}依次经过左边界裁剪器、右边界裁剪器、下边界裁剪器及上边界裁剪器，最终得到裁剪结果的顶点序列为{2″，4″，4′，1′，2，2′}。

总结：Sutherland-Hodgeman 多边形裁剪算法是一个高效的多边形裁剪算法，可以正确地裁剪凸多边形和生成一个独立结果的凹多边形。由于多边形是当做一个整体被裁剪的，若裁剪结果出现多个多边形时，Sutherland-Hodgeman 多边形裁剪不能获得正确的结果。

2）Weiler-Atherton 多边形裁剪算法

Weiler-Atherton 多边形裁剪算法是一个通用的多边形裁剪方法，不但可裁剪凸多边形还可以裁剪凹多边形。为了得到裁剪后封闭填充区，沿多边形边界方向搜集顶点序列，当离开裁剪窗口时沿裁剪窗口边搜集窗口顶点序列。在裁剪窗口边的路线方向与被裁剪多边形边的方向一致。为了描述方便，如果多边形与裁剪窗口有交点，则根据与窗口相交边的走向区分交点：进入边与裁剪窗口的交点称为进交点，而出去边与裁剪窗口的交点称为出交点。另外，处理方向根据多边形顶点序列方向而定，下面以逆时针方向为例描述该算法，实现过程如下：

① 按逆时针方向处理多边形填充区域，直到相遇出交点。

② 在窗口边界上从出交点沿逆时针方向到达另一个与多边形的交点。如果该点是已处理边的点，则到下一步。如果是新交点，则继续按逆时针方向处理多边形直到遇到已处理的顶点。

③ 形成裁剪后该区域的顶点队列。

④ 回到出交点并继续按逆时针处理多边形的边。

如图 3-33 所示描述了 Weiler-Atherton 算法裁剪凹多边形的过程，裁剪结果为多边形 *AKLM* 和多边形 *PFGO*。

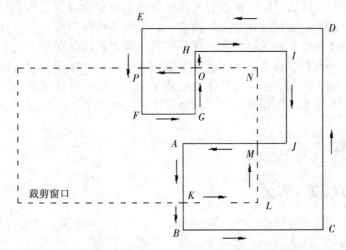

图 3-33　Weiler-Atherton 算法裁剪凹多变形

3.2.5　其他裁剪

1）曲线边界区域的裁剪

曲线边界区域裁剪过程涉及非线性方程，同线性边界区域处理相比需要更多的处理时间。圆或其他曲线边界对象的外接矩形可用来首先测试是否与矩形裁剪窗口有重叠：如果对象的外接矩形完全落在裁剪窗口内，则保存该对象；如果对象的外接矩形完全落在裁剪窗口外，则舍弃该对象。这两种情况都不必考虑计算。如果不满足上述矩形测试的条件，则要寻找计算存储的方法。对于圆，要用各个四分之一圆或者八分之一圆的坐标范围测试。该方法同样可用于一般多边形裁剪窗口对曲线边界对象的裁剪：第一步用裁剪区域外接矩形对对象的外接矩形进行裁剪；如果两个区域有重叠，则要解直线 - 曲线联立方程组，得出裁剪交点。

2）文字的裁剪

在图形软件包中有几种对文字裁剪的技术。根据产生文字的方法和具体应用的要求采用不同的技术。用窗口边界处理字符最简单的方法是全部保留或全部舍弃字符串的裁剪策略。该方法裁剪文字速度最快。裁剪与窗口边界有重叠的字符串处理方法是取舍整个字符，即全部保留或全部舍弃一个字符的裁剪策略。还有一种处理方法是对各个字符本身裁剪，用线段裁剪的方法对字符进行裁剪。如果一个字符与裁剪窗口边界有重叠，则裁剪掉落在窗口之外的字符部分。由线段构成的轮廓字体可以用线段裁剪算法来处理。用位图定义的字符，通过比较字符网格中各个像素对裁剪边界的相对位置来裁剪。

文字裁剪的策略包括几种：

(1) 串精度裁剪：当字符串中的所有字符都在裁减窗口内时，就全部保留，否则舍弃整个字符串。

(2) 字符精度裁剪：舍弃不完全落在窗口内的字符。

(3) 笔画、像素精度裁剪：判断字符串中各字符哪些像素、笔画落在窗口内，保留窗口内的部分，裁减掉窗口外的部分。

3) 外部裁剪

前面所学习的裁剪是舍弃裁剪区外的图形部分、保留裁剪区内的图形部分。在某些情况下，要保留落在裁剪区域外的图形部分，即外部裁剪，也称空白裁剪。外部裁剪应用的典型例子是多窗口系统：要正确地显示屏幕窗口，既需要内部裁剪，又需要外部裁剪。窗口内部的对象用内部裁剪；如果有优先级更高的窗口覆盖在这些对象上，则对象用覆盖窗口进行外部裁剪。外部裁剪也常用于覆盖图形的情况：通过外部裁剪为将它们插入到一幅较大的图中提供空间。例如，在广告和出版应用中的页面布局设计或者为图形加上标签和设计图模。外部裁剪技术还可以将图形、图像简图合起来。

3.3 三维观察

3.3.1 三维观察的基本概念

在三维空间中的观察过程比二维观察复杂得多，对于二维情况，我们仅需要在二维空间指定一个窗口并在二维观察中给定一个视口。从概念上讲，往往可以使用窗口对描绘的物体进行裁剪，然后变换到视口进行显示。三维观察过程的额外的复杂性一部分是由被添加的维数引起的，还有一部分是由显示设备仅是二维的这一事实引起的。在对一场景建模时，场景中每一对象一般由包围该对象、形成封闭边界的一组面来定义。对于某些应用需指定对象的内部结构信息，除生成对象表面特征视图的过程外，图形软件包有时还提供显示实体对象的内部组成或剖面。观察函数通过一组将对象的指定视图投影到显示设备表面上的过程来处理对象的描述。三维观察中许多处理，如裁剪子程序，与二维观察流水线中的类似。但三维观察包含一些在二维观察中没有的任务。例如，需要有投影子程序将场景变换到平面视图，必须识别可见部分，对逼真显示要考虑光照效果和表面特征。

要获得三维世界坐标系场景的显示，必须先建立观察用的坐标系，或照相机参数。该坐标系定义与照相机胶片平面对应的观察平面或投影平面的方向。然后将对象描述转换到观察坐标系，并投影到观察平面上。我们可以用线框图形式在输出设备上产生对象视图，或应用光照和面绘制技术获得可见的真实感图形。也就是说，我们可以引入投影来解决三维物体和二维显示的转变，投影变换把三维物体变换到一个二维投影平面上。因此本节讨论的主要是投影变换。

投影变换就是把三维立体（或物体）投射到投影面上得到二维平面图形。一个三维物体的投影是从投影中心发射出来的许多直的投影射线来定义的，这些投影线通过物体的每个点和投影平面相交,形成物体的投影。我们这里处理的这类投影被称为平面几何投影,投影线是直线,且投影在平面上而不是曲面上。平面几何投影主要指平行投影、透视投影以及通过这些投影变换而得到的三维立体的常用平面图形:三视图、轴测图以及透视图等。

平面几何投影的具体分类如图 3-34 所示。

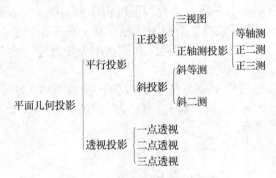

图 3-34 平面几何投影的分类

3.3.2 平行投影

平行投影是将物体投影到观察平面是沿平行方向投影每个点,在平行投影中投影中心到投影面之间的距离是无限的,如图 3-35 所示。

图 3-35 平行投影

据投影线与投影面的夹角,平行投影又可以分为正投影和斜投影,其中正投影的投影线与投影面垂直,而斜投影的投影线不与投影面垂直(如图 3-36 所示)。

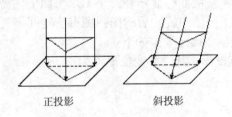

图 3-36 正投影和斜投影

1) 正投影

正投影又可分为三视图和正轴测。当投影面与某一坐标轴垂直时,得到的投影为三视图;否则,得到的投影为正轴测图。正轴测有等轴测、正二测和正三测 3 种。当投影面与 3 个坐标轴之间的夹角都相等时为等轴测;当投影面与两个坐标轴之间的夹角相等时为正二测；当投影面与 3 个坐标轴之间的夹角都不相等时为正三测。本书只学习三视图的投影变换矩阵形式。

三视图包括主视图、侧视图和俯视图 3 种，它们的投影平面分别与 y 轴、z 轴和 x 轴垂直。由于三视图可以真实地反映物体的距离和角度，三视图通常用于工程机械制图中。为了将 3 个视图显示到同一个平面上，我们可以将俯视图绕 x 轴顺时针旋转 $90°$，侧视图绕 z 轴逆时针旋转 $90°$，就可以将 3 个视图都显示到 xOz 平面上了。另外，为了避免 3 个视图在坐标轴上有重合的边界，再将俯视图和侧视图旋转后进行适当的平移操作。

（1）主视图。

三维形体向 xOz 面（又称 V 面）作垂直投影，投影线与 y 轴平行，得到主视图。因此，主视图反映三维形体的 x（长）和 z（高）方向的实际长度，但不能反映 y（宽）方向的变化。其变换等式形式为：

$$\begin{cases} x'=x \\ y'=0 \\ z'=z \end{cases}$$

所以，主视图的投影变换矩阵形式如下：

$$\begin{bmatrix} x' \\ y' \\ z' \\ 1 \end{bmatrix} = \begin{bmatrix} 1 & 0 & 0 & 0 \\ 0 & 0 & 0 & 0 \\ 0 & 0 & 1 & 0 \\ 0 & 0 & 0 & 1 \end{bmatrix} \begin{bmatrix} x \\ y \\ z \\ 1 \end{bmatrix}$$

或写成：

$$P'=T_v \cdot P$$

其中：

$$T_v = \begin{bmatrix} 1 & 0 & 0 & 0 \\ 0 & 0 & 0 & 0 \\ 0 & 0 & 1 & 0 \\ 0 & 0 & 0 & 1 \end{bmatrix}$$

（2）俯视图。

三维形体向 xOy 平面（又称 H 面）作垂直投影，投影线与 z 轴平行，得到俯视图。因此，俯视图反映三维形体的 x（长）和 y（宽）方向的实际长度，但不能反映 z（高）方向的变化。为了使俯视图和主视图能够显示在一个 xOz 平面上，需要将俯视图绕 x 轴顺时针旋转 $90°$。同时，为了使主视图与旋转后的俯视图有一定间隔，还需再进行一次沿 z 负方向平移距离为 z_p 的平移变换。操作步骤如下：

① 向 xOy 平面作垂直投影，其投影变换矩阵为：

$$T_h = \begin{bmatrix} 1 & 0 & 0 & 0 \\ 0 & 1 & 0 & 0 \\ 0 & 0 & 0 & 0 \\ 0 & 0 & 0 & 1 \end{bmatrix}$$

② 使 xOy 平面绕 x 轴顺时针旋转 $90°$，其旋转变换矩阵为：

$$R_x = \begin{bmatrix} 1 & 0 & 0 & 0 \\ 0 & \cos(-90°) & -\sin(-90°) & 0 \\ 0 & \sin(-90°) & \cos(-90°) & 0 \\ 0 & 0 & 0 & 1 \end{bmatrix}$$

③最后，沿 z 轴负方向平移一段距离 z_p，平移变换矩阵为：

$$\begin{bmatrix} 1 & 0 & 0 & 0 \\ 0 & 1 & 0 & 0 \\ 0 & 0 & 1 & -z_p \\ 0 & 0 & 0 & 1 \end{bmatrix}$$

所以，俯视图总的变换矩阵形式为：

$$\begin{bmatrix} x' \\ y' \\ z' \\ 1 \end{bmatrix} = \begin{bmatrix} 1 & 0 & 0 & 0 \\ 0 & 1 & 0 & 0 \\ 0 & 0 & 1 & -z_p \\ 0 & 0 & 0 & 1 \end{bmatrix} \begin{bmatrix} 1 & 0 & 0 & 0 \\ 0 & \cos(-90°) & -\sin(-90°) & 0 \\ 0 & \sin(-90°) & \cos(-90°) & 0 \\ 0 & 0 & 0 & 1 \end{bmatrix} \begin{bmatrix} 1 & 0 & 0 & 0 \\ 0 & 1 & 0 & 0 \\ 0 & 0 & 0 & 0 \\ 0 & 0 & 0 & 1 \end{bmatrix} \begin{bmatrix} x \\ y \\ z \\ 1 \end{bmatrix}$$

$$= \begin{bmatrix} 1 & 0 & 0 & 0 \\ 0 & 0 & 0 & 0 \\ 0 & -1 & 0 & -z_p \\ 0 & 0 & 0 & 1 \end{bmatrix} \begin{bmatrix} x \\ y \\ z \\ 1 \end{bmatrix}$$

或写成： $P' = T_{h'} \cdot P$

其中：

$$T_{h'} = \begin{bmatrix} 1 & 0 & 0 & 0 \\ 0 & 1 & 0 & 0 \\ 0 & 0 & 1 & -z_p \\ 0 & 0 & 0 & 1 \end{bmatrix} \begin{bmatrix} 1 & 0 & 0 & 0 \\ 0 & \cos(-90°) & -\sin(-90°) & 0 \\ 0 & \sin(-90°) & \cos(-90°) & 0 \\ 0 & 0 & 0 & 1 \end{bmatrix} \begin{bmatrix} 1 & 0 & 0 & 0 \\ 0 & 1 & 0 & 0 \\ 0 & 0 & 0 & 0 \\ 0 & 0 & 0 & 1 \end{bmatrix}$$

$$= \begin{bmatrix} 1 & 0 & 0 & 0 \\ 0 & 0 & 0 & 0 \\ 0 & -1 & 0 & -z_p \\ 0 & 0 & 0 & 1 \end{bmatrix}$$

从而，俯视图的等式方程可以表示为：

$$\begin{cases} x' = x \\ y' = 0 \\ z' = -y - z_p \end{cases}$$

（3）侧视图。

三维形体向 yOz 平面（又称 W 面）作垂直投影，投影线与 x 轴平行，得到侧视图。因此，侧视图反映三维形体的 y（宽）和 z（高）方向的实际长度，但不能反映 x（长）方向的变化。为了使侧视图和主视图能够显示在一个 xOz 平面上，需要将俯视图绕 z 轴逆时针旋转 $90°$。同时，为了使主视图与旋转后的侧视图有一定间隔，还需再进行一次沿 x 负方向平移距离为 x_l 的平移变换。操作步骤如下：

①向 yOz 平面作垂直投影，其投影变换矩阵为：

$$T_w = \begin{bmatrix} 0 & 0 & 0 & 0 \\ 0 & 1 & 0 & 0 \\ 0 & 0 & 1 & 0 \\ 0 & 0 & 0 & 1 \end{bmatrix}$$

②使 yOz 平面绕 z 轴逆时针旋转 $90°$，其旋转变换矩阵为：

$$R_z = \begin{bmatrix} \cos90° & -\sin90° & 0 & 0 \\ \sin90° & \cos90° & 0 & 0 \\ 0 & 0 & 1 & 0 \\ 0 & 0 & 0 & 1 \end{bmatrix}$$

③最后，沿 x 轴负方向平移一段距离 x_l，平移变换矩阵为：

$$\begin{bmatrix} 1 & 0 & 0 & -x_l \\ 0 & 1 & 0 & 0 \\ 0 & 0 & 1 & 0 \\ 0 & 0 & 0 & 1 \end{bmatrix}$$

所以，侧视图总的变换矩阵形式为：

$$\begin{bmatrix} x' \\ y' \\ z' \\ 1 \end{bmatrix} = \begin{bmatrix} 1 & 0 & 0 & -x_l \\ 0 & 1 & 0 & 0 \\ 0 & 0 & 1 & 0 \\ 0 & 0 & 0 & 1 \end{bmatrix} \begin{bmatrix} \cos90° & -\sin90° & 0 & 0 \\ \sin90° & \cos90° & 0 & 0 \\ 0 & 0 & 1 & 0 \\ 0 & 0 & 0 & 1 \end{bmatrix} \begin{bmatrix} 0 & 0 & 0 & 0 \\ 0 & 1 & 0 & 0 \\ 0 & 0 & 1 & 0 \\ 0 & 0 & 0 & 1 \end{bmatrix} \begin{bmatrix} x \\ y \\ z \\ 1 \end{bmatrix}$$

$$= \begin{bmatrix} 0 & -1 & 0 & -x_l \\ 0 & 0 & 0 & 0 \\ 0 & 0 & 1 & 0 \\ 0 & 0 & 0 & 1 \end{bmatrix} \begin{bmatrix} x \\ y \\ z \\ 1 \end{bmatrix}$$

或写成：$P' = T_{w'} \cdot P$

其中：

$$T_{w'} = \begin{bmatrix} 1 & 0 & 0 & -x_l \\ 0 & 1 & 0 & 0 \\ 0 & 0 & 1 & 0 \\ 0 & 0 & 0 & 1 \end{bmatrix} \begin{bmatrix} \cos90° & -\sin90° & 0 & 0 \\ \sin90° & \cos90° & 0 & 0 \\ 0 & 0 & 0 & 0 \\ 0 & 0 & 0 & 1 \end{bmatrix} \begin{bmatrix} 0 & 0 & 0 & 0 \\ 0 & 1 & 0 & 0 \\ 0 & 0 & 1 & 0 \\ 0 & 0 & 0 & 1 \end{bmatrix}$$

$$= \begin{bmatrix} 0 & -1 & 0 & -x_l \\ 0 & 0 & 0 & 0 \\ 0 & 0 & 1 & 0 \\ 0 & 0 & 0 & 1 \end{bmatrix}$$

从而，侧视图的等式方程可以表示为：

$$\begin{cases} x' = -y - x_l \\ y' = 0 \\ z' = z \end{cases}$$

如图 3-37 所示，对三维空间的三棱体作正投影得到三视图，并将 3 个视图都显示到 xOz 平面上。

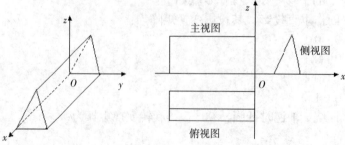

图 3-37　三视图

2) 斜投影

如果投影方向不垂直于投影平面的平行投影，则称为斜平行投影，简称为斜投影。斜投影形成的斜投影图（又称为斜轴测图）是将三维形体向一个单一的投影面作平行投影，但投影方向不垂直于投影面所得到的平面图形。常选用垂直于某个主轴的投影面，使得平行于投影面的形体表面可以进行距离和角度的测量。斜投影图特点：既可以进行测量又可以同时反映三维形体的多个面，具有立体效果。

在工程与建筑设计应用中，斜投影常使用两个角度来描述，如图 3-38 中的 α 和 β。其中的空间位置 (x, y, z) 投影到位于观察 z 轴 z_{vp} 处的观察平面的 (x_p, y_p, z_{vp})。位置 (x, y, z_{vp}) 是相应的正投影点。从 (x, y, z) 到 (x_p, y_p, z_{vp}) 的斜投影线与投影平面上连接 (x_p, y_p, z_{vp}) 和 (x, y, z_{vp}) 的线之间的夹角为 α。观察平面上这条长度为 L 的线与投影平面水平方向的夹角为 β。角 α 可取 $0° \sim 90°$ 之间的值，而角 β 可取 $0° \sim 360°$ 之间的值。应用 x、y、L 和 β 来表示投影坐标，如下：

$$\begin{cases} x_p = x + L\cos\beta \\ y_p = y + L\sin\beta \end{cases}$$

长度 L 依赖于角度 α 及点 (x, y, z) 到观察平面的距离：

$$\tan\alpha = \frac{z_{vp} - z}{L}$$

所以有：
$$L = \frac{z_{vp} - z}{\tan\alpha}$$
$$= L_1(z_{vp} - z)$$

其中：$L_1 = \cot\alpha$

所以，斜平行投影变换的等式形式为：

$$\begin{cases} x_p = x + L_1(z_{vp} - z)\cos\beta \\ y_p = y + L_1(z_{vp} - z)\sin\beta \end{cases}$$

斜平行投影变换的矩阵形式为：

$$\begin{bmatrix} x_p \\ y_p \\ z_p \\ 1 \end{bmatrix} = \begin{bmatrix} 1 & 0 & -L_1\cos\beta & L_1 z_{vp}\cos\beta \\ 0 & 1 & -L_1\sin\beta & L_1 z_{vp}\sin\beta \\ 0 & 0 & 0 & 0 \\ 0 & 0 & 0 & 1 \end{bmatrix} \begin{bmatrix} x \\ y \\ z \\ 1 \end{bmatrix}$$

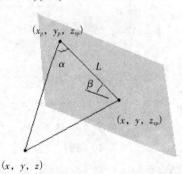

图 3-38　点 (x, y, z) 斜投影到 z 轴 z_{vp} 处投影平面而得到的点 (x_p, y_p, z_{vp})

角度 β 一般取 $30°$ 和 $45°$。α 的常用值满足 $\tan\alpha = 1$ 和 $\tan\alpha = 2$ 的值。根据 α 的不同取值所形成的斜投影图分为斜等测图和斜二测图：

对于斜等测图有：$\tan\alpha = 1$，即 $\alpha = 45°$；

对于斜二测图则有：tanα=2，即 α=arctan2。

在斜等测图中，所有垂直投影平面的线条投影后长度不变；而在斜二测图中，所有垂直投影平面的线条投影后得到一半的长度。由于斜二测投影在垂直方向投影长度减半，使得斜二测投影看起来比斜等测投影的真实感更好些。如图 3-39 所示，给出单位立方体的两种斜投影。

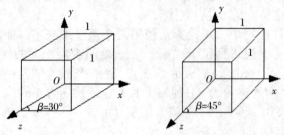

(a)β 分别取 30°和 45°时立方体的两个斜等测结果

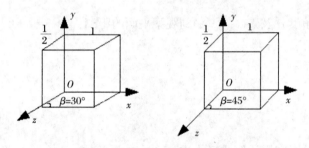

(b)β 分别取 30°和 45°时立方体的两个斜二测结果

图 3-39 β 分别取 30° 和 45°时立方体的斜等测投影图和斜二测投影图

3.3.3 透视投影

透视投影是沿会聚路径投影每一个点，投影中心到观察平面之间的距离是有限的。投影线会聚的点称为投影参考点或投影中心，如图 3-40 所示。

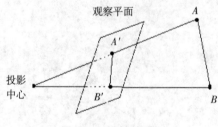

图 3-40 透视投影

根据投影的定义可知，空间任意一点的透视投影是投影中心与空间点构成的投影线与投影平面的交点。如图 3-41 所示，给出一个空间点 $P(x，y，z)$ 到一般的投影中心$(x_{prp}，y_{prp}，z_{prp})$的投影路径。该投影线与观察平面相交于坐标位置$(x_p，y_p，z_{vp})$，其中 z_{vp} 是在观察平面上选择的位于 z_{view} 轴的点。

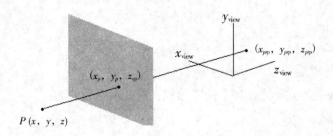

图 3-41　空间点 $P(x, y, z)$ 到一般的投影中心 $(x_{prp}, y_{prp}, z_{prp})$ 的投影路径

此时，投影线的参数方程为：

$$\begin{cases} x'=x-(x-x_{prp})\,u \\ y'=y-(y-y_{prp})\,u \qquad 0\leqslant u \leqslant 1 \\ z'=z-(z-z_{prp})\,u \end{cases}$$

式中，坐标位置 (x', y', z') 代表沿投影线的任意一点。

当 $u=0$ 时所指的点是指投影线一端点，即空间点 $P(x, y, z)$；当 $u=1$ 时所指的点是指投影线另一端点，即投影中心 $(x_{prp}, y_{prp}, z_{prp})$。

在观察平面上有：$z'=z_{vp}$，此时可求投影线参数方程中的 z' 式子而得到透视投影点位置处 u 参数：

$$u=\frac{z_{vp}-z}{z_{prp}-z}$$

将此 u 值代入 x' 和 y' 的方程式。可得一般投影变换公式：

$$x_p=x\left(\frac{z_{prp}-z_{vp}}{z_{prp}-z}\right)+x_{prp}\left(\frac{z_{vp}-z}{z_{prp}-z}\right)$$

$$y_p=y\left(\frac{z_{prp}-z_{vp}}{z_{prp}-z}\right)+y_{prp}\left(\frac{z_{vp}-z}{z_{prp}-z}\right)$$

由于该投影公式是分母含有空间位置 z 坐标的函数，计算比较复杂。我们一般会在透视投影过程中对于参数加上一些限制，往往根据不同的图形软件包，选取不同的投影中心和观察平面，从而简化透视投影的计算。

假定投影中心在 z 轴上 $(z=-d_p$ 处$)$，观察平面与 z 轴垂直。d_p 为观察平面与投影中心的距离，$d_p=z_{prp}-z_{vp}$，如图 3-42 所示。

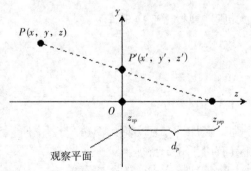

图 3-42　投影中心在 z 轴时空间一点 $P(x, y, z)$ 的透视投影 $P'(x', y', z')$

由于投影中心在 z 轴上，可得 $x_{prp}=y_{prp}=0$，此时，投影变换的等式形式为：

$$x_p = x\left(\frac{z_{prp}-z_{vp}}{z_{prp}-z}\right) = x\left(\frac{d_p}{z_{prp}-z}\right)$$

$$y_p = y\left(\frac{z_{prp}-z_{vp}}{z_{prp}-z}\right) = y\left(\frac{d_p}{z_{prp}-z}\right)$$

再将投影变换的等式形式转换为矩阵形式，设齐次系数 h 为：

$$h = \frac{z_{prp}-z}{d_p}$$

根据齐次坐标变换：

$$x_p = \frac{x_h}{h}, \quad y_p = \frac{y_h}{h}$$

则投影变换的齐次矩阵表示为：

$$\begin{bmatrix} x_h \\ y_h \\ z_h \\ 1 \end{bmatrix} = \begin{bmatrix} 1 & 0 & 0 & 0 \\ 0 & 1 & 0 & 0 \\ 0 & 0 & \dfrac{-z_{vp}}{d_p} & z_{vp}\left(\dfrac{z_{prp}}{d_p}\right) \\ 0 & 0 & \dfrac{-1}{d_p} & \dfrac{z_{prp}}{d_p} \end{bmatrix} \begin{bmatrix} x \\ y \\ z \\ 1 \end{bmatrix}$$

为了能得到透视投影变换矩阵更简单的表示形式，可以使观察平面位于 uv 平面，即 $z_{vp}=0$ 或使投影中心为视坐标系的原点，即 $z_{prp}=0$。在此以 $z_{vp}=0$ 为例，得出此时透视投影的变换矩阵。

此时：$x'= x\left(\dfrac{z_{prp}}{z_{prp}-z}\right)$

$$y' = y\left(\frac{z_{prp}}{z_{prp}-z}\right)$$

$$z' = z_{vp} = 0$$

$$\begin{bmatrix} x' \\ y' \\ z' \\ 1 \end{bmatrix} = \begin{bmatrix} x\cdot\dfrac{z_{prp}}{z_{prp}-z} \\ y\cdot\dfrac{z_{prp}}{z_{prp}-z} \\ 0 \\ 1 \end{bmatrix} = \begin{bmatrix} x \\ y \\ 0 \\ \dfrac{z_{prp}-z}{z_{prp}} \end{bmatrix} \begin{bmatrix} 1 & 0 & 0 & 0 \\ 0 & 1 & 0 & 0 \\ 0 & 0 & 1 & 0 \\ 0 & 0 & \dfrac{-1}{z_{prp}} & 1 \end{bmatrix} \begin{bmatrix} x \\ y \\ z \\ 1 \end{bmatrix}$$

同时，$d_p = z_{prp}-z_{vp} = z_{prp}$，则透视投影变换矩阵为：

$$\begin{bmatrix} x' \\ y' \\ z' \\ 1 \end{bmatrix} = \begin{bmatrix} 1 & 0 & 0 & 0 \\ 0 & 1 & 0 & 0 \\ 0 & 0 & 1 & 0 \\ 0 & 0 & \dfrac{-1}{d_p} & 1 \end{bmatrix} \begin{bmatrix} x \\ y \\ z \\ 1 \end{bmatrix}$$

透视投影的深度感更强，更加具有真实感，但透视投影不能够准确反映物体的大小和形状。另外，透视投影还具有以下 3 个特征：

(1) 透视投影的大小与物体到投影中心的距离有关。

(2) 一组平行线若平行于投影平面时，它们的透视投影仍然保持平行。

(3) 只有当物体表面平行于投影平面时，该表面上的角度在透视投影中才能被保持。

　　透视投影中不平行于投影面的平行线的投影会会聚到一个点，这个点称为灭点。坐标轴方向的平行线在投影面上形成的灭点称作主灭点。透视投影可以按照主灭点的个数分以下 3 类：

　　(1)　一点透视有 1 个主灭点，即投影面与 1 个坐标轴正交，与另外两个坐标轴平行。

　　(2)　二点透视有 2 个主灭点，即投影面与 2 个坐标轴相交，与另一个坐标轴平行。

　　(3)　三点透视有 3 个主灭点，即投影面与 3 个坐标轴都相交。

　　如图 3-43 所示，给出立方体 3 种不同主灭点个数的透视投影。

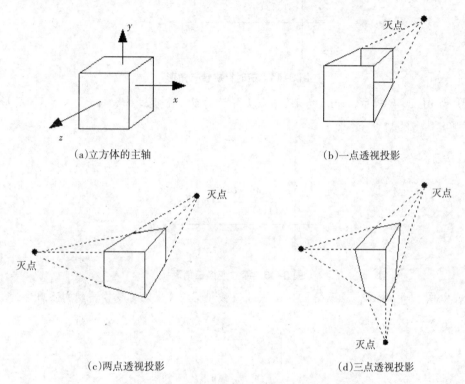

图 3-43　立方体 3 种不同主灭点个数的透视投影

3.4　本章小结

　　本章主要介绍了二、三维几何变换和观察的基本理论。在几何变换的讨论中，分别介绍了二维平移、旋转、缩放、对称、错切变换与三维平移、旋转、缩放变换的等式与矩阵。在图形观察的讨论中，重点介绍了裁剪算法与投影变换的基本方法。通过几何变换可以将场景中的物体在适当的位置并以适当的尺寸予以显示。裁剪保证在屏幕的视图区内显示的是用户感兴趣的图形部分，通过投影变换可以将三维图形在二维的显示屏幕上进行显示。

3.5　本章习题

　　(1)　证明对于下列每个操作序列，矩阵相乘是可交换的：

　　①两个连续的平移。

　　②两个连续的旋转。

　　③两个连续的缩放。

(2) 证明关于直线 $y=x$ 的对称变换等价于相对于 x 轴的对称在逆时针旋转 90°。

(3) 证明关于直线 $y=x$ 的对称变换等价于相对于 y 轴的对称在逆时针旋转 90°。

(4) 如图 3-44 所示，求三角形 ABC 绕 A 点逆时针旋转 30° 所形成的新三角形。

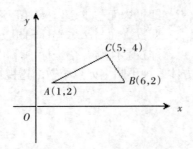

图 3-44　逆时针旋转三角形

(5) 如图 3-45 所示，求三角形 ABC 以固定点 D，且缩放系数 $s_x=2$ 和 $s_y=3$ 所形成的新三角形。

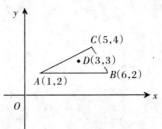

图 3-45　缩放变换三角形

(6) 如图 3-46 所示，求三角形 ABC 关于直线 $y=2x-4$ 做对称变换得到的三角形 $A'B'C$。

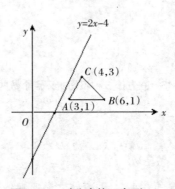

图 3-46　对称变换三角形

(7) 推导由两个连续三维平移分量形成的复合三维平移矩阵变换形式。

(8) 推导关于坐标轴的由两个连续三维旋转分量形成的复合三维旋转矩阵变换形式。

(9) 推导关于坐标原点的由两个连续三维缩放分量形成的复合三维缩放矩阵变换形式。

(10) 已知矩形裁剪窗口 4 个边界坐标为 $x_{wmin}=3$，$x_{wmax}=12$，$y_{wmin}=3$，$y_{wmax}=10$，应用 Cohen-Sutherland 线段裁剪算法裁剪线段 $P_1(1，2)$，$P_2(10，12)$。

(11) 已知矩形裁剪窗口 4 个边界坐标为 $x_{wmin}=4$，$x_{wmax}=15$，$y_{wmin}=5$，$y_{wmax}=10$，应用 Liang-Barsky 线段裁剪算法裁剪线段 $P_1(1，2)$，$P_2(10，12)$。

（12）如图 3-47 所示，应用 Sutherland-Hodgeman 多边形裁剪算法裁剪多边形 {1，2，3，4，5}。

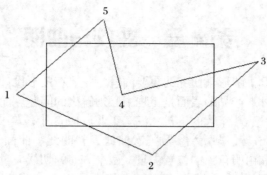

图 3-47　多边形裁剪

（13）如图 3-48 所示，应用 Weiler-Atherton 多边形裁剪算法裁剪多边形 {1，2，3，4，5，6，7，8}。

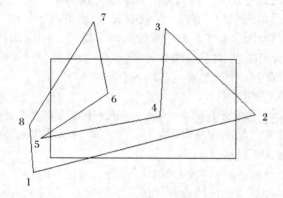

图 3-48　多边形裁剪

（14）什么是平面几何投影？平面几何投影是如何分类的？

（15）如何形成三视图？

（16）推导投影中心在坐标原点，观察平面与 z 轴垂直的透视投影变换矩阵。

第4章　曲线与曲面

　　曲线与曲面是计算机图形学研究的重要内容之一。在图形设计中如何表示像飞机、汽车、轮船等具有复杂外形产品的表面是工程中必须解决的问题。而曲线、曲面的计算机辅助设计也是源于 20 世纪 60 年代的飞机和汽车工业。1963 年，美国波音（Boeing）飞机公司的佛格森（Ferguson）最早引入参数三次曲线，将曲线、曲面表示成参数矢量函数形式，构造了组合曲线和由四角点的位置矢量、两个方向的切线矢量定义的佛格森双三次曲面片。1964 年，美国麻省理工学院（MIT）的孔斯（Coons）用封闭曲线的 4 条边界定义一张曲面。同年，舍恩伯格（Schoenberg）提出了参数样条曲线、曲面的形式。1971 年，法国雷诺（Renault）汽车公司的贝塞尔（Beziér）发现了一种用控制多边形定义曲线和曲面的方法。同期，法国雪铁龙（Citroen）汽车公司的德卡斯特里奥（de Casteljau）也独立地研究出与 Beziér 类似的方法。1972 年，德布尔（de Boor）给出了 B 样条的标准计算方法。1974 年，美国通用汽车公司的戈登（Gorden）和里森费尔德（Riesenfeld）将 B 样条理论用于形状描述，提出了 B 样条曲线和曲面。1975 年，美国锡拉丘兹（Syracuse）大学的佛斯普里尔（Versprill）提出了有理 B 样条方法。20 世纪 80 年代后期，皮格尔（Piegl）和蒂勒（Tiller）将有理 B 样条发展成非均匀有理 B 样条方法，并已成为当前自由曲线和曲面描述的最广为流行的技术。

　　曲线与曲面的设计发展历史表明曲线、曲面设计方法的要求是：

　　(1) 所设计的曲线与曲面应具有唯一性。唯一性对所采用的数学方法的要求是，由已给定的有限信息决定的形状应是唯一的。

　　(2) 绘制曲线与曲面过程具有明确的几何意义，且操作方便。避免高次多项式函数可能引起的过多拐点，曲线与曲面的设计应该采用低次多项式函数进行组合；组合曲线与曲面在公共连接处满足一定的连续性。

　　(3) 具有几何不变性。几何不变性是指当用有限的信息决定一个曲线或曲面时，例如用 4 个点决定一条三次曲线，如果这些点的相对位置确定后，那么曲线的形状应该是确定的，它不随所取坐标系的改变而改变。

　　(4) 统一性。能统一表示各种形状及处理各种情况，包括各种特殊情况。统一性的高要求是希望能找到统一的数学形式，既能表示自由型曲线、曲面，也能表示初等解析曲线、曲面，从而能建立统一的数据库，以便于进行形状信息传递及产品数据交换。

　　(5) 具有局部修改性。修改其中一点，不影响全局，只有很小范围内的形状受到影响。另外，也应该易于定界：工程上，曲线、曲面的形状总是有界的，形状的数学描述应易于定界，而其参数方程表示形式是易于定界的。

　　(6) 易于实现光滑连接。通常单一的曲线段或曲面片难以表达复杂的形状，必须将一些曲线段相继连接在一起成为组合曲线，或将一些曲面片相继拼接起来成为组合曲面，才能描述复杂的形状。当表示或设计一条光滑曲线或一张光滑曲面时，必须确定曲线段间、曲面片间的连接是光滑的。

4.1 曲线与曲面的理论基础

4.1.1 显式、隐式和参数表示

曲线和曲面的表示方程有参数表示和非参数表示之分，非参数表示又分为显式表示和隐式表示。

1) 显式表示

对于一个平面曲线，显式表示一般形式是：

$y=f(x)$

例如，一条直线可以表示：

$y=mx+b$

在此方程中，一个 x 值与一个 y 值对应。所以显式方程适合表示封闭或多值曲线，例如，不适合应用显式方程表示一个圆或椭圆。

2) 隐式表示

如果一个平面曲线方程，表示成 $f(x)=0$ 的形式，我们称之为隐式表示。例如抛物线、双曲线、椭圆等圆锥曲线一般可以表示隐式方程为：

$ax^2+2bxy+cy^2+2dx+2ey+f=0$

通过定义不同的方程系数 a、b、c、d、e、f 可得到不同圆锥曲线。隐式表示的优点是易于判断函数 $f(x)$ 是否大于、小于或等于零，也就易于判断点是落在所表示曲线上或在曲线的哪一侧。

对于非参数表示形式方程（无论是显式还是隐式）存在下述问题：

(1) 与坐标轴相关。

(2) 会出现斜率为无穷大的情形（如垂线）。

(3) 对于非平面曲线、曲面，难以用常系数的非参数化函数表示。

(4) 不便于计算机编程。

鉴于非参数表示形式存在的问题，一般曲线、曲面应用下面介绍的参数形式表示。

3) 参数表示

在解析几何中，空间曲线上一点 P 的每个坐标被表示为某个参数 t 的函数：

$$\begin{cases} x=x(t) \\ y=y(t) \\ z=z(t) \end{cases}$$

把 3 个方程合在一起，3 个坐标分量就组成曲线上该点的位置矢量，曲线被表示为参数 t 的矢量函数。它的每个坐标分量都是以参数 t 为变量的标量函数。这种矢量表示等价于笛卡尔分量表示。这样，给定一个 t 值，就得到曲线上一点的坐标，当 t 在 $[a, b]$ 内连续变化时，就得到了曲线。这里将参数限制在 $[0, 1]$ 内，于是，得到曲线的参数表示形式：

$P(t)=[x(t), \ y(t), \ z(t)]$

类似的，可把曲面表示成为双参数 u 和 v 的矢量函数：

$$\begin{cases} x=x(u, v) \\ y=y(u, v) \\ z=z(u, v) \end{cases}$$

参数 u 和 v 常限制在 $[0, 1]$ 内，于是，得到曲线的参数表示形式：

$P(t)=[x(u, v), \ y(u, v), \ z(u, v)]$

在曲线、曲面的表示上，参数方程比显式、隐式方程有更多的优越性，主要表现在：

（1）点动成线：如果把参数 t 视为时间，$P(t)$ 可看做为一质点随时间变化的运动轨迹。其关于参数 t 的一阶导数与二阶导数分别就是质点的速度矢量与加速度矢量。这可看做矢量形式的参数曲线方程的物理解释。

（2）通常总是能够选取那些具有几何不变性的参数曲线、曲面表示形式。且能通过某种变换处理使某些不具有几何不变性的形式具有几何不变性，从而可以满足几何不变性的要求。

（3）任何曲线在坐标系中都会在某一位置上出现垂直的切线，因而导致无穷大斜率。而在参数方程中，可以用对参数求导来代替，从而避免了这一问题。

（4）规格化的参数变量，使其相应的几何分量是有界的，而不必用另外的参数去定义其边界。

（5）对非参数方程表示的曲线、曲面进行仿射和投影变换，必须对曲线、曲面上的每个型值点进行变换；而对参数表示的曲线、曲面可对其参数方程直接进行仿射和投影变换，从而节省计算工作量。

（6）参数方程将自变量和因变量完全分开，使得参数变化对各因变量的影响可以明显地表示出来。

基于这些优点，以后将用参数表达形式来讨论曲线、曲面问题。

4.1.2 样条曲线

1) 样条定义

在绘图术语中，样条是通过一组指定点集而生成平滑曲线的柔韧带。当绘制曲线时，几个较小的加权沿着样条的长度分配并固定在绘图表上的相应位置。在计算机图形学中，样条曲线是指由多项式曲线段连接而成的曲线，在每段的边界处满足特定的连续条件。样条曲面则可以用两组正交样条曲线来描述。分别有插值样条和逼近样条两种不同的样条描述方法，每种方法都是一种带有特定边界条件的特殊多项式表达类型。

在样条生成过程中，首先给出一组坐标位置，它们决定了曲线的大致形状，称这些坐标点为控制点。根据这些控制点，可以利用以下两种方法之一来选取分段连续多项式函数。当选取的多项式使曲线通过每个控制点时，则所得曲线称为这组控制点的插值样条曲线，如图 4-1 所示。当多项式的选取使曲线不一定通过每个控制点时，所得曲线称为这组控制点的逼近样条曲线，如图 4-2 所示。

图 4-1　插值样条曲线　　　　　　　　图 4-2　逼近样条曲线

通过交互地选择控制点的空间位置，设计人员可以获得一条初始曲线。这些控制点的多项式被拟合显示后，还可以对部分或全部控制点重新定位，以获得满意的形状。通过对控制点的变换还可以实现对曲线的平移、旋转或缩放等。

（1）凸包。

包围一组控制点的凸多边形的边界称作凸包。这个凸多边形使每个控制点要么在凸包的边界上，要么在凸包的内部，如图 4-3 所示，虚线绘出了包围控制点 P_i 的凸包。凸包提供了曲线、曲面与围绕控制点区域间的偏差的度量，同时还保证了多项式光滑地沿控制点前进。

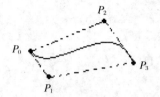

图 4-3　曲线与其凸包

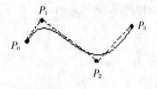

图 4-4　曲线与控制多边形

(2) 控制多边形。

在生成逼近样条的过程中，连接控制点序列的折线通常要显示出来，以提醒设计人员控制点的次序。这一组连接控制点的折线称作该曲线的控制多边形，或特征多边形，如图 4-4 所示。

2) 连续性条件

(1) 参数连续性。

为了保证分段参数曲线从一段到另一段平滑过渡，可以在连接点处要求各种连续性条件。如样条的每一部分以参数坐标函数形式进行描述：

$x=x(u)$、$y=y(u)$、$z=z(u)$　　　$u_1 \leqslant u \leqslant u_2$

可以通过测试曲线段连接处的参数导数来建立参数连续性。

①0 阶参数连续性，记作 C^0 连续性，如图 4-5 中(a)所示，是指曲线在该位置是连接，即第一个曲线段在 u_1 处的 x、y、z 值与第二个曲线段在 u_2 处的 x、y、z 值相等。

②1 阶参数连续性，记作 C^1 连续性，如图 4-5 中(b)所示，指代表两个相邻曲线段的方程在相交点处有相同的一阶导数（切线）。

③2 阶参数连续性，记作 C^2 连续性，如图 4-5 中(c)所示，指两个相邻曲线段的方程在相交点处具有相同的一阶和二阶导数。

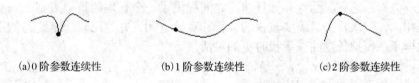

(a)0 阶参数连续性　　　　(b)1 阶参数连续性　　　　(c)2 阶参数连续性

图 4-5　曲线段参数连续性

(2) 几何连续性。

①0 阶几何连续性，记作 G^0 连续性，与 0 阶参数连续性的定义相同。

②1 阶几何连续性，记作 G^1 连续性，指一阶导数在相邻段的交点处成比例，则相邻曲线段在交点处切向量的大小不一定相等。

③2 阶几何连续性，记作 G^2 连续性，指相邻曲线段在交点处其一阶和二阶导数均成比例。G^2 连续性下，两个曲线段在交点处的曲率相等。

(3) 样条曲线的等式和矩阵描述。

对于一条三维的 n 次参数多项式曲线，可以采用下面以 t 为参数的方程来描述：

$$\begin{cases} x(t)=x_0+x_1\cdot t+\cdots+x_n\cdot t^n \\ y(t)=y_0+y_1\cdot t+\cdots+y_n\cdot t^n \qquad t\in[0,\ 1] \\ z(t)=z_0+z_1\cdot t+\cdots+z_n\cdot t^n \end{cases}$$

将方程写成矩阵乘积形式可得：

$$P(t)=\begin{bmatrix} x(t) \\ y(t) \\ z(t) \end{bmatrix}=\begin{bmatrix} x_0 & x_1 & \cdots & x_n \\ y_0 & y_1 & \cdots & y_n \\ z_0 & z_1 & \cdots & z_n \end{bmatrix}\begin{bmatrix} 1 \\ t \\ \cdots \\ t^n \end{bmatrix}=C\cdot T \qquad t\in[0,\ 1]$$

其中，T 是参数 t 的幂次列向量矩阵，C 是 $(n+1)\times3$ 阶的系数矩阵。将已知的边界条件，如端点坐标以及端点处的一阶导数等，代入该矩阵方程，求得系数矩阵：

$C=G\cdot M$

其中，G 是包含样条形式的几何约束条件（边界条件）在内的 $(n+1)\times3$ 阶矩阵，M 是一个 $(n+1)\times(n+1)$ 阶矩阵，也称为基矩阵，它将几何约束值转化成多项式系数，并且提供了样条曲线的特征。基矩阵描述了一个样条表示，它对于从一个样条表示转换到另一个样条表示特别有用。

通过这样的分解，得到样条参数多项式曲线的矩阵：

$P(t)=C\cdot T=G\cdot M\cdot T \qquad t\in[0,\ 1]$

其中，T 和 M 确定了一组新的基函数，或者称为混合函数。

由此可以得到，指定一个具体的样条参数表示有以下 3 种等价的方法：

①列出一组加在样条上的边界条件。

②列出描述样条特征的矩阵。

③列出一组混合函数（基函数），它可以由指定的曲线几何约束来计算曲线路径位置。

4.1.3 三次样条

由于高次样条计算复杂，低次样条曲线的性能又有限，实际通常采用三次样条表示，是在定义曲线的灵活性和处理速度之间的一个折中，在模拟曲线形状时更具灵活性。

三次多项式方程是能表示曲线段的端点通过特定点且在连接处保持位置和斜率连续性的最低阶次的方程，它在灵活性和计算速度之间提供了一个合理的折中方案。与更高次的多项式方程相比，三次样条只需要较少的计算和存储空间，并且比较稳定。与低次多项式相比，三次样条在模拟任意曲线形状时更加灵活。

给定 $(n+1)$ 个控制点 $P_k=(x_k,\ y_k,\ z_k)$，$k=0,\ 1,\ 2,\ \cdots,\ n$，可得到通过每个点的分段三次多项式曲线，由下面的方程组来描述：

$$\begin{cases} x(t)=x_0+x_1\cdot t+x_2\cdot t^2+x_3\cdot t^3 \\ y(t)=y_0+y_1\cdot t+y_2\cdot t^2+y_3\cdot t^3 \qquad t\in[0,\ 1] \\ z(t)=z_0+z_1\cdot t+z_2\cdot t^2+z_3\cdot t^3 \end{cases}$$

其中，t 为参数，当 $t=0$ 时，对应每段曲线段的起点；当 $t=1$ 时，对应每段曲线段的终点。对于 $(n+1)$ 个控制点，一共要生成 n 条三次样条曲线段，每一段都需要求出多项式表示中的系数，这些系数可以通过在两段相邻曲线段的"重叠点"处设置足够的边界条件来获得。

常用的插值方法有：自然三次样条插值和 Hermite 插值样条。

1）自然三次样条插值

自然三次样条是首先在计算机绘图中得到应用的例子，它的插值曲线表达式是对原始绘图样条的数学抽象。

采用公式描述一个自然三次样条有$(n+1)$个控制点需要拟合，共有 n 个曲线段计 $4n$ 个多项式系数待定，如图 4–6 所示。由于对于每个内部控制点[P_0 除外，共$(n-1)$个]，各有 4 个边界条件，在该控制点两侧的两个曲线段在该点处有相同的 1 阶导数和 2 阶导数，且两个曲线段都通过该点，所以，共有 4 个边界条件。这样就给出了由 $4n$ 个多项式系数组成的$(4n-4)$个方程。再加上由第一个控制点 P_0（曲线起点）和最后一个控制点 P_n（曲线终点）所得的，共$(4n-2)$个方程。对于 $4n$ 个待定系数，还有两个条件才能列出满足需要的 $4n$ 个方程。得到这两个方程有两个可行的方法，其一是设 P_0 和 P_n 处的 2 阶导数为 0；其二是增加两个虚控制点，它们各位于控制点序列的两端，定义为 P_{-1} 和 P_{n+1}，如图 4–7 所示。两个虚拟控制点的设立使原有的$(n+1)$个控制点都变成了内控制点，自然可以获得 $4n$ 个边界条件，列出 $4n$ 个求解系数的方程。

自然三次样条是绘制样条的一种有效方法，但其中任何一个控制点的改动都会影响到整个曲线的形状。它的局部控制特性不好在一定程度上影响了它的应用。

图 4–6　$(n+1)$个控制点的分段连续三次样条插值

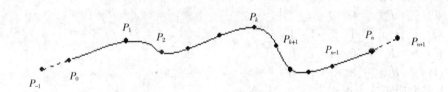

图 4–7　增加两个虚控制点的连续三次样条插值

自然三次样条插值有如下特点：

（1）采用公式描述时，需要相邻曲线段在公共边界处有 C^2 连续性。

（2）对于具有$(n+1)$个控制点的自然三次样条有$(n+1)$个控制点需要拟合，共有 n 个曲线段计 $4n$ 个多项式系数待定。

（3）内控制点两侧的曲线段在控制点处具有相同 1 阶导数和 2 阶导数，且均通过控制点，加上起点和末点共$(4n-2)$个方程，还需要两个条件：

①假定 P_0 和 P_n 处 2 阶导数为 0。

②加两个虚控制点，可保证$(n+1)$个点均为内控制点。

2）Hermite 插值样条

由法国数学家查理斯·埃尔米特（Charles Hermite）给出的 Hermite 插值样条是一个给定每个控制点切线的分段三次多项式。它可以实现局部的调整，因为它的各个曲线段都仅仅取决于端点的约束。假定型值点 P_k 和 P_{k+1} 之间的曲线段为 $p(t)$，$t \in [0, 1]$，给定矢量 P_k、P_{k+1}、R_k 和 R_{k+1}，则满足下列条件的三次参数曲线为三次 Hermite 样条曲线：

$p(0)= P_k$，$p(1)=P_{k+1}$

$p'(0)= R_k$，$p'(1)=R_{k+1}$

如图 4-8 所示。

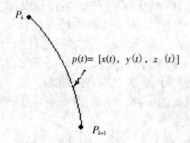

图 4-8　在控制点 P_k 和 P_{k+1} 之间的 Hermite 曲线段的参数点函数 $p(t)$

关于该曲线的向量方程可写成：

$p(t)=at^3+bt^2+ct+d$

其矩阵表达式为：

$$P(t)=\begin{bmatrix} t^3 & t^2 & t & 1 \end{bmatrix}\begin{bmatrix} a_x & a_y & a_z \\ b_x & b_y & b_z \\ c_x & c_y & c_z \\ d_x & d_y & d_z \end{bmatrix}=\begin{bmatrix} t^3 & t^2 & t & 1 \end{bmatrix}\begin{bmatrix} a \\ b \\ c \\ d \end{bmatrix}=T\cdot C$$

把边界条件代入得：

$$\begin{bmatrix} p(0) \\ p(1) \\ p'(0) \\ p'(1) \end{bmatrix}=\begin{bmatrix} P_k \\ P_{k+1} \\ R_k \\ R_{k+1} \end{bmatrix}=\begin{bmatrix} 0 & 0 & 0 & 1 \\ 1 & 1 & 1 & 1 \\ 0 & 0 & 1 & 0 \\ 3 & 2 & 1 & 0 \end{bmatrix}\cdot C$$

对上式再逆矩阵，得到：

$$C=\begin{bmatrix} a \\ b \\ c \\ d \end{bmatrix}=\begin{bmatrix} 0 & 0 & 0 & 1 \\ 1 & 1 & 1 & 1 \\ 0 & 0 & 1 & 0 \\ 3 & 2 & 1 & 0 \end{bmatrix}^{-1}\begin{bmatrix} P_k \\ P_{k+1} \\ R_k \\ R_{k+1} \end{bmatrix}=\begin{bmatrix} 2 & -2 & 1 & 1 \\ -3 & 3 & -2 & -1 \\ 0 & 0 & 1 & 0 \\ 1 & 0 & 0 & 0 \end{bmatrix}\begin{bmatrix} P_k \\ P_{k+1} \\ R_k \\ R_{k+1} \end{bmatrix}=M_h\cdot G_h$$

M_h 是 Hermite 矩阵，而 G_h 是 Hermite 几何矢量。

因此三次 Hermite 样条曲线的方程为：

$p(t)=T\cdot M_h\cdot G_h$　　　　$t\in[0，1]$

$$T\cdot M_h=\begin{bmatrix} t^3 & t^2 & t & 1 \end{bmatrix}\begin{bmatrix} 2 & -2 & 1 & 1 \\ -3 & 3 & -2 & -1 \\ 0 & 0 & 1 & 0 \\ 1 & 0 & 0 & 0 \end{bmatrix}$$

令：

$H_0(t)=2t^3-3t^2+1$

$H_1(t)=-2t^3+3t^2$

$H_2(t)=t^3-2t^2+t$

$H_3(t)=t^3-t^2$

$$p(t)=P_kH_0(t)+P_{k+1}H_1(t)+R_kH_2(t)+R_{k+1}H_3(t)$$

多项式 $H(u)$（$k=0$，1，2，3）为 Hermite 基函数，如图 4–9 所示。因为它混合了端点坐标和斜率等边界约束条件，所以基函数也称为混合函数。

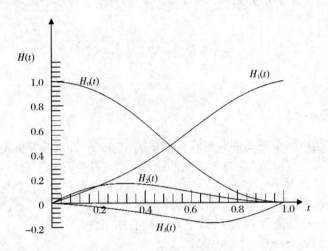

图 4–9　Hermite 基函数

为了定义 Hermite 插值样条，除需要指定控制点的位置外，还需给出曲线在端点处的切线矢量，改变切线矢量的方向对曲线的形状会有很大影响，对设计者而言，一方面很难给出两个端点处的切线矢量作为初始条件，而且也很不方便，更重要的是，它只适合于插值场合，而不适合于外形设计。

4.2　Beziér 曲线与曲面

Beziér曲线是法国雷诺汽车公司工程师 P.E.Beziér 于 1971 年以"逼近"为基础构造的一种参数曲线。由于拥有许多较好的性质，在曲线和曲面设计中 Beziér 曲线更好用，且更容易实现，广泛应用于许多图形系统和 CAD 系统。

4.2.1　Beziér 曲线的定义

1）Beziér 曲线定义

Beziér 曲线是能够在第一个和最后一个顶点之间进行插值的一个多项式混合函数。通常，对于有(n+1)个控制点的 Beziér 曲线段用参数方程表示如下：

$$p(t)=\sum_{i=0}^{n}P_iBEZ_{i,n}(t)\qquad 0\leqslant t\leqslant 1$$

Beziér 基函数 Bernstein 多项式的定义为：

$$BEZ_{i,n}(t)=C_n^i\,t^i\,(1-t)^{n-i}\qquad t\in[0,\ 1]$$

其中：$C_n^i=\dfrac{n!}{i!\ (n-i)!}$

Beziér 混合函数的递归定义形式为：

$$BEZ_{i,n}(t)=(1-t)BEZ_{i,n-1}(t)+tBEZ_{i-1,n-1}(t)\qquad n>i\geqslant 1$$

这里：

$BEZ_{i,i}(t)=t^i$

$BEZ_{0,i}(t)=(1-t)^i$

Beziér曲线坐标的3个分量 x，y，z 的参数方程为：

$$x(t)=\sum_{i=0}^{n} x_i BEZ_{i,n}(t)$$

$$y(t)=\sum_{i=0}^{n} y_i BEZ_{i,n}(t)$$

$$z(t)=\sum_{i=0}^{n} z_i BEZ_{i,n}(t)$$

Beziér 曲线控制点的个数与曲线形状直接相关。Beziér 曲线多项式的次数要比控制点的个数少1。3 个控制点生成抛物线（二次曲线），4 个控制点生成三次曲线，但对某些控制点布局，得到了退化 Beziér 多项式。例如，3 个共线控制点生成一个直线段的 Beziér 曲线，由具有相同坐标控制点生成 Beziér 曲线仍然是一个点。

2）作为 Beziér 曲线的基函数 Bernstein 多项式拥有如下性质

(1) 非负性：$BEZ_{i,n}(t)\geqslant0$ $t\in[0,1]$

(2) 权性：$\sum_{i=0}^{n} BEZ_{i,n}(t)=1$ $t\in[0,1]$

(3) 对称性：$BEZ_{i,n}(t)=BEZ_{n-i,n}(1-t)$ （$i=0,1,2,\cdots,n$）

(4) 导数：对 $i=0,1,2,\cdots,n$，有：$BEZ'_{i,n}(t)=n[BEZ_{i-1,n-1}(t)-BEZ_{i,n-1}(t)]$

(5) 积分：$\int_0^1 BEZ_{i,n}(t)=\dfrac{1}{n+1}$ （$i=0,1,2,\cdots,n$）

(6) 最大值：在区间[0,1]内，$BEZ_{i,n}(t)$ 在 $t=\dfrac{i}{n}$ 处取得最大值。

(7) 线性无关性：任何一个 n 次多项式都可表示成它们的线形组合，或者说：

$\{BEZ_{i,n}(t)\}_{i=0}^n$ 是 n 次多项式空间的一组基。

4.2.2 Beziér 曲线的性质

根据基函数 Bernstein 的性质，可推导出 Beziér 曲线具有下列性质：

(1) 端点的性质。

Beziér 曲线的一个非常有用的性质是它总是通过第一个和最后一个控制点。该曲线在两个端点处的边界条件是：

$P(t)|_{t=0}=P_0$

$P(t)|_{t=1}=P_n$

Beziér 曲线在端点处的一阶导数值可由控制点的坐标求出：

$P'(t)|_{t=0}=nP_1-nP_0$

$P'(t)|_{t=1}=nP_n-nP_{n-1}$

Beziér 曲线在起点处的切线位于前两个控制点的连线上，而终点处的切线位于最后两个控制点的连线上，即曲线起点和终点处的切线方向与起始折线段和终止折线段的切线方向一致。同样，Beziér 曲线在端点处的二阶导数可以计算为：

$P''(t)|_{t=0}=n(n-1)[(P_2-P_1)-(P_1-P_0)]$

$P''(t)|_{t=1}=n(n-1)[(P_{n-2}-P_{n-1})-(P_{n-1}-P_n)]$

例如，三次 Beziér 曲线段在起点和终点的二阶导数是：

$P''(t)|_{t=0}=6[(P_0-2P_1+P_2)]$

$P''(t)|_{t=1}=6[(P_1-2P_2+P_3)]$

利用该性质可将几个较低次数的Beziér曲线段相连接，构造成一条形状复杂的高次 Beziér 曲线。

（2）几何不变性和仿射不变性。

曲线仅依赖于控制点而与坐标系的位置和方向无关，即曲线的形状在坐标系平移和旋转后不变；同时，对任意仿射变换 A，有：

$$A(P(t))=A\left(\sum_{i=0}^{n}P_iBEZ_{i,n}(t)\right)=\sum_{i=0}^{n}A[P_i]BEZ_{i,n}(t)$$

即在仿射变换下，$P(t)$的形式不变。

（3）对称性。

Beziér 曲线对称性不是形状的对称，而是如果保留 Beziér 曲线全部控制点 P_i 的坐标位置不变，即保持控制多边形的顶点位置不变，仅仅把它们的顺序颠倒一下，将下标为 i 的控制点 P_i 改为下标为 $n-i$ 的控制点 P_{n-i} 时，即新的控制多边形的顶点为 $P'_i=P_{n-i}$，则曲线保持不变，只是走向相反而已，其曲线路径描述如下：

$$p^*(t)=\sum_{i=0}^{n}P_i^*BEZ_{i,n}(t)$$

$$=\sum_{i=0}^{n}P_{n-i}BEZ_{i,n}(t)$$

$$=\sum_{i=0}^{n}P_{n-i}BEZ_{n-i,n}(1-t)$$

$$=\sum_{i=0}^{n}P_iBEZ_{i,n}(1-t)$$

Beziér 曲线的对称性表示其控制多边形的起点和终点具有相同的特性。

（4）凸包性。

由于 Beziér 曲线的基函数 Bernstein 多项式总是正值，而且总和为 1，即

$$\sum_{i=0}^{n}BEZ_{i,n}(t)=1 \qquad t\in[0,\ 1]$$

所以，Beziér 曲线各点均落在控制多边形各顶点构成的凸包之中，这里的凸包指的是包含所有顶点的最小凸多边形。Beziér 曲线的凸包性保证了曲线随控制点平稳前进而不会振荡。

（5）变差缩减性。

如果 Beziér 曲线的特征多边形 $P_1P_2\cdots P_n$ 是一个平面图形，则平面内任意直线与曲线的交点个数不会多于该直线与其特征多边形的交点个数。此性质反映了 Beziér 曲线比起特征多边形的波动还小，即 Beziér 曲线比特征多边形的折线更光顺。

4.2.3 按不同次数给出 Beziér 曲线的描述

1) 一次 Beziér 曲线

当 $n=1$ 时，有两个控制点 P_0 和 P，Beziér 曲线是一个一次多项式：

$$p(t)=\sum_{i=0}^{1} P_i BEZ_{i,1}(t) = (1-t)P_0+tP_1, \qquad 0 \le t \le 1$$

可应用矩阵表示为：

$$P(t)= \begin{bmatrix} t & 1 \end{bmatrix} \begin{bmatrix} -1 & 1 \\ 1 & 0 \end{bmatrix} \begin{bmatrix} P_0 \\ P_1 \end{bmatrix} \qquad 0 \le t \le 1$$

显然，一次 Beziér 曲线是连接起点 P_0 和终点 P_1 的直线段。

2) 二次 Beziér 曲线

当 $n=2$ 时，有 3 个控制点 P_0、P_1 和 P_2，Beziér 曲线是一个二次多项式：

$$p(t)=\sum_{i=0}^{2} P_i BEZ_{i,2}(t) = (1-t)^2 P_0+2t(1-t)P_1+t^2 P_2 \qquad 0 \le t \le 1$$

可应用矩阵表示为：

$$P(t)= \begin{bmatrix} t^2 & t & 1 \end{bmatrix} \begin{bmatrix} 1 & -2 & 1 \\ -2 & 2 & 0 \\ 1 & 0 & 0 \end{bmatrix} \begin{bmatrix} P_0 \\ P_1 \\ P_2 \end{bmatrix} \qquad 0 \le t \le 1$$

显然，二次 Beziér 曲线对应一条起点为 P_0，终点为 P_2 的抛物线，有：

$P(0)=P_0$，$P(1)=P_2$，$P'(0)=2(P_1-P_0)$，$P'(1)=2(P_2-P_1)$

当 $t=\dfrac{1}{2}$ 时，有：

$$P\left(\frac{1}{2}\right)=\frac{1}{2} \cdot \left[P_1+\frac{1}{2} \cdot (P_0+P_2)\right]$$

由此可得，二次 Beziér 曲线在 $t=\dfrac{1}{2}$ 处的点 $P\left(\dfrac{1}{2}\right)$ 经过三角形 $P_0 P_1 P_2$ 中边 $P_0 P_2$ 上的中线 $P_1 P_m$ 的中点 P'，如图 4-10 所示。

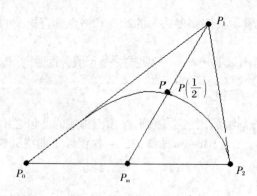

图 4-10 二次 Beziér 曲线

3) 三次 Beziér 曲线

当 $n=3$ 时，有 4 个控制点 P_0、P_1、P_2 和 P_3，Beziér 曲线是一个三次多项式：

$$p(t)=\sum_{i=0}^{3} P_i BEZ_{i,3}(t)=(1-t)^3 P_0+3t(1-t)^2 P_1+3t^2(1-t)P_2+t^3 P_3 \qquad 0 \le t \le 1$$

可应用矩阵表示为：

$$P(t)= \begin{bmatrix} t^3 & t^2 & t & 1 \end{bmatrix} \begin{bmatrix} -1 & 3 & -3 & 1 \\ 3 & -6 & 3 & 0 \\ -3 & 3 & 0 & 0 \\ 1 & 0 & 0 & 0 \end{bmatrix} \begin{bmatrix} P_0 \\ P_1 \\ P_2 \\ P_3 \end{bmatrix}$$

其三次 Beziér 基函数为：

$BEZ_{0,3}(t)=(1-t)^3$

$BEZ_{1,3}(t)=3(1-t)^2$

$BEZ_{2,3}(t)=3t^2(1-t)$

$BEZ_{3,3}(t)=t^3$

如图 4-11 所示，给出这 4 个三次 Beziér 基函数的形状。

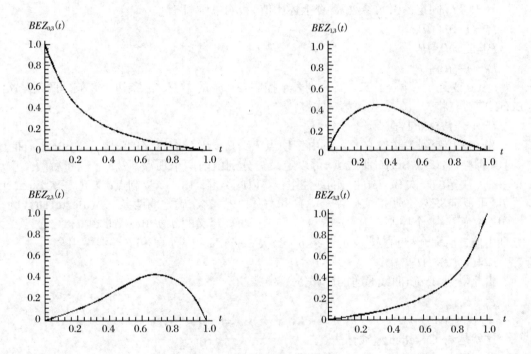

图 4-11　三次 Beziér 曲线的 4 个基函数

4.2.4　Beziér 曲线的 de Casteljau 递推算法

计算 Beziér 曲线上的点，可用 Beziér 曲线方程，但使用 de Casteljau 提出的递推算法则要简单得多。如图 4-12 所示，设 P_0、P_0^2、P_2 是一条抛物线上顺序不同的 3 个点。过 P_0 和 P_2 点的两切线交于 P_1 点，在 P_0^2 点的切线交 P_0P_1 和 P_2P_1 于 P_0^1 和 P_1^1，则如下比例成立：

$$\frac{P_0P_0^1}{P_0^1P_1}=\frac{P_1P_1^1}{P_1^1P_2}=\frac{P_0^1P_0^2}{P_0^2P_1^1}$$

这是抛物线的三切线定理。

如图 4-12 所示。

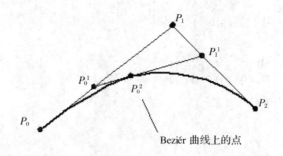

图 4-12　Beziér 曲线的 de Casteljau 递推算法

当 P_0、P_2 固定，引入参数 t，令上述比值为 $t:(1-t)$，即有：

$P_0^1=(1-t)P_0+tP_1$

$P_1^1=(1-t)P_1+tP_2$

$P_0^2=(1-t)P_0^1+tP_1^1$

t 从 0 变到 1，第一、二式就分别表示控制二边形的第一、二条边，它们是两条一次 Beziér曲线。将一、二式代入第三式得：

$P_0^2=(1-t)^2P_0+2t(1-t)P_1+t^2P_2$

当 t 从 0 变到 1 时，它表示了由三顶点 P_0、P_1、P_2 三点定义的一条二次 Beziér曲线。并且表明：这二次 Beziér曲线 P_0^2 可以定义为分别由前两个顶点（P_0，P_1）和后两个顶点（P_1，P_2）决定的一次 Beziér曲线的线性组合。以此类推，由 4 个控制点定义的三次 Beziér曲线 P_0^3 可被定义为分别由（P_0，P_1，P_2）和（P_1，P_2，P_3）确定的两条二次 Beziér曲线的线性组合；而 $(n+1)$ 个控制点 P_i（$i=0$，1，2，$\cdots$，n）定义的 n 次 Beziér曲线 P_0^n 可被定义为分别由前、后 n 个控制点定义的两条 $(n-1)$ 次 Beziér曲线的 P_0^{n-1} 和 P_1^{n-1} 线性组合：

$P_0^n=(1-t)P_0^{n-1}+tP_1^{n-1}$ $\qquad 0\leqslant t\leqslant 1$

由此得到 Beziér曲线的递推计算公式为：

$$P_i^r=\begin{cases}P_i, & r=0\\(1-t)\cdot P_i^{r-1}+t\cdot P_{i+1}^{r-1} & r=1,2,\cdots,n;\ i=0,1,\cdots,n-r\end{cases}$$

这就是 de Casteljau 递推算法。

利用以上递推公式，在给定参数下，可求出 Beziér曲线上的一点 $P(t)$。其中，$P_i^0=P_i$，是定义 Beziér曲线的控制点，P_0^n 是曲线 $P(t)$ 上具有参数的点。de Casteljau 递推算法稳定可靠，直观简便，是计算 Beziér曲线的基本算法和标准算法。

这一算法可用简单的几何作图来实现。给定参数 $t\in[0,1]$，就把定义域分成长度为的 $t:(1-t)$ 两段。依次对原始控制多边形每一边执行同样的定比分割，所得分点就是第一级递推生成的中间顶点 P_i^1（$i=0$，1，$\cdots$，$n-1$），对这些中间顶点构成的控制多边形在执行同样的定比分割，得到第二级中间顶点 P_i^2（$i=0$，1，$\cdots$，$n-2$）。重复进行下去，直到 n 级递推得到一个中间顶点 P_0^n，即为所求曲线上的点 $P(t)$。

图 4-13 是 $n=3$ 求解 P_i^r 的递推过程。

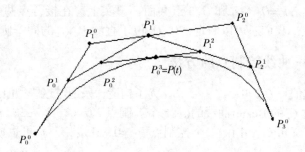

图 4–13　$n=3$ 时应用 de Casteljau 递推算法求解 P_i^r 的递推过程

4.2.5　Beziér 曲线的拼接

几何设计中，一条 Beziér曲线往往难以描述复杂的曲线形状。这是由于增加由于特征多边形的顶点数，会引起 Beziér曲线次数的提高，而高次多项式又会带来计算上的困难，实际使用中，一般不超过 10 次。所以有时采用分段设计，然后将各段曲线相互连接起来，并在接合处保持一定的连续条件。下面讨论两段 Beziér曲线达到不同阶几何连续的条件。

给定两条 Beziér曲线 $P(t)$ 和 $Q(t)$，相应控制点为 P_i（$i=0$，1，$\cdots$，n）和 Q_j（$j=0$，1，$\cdots$，m），且令 $a_i=P_i-P_{i-1}$，$b_j=Q_j-Q_{j-1}$，如图 4–14 所示。

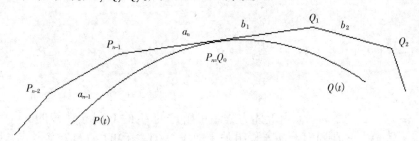

图 4–14　Beziér 曲线的拼接

我们现在把两条曲线连接起来。连接条件如下：

（1）要使它们达到 G^0 连续的充要条件是：$P_n=Q_0$

（2）要使它们达到 G^1 连续的充要条件是：P_{n-1}，$P_n=Q_0$，Q_1 三点共线，即：

$b_1=\alpha a_n$　　　　　（$\alpha>0$）

（3）要使它们达到 G^2 连续的充要条件是：在 G^1 连续的条件下，并满足方程：

$Q''(0)=\alpha^2 P''(1)+\beta P'(1)$

我们将 $Q''(0)$、$P''(1)$ 和 $P'(1)$，$Q_0=P_n$、$Q_1-Q_2=\alpha(P_n-P_{n-1})$ 代入，并整理，可以得到：

$$Q_2=\left(\alpha^2+2\alpha+\frac{\beta}{n-1}+1\right)P_n-\left(2\alpha^2+2\alpha+\frac{\beta}{n-1}\right)P_{n-1}+\alpha^2 P_{n-2}$$

选择 α 和 β 的值，可以利用该式确定曲线段 $Q(t)$ 的特征多边形顶点 Q_2，而顶点 Q_0、Q_1 已被 G^1 连续条件所确定。要达到 G^2 连续的话，只剩下顶点 Q_2 可以自由选取。

如果从上式的两边都减去 P_n，则等式右边可以表示为 (P_n-P_{n-1}) 和 $(P_{n-1}-P_{n-2})$ 的线性组合：

$$Q_2-P_n=\left(\alpha^2+2\alpha+\frac{\beta}{n-1}\right)(P_n-P_{n-1})-\alpha^2(P_{n-1}-P_{n-2})$$

这表明 P_{n-2}、P_{n-1}、$P_n=Q_0$、Q_1 和 Q_2 5 点共面，事实上，在接合点两条曲线段的曲率相等，主法线方向一致，我们还可以断定：$P_{n-2}Q_2$ 位于直线 $P_{n-1}Q_1$ 的同一侧。

4.2.6　反求 Beziér 曲线控制点的方法

若给定 $(n+1)$ 个型值点 $Q_i(i=0，1，\cdots，n)$，为了构造一条通过这些型值点的 n 次 Beziér 曲线，需要反求出通过 Q_i 的 Beziér曲线的 $(n+1)$ 个控制点 $P_i(i=0，1，...，n)$。

由 Beziér曲线定义可知，由 $(n+1)$ 个控制点 $P_i(i=0，1，...，n)$ 可生成 n 次 Beziér曲线，即：

$$p(t)=\sum_{i=0}^{n} P_i BEZ_{i,n}(t)，\qquad\qquad 0\leq t\leq 1$$

$$=\sum_{i=0}^{n} C_n^i t^i (1-t)^{n-i} P_i$$

$$=C_n^0 (1-t)^n P_0+C_n^1 t(1-t)^{n-1}P_1+\cdots+C_n^{n-1} t^{n-1}(1-t)P_{n-1}+C_n^n t^n P_n$$

通常可取参数 $t=\dfrac{i}{n}$ 与型值点 Q_i 对应，用于反求 $P_i(i=0，1，...，n)$。

另 $Q_i=P_i\left(\dfrac{i}{n}\right)$，由此可得到关于 $P_i(i=0，1，...，n)$ 的 $(n+1)$ 个方程构成的线性方程组：

$$Q_0=P_0$$
$$\cdots$$
$$Q_i=C_n^0\left(1-\frac{i}{n}\right)^n P_0+C_n^1\left(\frac{i}{n}\right)\left(1-\frac{i}{n}\right)^{n-1}P_1+\cdots+C_n^{n-1}\left(\frac{i}{n}\right)^{n-1}\left(1-\frac{i}{n}\right)P_{n-1}+C_n^n\left(\frac{i}{n}\right)^n P_n$$
$$\cdots$$
$$Q_n=P_n$$

其中，$i=0，1，...，n-1$，由上述方程组可解过的 Q_i 的 Beziér 曲线的 $(n+1)$ 个控制点 $P_i(i=0，1，...，n)$。分别列出上述方程组关于 $x(t)$，$y(t)$，$z(t)$ 的 $(n+1)$ 个方程式，则可解出 $(n+1)$ 个控制点 P_i 的坐标值 $(x_i，y_i，z_i)$。

4.2.7　Beziér曲面

基于 Beziér 曲线的讨论，我们可以方便地给出 Beziér 曲面的定义和性质，Beziér 曲线的一些算法也可以很容易扩展到 Beziér 曲面的情况。

Beziér 曲面定义：

$$p(u，v)=\sum_{i=0}^{m}\sum_{j=0}^{n} P_{i,j} BEN_{i,m}(u) BEN_{j,n}(v)\qquad (u，v)\in[0,1]\times[0,1]$$

其中，$P_{i,j}$ 为给定 $(m+1)\times(n+1)$ 个控制点的位置，所有的控制点构成了一个空间的网格，称为控制网格或 Beziér 网格。

$BEN_{i,m}(u)$ 与 $BEN_{j,n}(v)$ 是 Bernstein 基函数，它们定义为：

$$BEN_{i,m}(u)=C_m^i\cdot u^i\cdot(1-u)^{m-i}$$

$$BEN_{j,n}(v)=C_n^j\cdot v^j\cdot(1-v)^{n-j}$$

Beziér 曲面的矩阵表示式是：

$$P(u,v)=[B_{0,n}(u),\ B_{1,n}(u),\ \cdots,\ B_{m,n}(u)]\begin{bmatrix} P_{00} & P_{01} & \cdots & P_{0m} \\ P_{10} & P_{11} & \cdots & P_{1m} \\ \cdots & \cdots & \cdots & \cdots \\ P_{n0} & P_{n1} & \cdots & P_{nm} \end{bmatrix}\begin{bmatrix} B_{0,m}(v) \\ B_{1,m}(v) \\ \cdots \\ B_{n,m}(v) \end{bmatrix}$$

在一般实际应用中，m 与 n 不大于 4，否则网格对于曲面的控制力将会减弱。

1） Beziér 曲面性质

除变差缩减性外，Beziér 曲线的其他所有性质都可以推广到 Beziér 曲面：

（1） Beziér 网格的 4 个角点正好是 Beziér 曲面的 4 个角点，即

$P(0,0)=P_{0,0}$，$P(0,1)=P_{0,n}$，$P(1,0)=P_{m,0}$，$P(1,1)=P_{m,n}$

（2） 几何不变性和仿射不变性。

（3） 对称性。

（4） 凸包性。

2） 常见的 Beziér 曲面

（1） 双线性 Beziér曲面。

当 $m=n=1$ 时，形成双线性 Beziér曲面。

双线性 Beziér曲面的表达式为：

$$p(u,v)=\sum_{i=0}^{1}\sum_{j=0}^{1}P_{ij}BEN_{i,1}(u)BEN_{j,1}(v) \qquad (u,v)\in[0,1]\times[0,1]$$

所以有：

$P(u,v)=(1-u)(1-v)P_{0,0}+(1-u)vP_{0,1}+u(1-v)P_{1,0}+uvP_{1,1}$

双线性 Beziér 曲面的矩阵形式为：

$$P(u,v)=P_1(u)\cdot(1-v)+P_2(u)\cdot v$$

$$= [P_1(u)P_2(u)]\begin{bmatrix} 1-v \\ v \end{bmatrix}$$

$$= [1-u \quad u]\begin{bmatrix} P_{00} & P_{01} \\ P_{10} & P_{11} \end{bmatrix}\begin{bmatrix} 1-v \\ v \end{bmatrix}$$

$$= [u \quad 1]\begin{bmatrix} -1 & 1 \\ 1 & 0 \end{bmatrix}\begin{bmatrix} P_{00} & P_{01} \\ P_{10} & P_{11} \end{bmatrix}\begin{bmatrix} -1 & 1 \\ 1 & 0 \end{bmatrix}\begin{bmatrix} v \\ 1 \end{bmatrix}$$

（2） 双二次 Beziér 曲面。

当 $m=n=2$ 时，形成双二次 Beziér 曲面。

双二次 Beziér 曲面的表达式为：

$$p(u,v)=\sum_{i=0}^{2}\sum_{j=0}^{2}P_{ij}BEN_{i,2}(u)BEN_{j,2}(v) \qquad (u,v)\in[0,1]\times[0,1]$$

双二次 Beziér 曲面的矩阵形式为：

$$p(u,w)=\sum_{i=0}^{2}\sum_{j=0}^{2}P_{ij}B_{i,2}(u)B_{j,2}(v)$$

$$= [u^2 \quad u \quad 1]\begin{bmatrix} 1 & -2 & 1 \\ -2 & 2 & 0 \\ 1 & 0 & 0 \end{bmatrix}\begin{bmatrix} P_{00} & P_{01} & P_{02} \\ P_{10} & P_{11} & P_{12} \\ P_{20} & P_{21} & P_{22} \end{bmatrix}\begin{bmatrix} 1 & -2 & 1 \\ -2 & 2 & 0 \\ 1 & 0 & 0 \end{bmatrix}\begin{bmatrix} v^2 \\ v \\ 1 \end{bmatrix}$$

双二次 Beziér 曲面如图 4-15 所示。控制网格由 9 个控制点组成，其中 P_{00}、P_{02}、P_{20}、P_{22} 在曲面片的角点处。

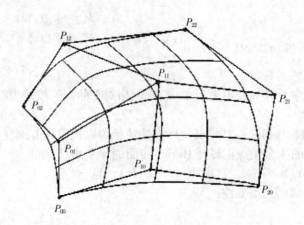

图 4-15　双二次 Beziér 曲面

（3）双三次 Beziér 曲面。

Beziér 曲面中最重要的应用是 $m=n=3$，即双三次 Beziér 曲面。

双三次 Beziér 曲面的表达式为：

$$p(u,\ v)=\sum_{i=0}^{3}\sum_{j=0}^{3}P_{ij}BEN_{i,3}(u)BEN_{j,3}(v) \qquad (u,\ v)\in[0,1]\times[0,1]$$

双三次 Beziér 曲面如图 4-16 所示，控制网格由 16 个控制点组成，其中 $P_{0,0}$、$P_{0,3}$、$P_{3,0}$、$P_{3,3}$ 在曲面片的角点处，四周的 12 个控制点定义了 4 条 Beziér 曲线，即曲面片的边界曲线，中央 4 个控制点 $P_{1,1}$、$P_{1,2}$、$P_{2,1}$、$P_{2,2}$ 与边界曲线无关，但也影响曲面的形状。

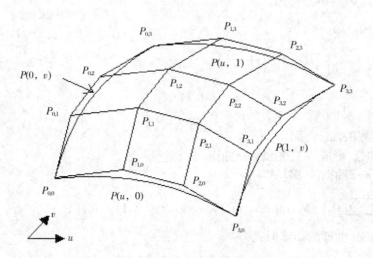

图 4-16　双三次 Beziér 曲面

4.3　B 样条曲线与曲面

以基函数 Bernstein 构造的 Beziér曲线有形状控制直观且设计灵活等许多优点。但也有两点不足之处：一是控制多边形的顶点个数决定了 Beziér曲线的阶数，即$(n+1)$个顶点的控制多边形必然会产生 n 次 Beziér 曲线，而且当 n 较大时，多边形对曲线的控制将会减弱。二是 Beziér 曲线不能作局部修改，任何一个控制点位置的变化对整条曲线都有影响。为了克服 Beziér 曲线中存在的问题，并保留它的优点，Gordon、Riesenfeld 等人对其理论进行了改进，他们用 B 样条基函数代替了 Bernstein 基函数，形成 B 样条曲线。B 样条方法保留了 Beziér 方法的优点，克服了其由于整体表示带来的不具备局部性质的缺点，具有表示与设计自由型曲线、曲面的强大功能，被广泛应用于 CAD 系统和许多图形软件包中。

4.3.1　B 样条曲线定义与性质

B 样条曲线的数学定义为：

$$p(t) = \sum_{i=0}^{n} P_i B_{i,k}(t) \qquad t_{\min} \leq t \leq t_{\max}, \ 2 \leq k \leq n+1$$

其中，$P_i(i=0, 1, \cdots, n)$ 为 $(n+1)$ 个控制顶点，又称为 de Boor 点。由控制顶点顺序连成的折线称为 B 样条控制多边形，简称控制多边形。k 是 B 样条曲线的阶数，$(k-1)$ 称为次数，曲线连接点处有 $(k-1)$ 次连续。参数 t 的选取取决于 B 样条节点矢量的选取。$B_{i,k}(t)$ 是 B 样条基函数，由 Cox–de Boor 递归公式定义为：

$$B_{i,1}(t) = \begin{cases} 1 & t_i \leq t \leq t_{i+1} \\ 0 & \text{其他} \end{cases}$$

$$B_{i,k}(t) = \frac{t-t_i}{t_{i+k-1}-t_i} B_{i,k-1}(t) + \frac{t_{i+k}-t}{t_{i+k}-t_{i+1}} B_{i+1,k-1}(t)$$

由于 $B_{i,k}(t)$ 的各项分母可能为 0，所以这里规定 0/0=0。t_k 是节点值，$T=(t_0, t_1, \cdots, t_{n+k})$ 构成了 $(k-1)$ 次 B 样条函数的节点矢量，其中的节点是非减序列，所生成的 B 样条曲线定义在从节点值 t_{k-1} 到节点值 t_{n+1} 的区间上。B 样条通常可以按照节点矢量分为 3 种类型：均匀 B 样条曲线，开放均匀 B 样条曲线和非均匀 B 样条曲线。

1) B 样条曲线基函数 $B_{i,k}(t)$ 的性质

(1) 局部性：$B_{i,k}(t)$ 只在区间 (t_i, t_{i+k}) 取正值，在其他地方为零。

(2) 权性：$\sum B_{i,k}(t) \equiv 1 (i=0, 1, 2, \cdots, n)$。

(3) 连续性：$B_{i,k}(t)$ 在 r 重节点处至少为 $(k-1-r)$ 次连续 (C^{k-1-r})。

(4) 线性无关性：$B_{i,k}(t)(i=0, 1, \cdots, n)$ 线性无关。

(5) 分段多项式：$B_{i,k}(t)$ 在每个长度非零的区间 $[t_j, t_{j+1})$ 上都是次数不高于 $k-1$ 的多项式，它在整个参数轴上是分段多项式。

(6) 可微性：$B_{i,k}(t) = (k-1)\left[\dfrac{B_{i,k-1}(t)}{t_{i+k-1}-t_i} - \dfrac{B_{i+1,k-1}(t)}{t_{i+k}-t_{i+1}}\right]$

2) B 样条曲线的性质

(1) 在 t 取值范围内，多项式曲线的次数为 $k-1$，并且具有 C^{k-2}。

(2) 对于 $(n+1)$ 个控制点，曲线由 $(n+1)$ 个基函数进行描述。

(3) 每个基函数 $B_{i,k}(t)$ 定义在 t 取值范围的 k 子区间上，以节点向量值 t_i 为起点。

(4) 参数 t 的取值范围由 $(n+k+1)$ 个节点向量中指定的值分成 $(n+k)$ 个子区间。

(5) 节点值记为 $\{t_0, t_1, \cdots, t_{n+k}\}$，所生成的 B 样条曲线定义在从节点值 t_{k-1} 到节点值 t_{n+1} 的区间上。

(6) 任意一个控制点可以影响最多 k 个曲线段的形状。

(7) B 样条曲线位于最多由 $(k+1)$ 个控制点所形成的凸壳内，因此 B 样条与控制点位置密切关联。对从节点值 t_{k-1} 到节点值 t_{n+1} 的 t，所有的基函数之和为 1：

$$\sum_{i=0}^{n} B_{i,k}(t) \equiv 1 \qquad\qquad t \in [t_{k-1}, t_{n+1}]$$

(8) 导数：$p'(t) = (k-1) \sum_{i=0}^{n} \dfrac{P_i - P_{i-1}}{t_{i+k-1} - t_i} B_{i,k-1}(t) \qquad t \in [t_{k-1}, t_{n+1}]$

4.3.2 均匀 B 样条曲线

当节点值间的距离为常数时，所生成的曲线称为均匀 B 样条曲线。例如，可以建立均匀节点向量为：

$T = (-2, -1.5, -1, -0.5, 0, 0.5, 1, 1.5, 2)$

通常节点值的标准取值范围介于 $0 \sim 1$ 之间，例如：

$T = (0.0, 0.2, 0.4, 0.6, 0.8, 1.0)$

在很多应用中建立起以 0 为初始值、1 为间距的均匀点值是比较方便的，其节点向量为：

$T = (0, 1, 2, 3, 4, 5, 6, 7)$

均匀 B 样条的基函数呈周期性，即给定 n 和 k 值，所有的基函数具有相同的形状。每个后继基函数仅仅是前面基函数平移的结果：

$$B_{i,k}(t) = B_{i+1,k}(t + \Delta t) = B_{i+2,k}(t + 2\Delta t)$$

也就有：$B_{i,k}(t) = B_{0,k}(t - i\Delta t)$

其中，Δt 是相邻节点间的区间。

1) 均匀二次（三阶）B 样条曲线

为了更好理解整数节点的均匀二次 B 样条基函数，取 $n=3$，$k=3$，则 $n+k+1=7$，不妨设节点矢量为：

$T = (0, 1, 2, 3, 4, 5, 6)$

而参数 t 的范围为 $0 \sim 6$，有 $n+k=6$（个）子区间。

根据 Cox-de Boor 递归公式有：

$$B_{0,1}(t) = \begin{cases} 1 & 0 \leq t < 1 \\ 0 & \text{其他} \end{cases}$$

$$\begin{aligned} B_{0,2}(t) &= t B_{0,1}(t) + (2-t) B_{1,1}(t) \\ &= t B_{0,1}(t) + (2-t) B_{0,1}(t-1) \\ &= \begin{cases} t & 0 \leq t < 1 \\ 2-t & 1 \leq t < 2 \end{cases} \end{aligned}$$

从而可以获得第一个基函数为：

$$B_{0,3}(t) = \frac{t}{2} B_{0,1}(t) + \frac{3-t}{2} B_{0,2}(t-1)$$

$$= \begin{cases} \dfrac{1}{2} t^2 & 0 \leq t < 1 \\[2mm] \dfrac{1}{2} t(2-t) + \dfrac{1}{2}(t-1)(3-t) & 1 \leq t < 2 \\[2mm] \dfrac{1}{2}(3-t)^2 & 2 \leq t < 3 \end{cases}$$

在 $B_{0,3}(t)$ 使用 $t-1$ 代替 t，并将起始位置从 0 移到 1，可得到第二个基函数：

$$B_{1,3}(t)=\begin{cases} \dfrac{1}{2}(t-1)^2 & 1\leqslant t<2 \\[2mm] \dfrac{1}{2}(t-1)(3-t)+\dfrac{1}{2}(t-2)(4-t) & 2\leqslant t<3 \\[2mm] \dfrac{1}{2}(4-t)^2 & 3\leqslant t<4 \end{cases}$$

依此类推，得到第三和第四个基函数：

$$B_{2,3}(t)=\begin{cases} \dfrac{1}{2}(t-2)^2 & 2\leqslant t<3 \\[2mm] \dfrac{1}{2}(t-2)(4-t)+\dfrac{1}{2}(t-3)(5-t) & 3\leqslant t<4 \\[2mm] \dfrac{1}{2}(5-t)^2 & 4\leqslant t<5 \end{cases}$$

$$B_{3,3}(t)=\begin{cases} \dfrac{1}{2}(t-3)^2 & 3\leqslant t<4 \\[2mm] \dfrac{1}{2}(t-3)(5-t)+\dfrac{1}{2}(t-4)(6-t) & 4\leqslant t<5 \\[2mm] \dfrac{1}{2}(6-t)^2 & 5\leqslant t<6 \end{cases}$$

如图 4-17 所示，给出这 4 个周期二次均匀 B 样条基函数。所有基函数都在 t_{k-1}=2 到 t_{n+1}=4 的区间上出现。2 到 4 的区域是多项式曲线的范围，在该区间中所有基函数的总和为 1。

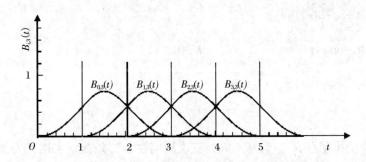

图 4-17 4 段均匀二次(三阶)B 样条基函数

由于所得多项式曲线的取值为 2～4，通过求解基函数在这些点的值，可确定曲线的起点和终点值：

$$p_{\text{start}}=\frac{1}{2}(P_0+P_1)，\qquad\qquad p_{\text{end}}=\frac{1}{2}(P_2+P_3)$$

可以看出：曲线的起点在前两个控制点的中间位置，终点在最后两个控制点的中间位置。

如果对基函数求导，并以端点值替换参数 t，可得均匀二次 B 样条曲线起点和终点处的导数：

$$p'_{\text{start}}=P_1-P_0，\qquad\qquad p'_{\text{end}}=P_3-P_2$$

也就是：曲线在起点的斜率平行于前两个控制点的连线，在终点的斜率平行于后两个控制点的连线。图 4-18 给出 xy 平面上 4 个控制点确定的二次周期均匀 B 样条曲线。

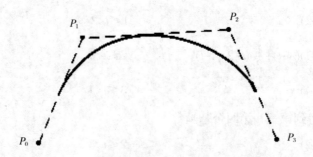

图 4-18　4 个控制点的二次周期性 B 样条曲线

通过上例，我们知道对于由任意数目的控制点构造的二次周期性 B 样条曲线来说，曲线的起始点位于头两个控制点之间，终止点位于最后两个控制点之间。而对于高次多项式，起点和终点是 $(m-1)$ 个控制点的加权平均值点。若某一控制点出现多次，样条曲线会更加接近该点。

重新定义基函数的参数，可以得到周期性 B 样条曲线边界条件的一般表达。参数 t 映射到从 0 到 1 的单位区间上。只要取 $t=0$ 和 $t=1$ 即可获得起始和终止条件。

2）均匀三次（四阶）周期性 B 样条

为了理解三次（四阶）周期性 B 样条曲线，不妨取 $k=4$，$n=3$，节点矢量为：$T=(0，1，2，3，4，5，6，7)$；利用 Cox-de Boor 递归公式可求 $t \in [0，1]$ 是周期基函数：

$$B_{0,4}(t)=\frac{1}{6}(-t^3+3t^2-3t+1)$$

$$B_{1,4}(t)=\frac{1}{6}(3t^3-6t^2+4) \qquad t \in [0，1]$$

$$B_{2,4}(t)=\frac{1}{6}(-3t^3+3t^2+3t+1)$$

$$B_{3,4}(t)=\frac{1}{6}t^3$$

对于给定 4 个控制点 P_0、P_1、P_2、P_3，三次周期性 B 样条曲线表达式为：

$$p(t)=\sum_{i=0}^{3}P_iB_{i,4}$$

$$=[B_{0,4}(t) \quad B_{1,4}(t) \quad B_{2,4}(t) \quad B_{3,4}(t)]\begin{bmatrix} P_0 \\ P_1 \\ P_2 \\ P_3 \end{bmatrix}$$

$$=[t^3 \ t^2 \ t \ 1]\cdot\frac{1}{6}\cdot\begin{bmatrix} -1 & 3 & -3 & 1 \\ 3 & -6 & 3 & 0 \\ -3 & 0 & 3 & 0 \\ 1 & 4 & 1 & 0 \end{bmatrix}\begin{bmatrix} P_0 \\ P_1 \\ P_2 \\ P_3 \end{bmatrix}$$

$$=T\cdot M_B\cdot G_B \qquad t \in [0，1]$$

将 t 的端点值代入上式，可得到三次周期性 B 样条的边界条件为：

$$p(0)=\frac{1}{6}(P_0+4P_1+P_2)=\frac{1}{3}\left(\frac{P_0+P_2}{2}\right)+\frac{2}{3}P_1$$

$$p(1)=\frac{1}{6}(P_1+4P_2+P_3)=\frac{1}{3}\left(\frac{P_1+P_3}{2}\right)+\frac{2}{3}P_2$$

$$p'(0)=\frac{1}{2}(P_2-P_0)$$

$$p'(1)=\frac{1}{2}(P_3-P_1)$$

从上面结果可看出：曲线的起点 $P(0)$ 位于 $\triangle P_0P_1P_2$ 底边中线 P_1M 的 $\frac{1}{3}$ 处，终点 $P(1)$ 位于 $\triangle P_1P_2P_3$ 底边中线 P_1M' 的 $\frac{1}{3}$ 处；曲线的起点 $P(0)$ 的切线平行于 P_0P_2，其模长为该边长的 $\frac{1}{2}$，曲线的终点 $P(1)$ 的切线平行于 P_3P_1，其模长为该边长的 $\frac{1}{2}$，如图 4–19 所示。

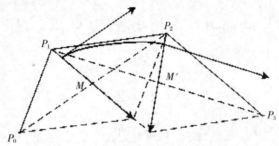

图 4–19 4 个控制点的三次均匀 B 样条曲线

4.3.3 开放均匀 B 样条曲线与非均匀 B 样条曲线

1) 开放均匀 B 样条曲线

开放均匀 B 样条曲线是均匀 B 样条曲线和非均匀 B 样条曲线的重叠部分。有时这类曲线可以看成特殊的均匀 B 样条曲线，有时又看成非均匀 B 样条曲线。开放均匀 B 样条曲线除了在两端点的节点值重复 k 次以外，其他节点间距都是均匀的。开放均匀 B 样条曲线的节点矢量可以这样定义：

令 $L=n-k$，从 0 开始，按 $t_i \le t_{i+1}$ 排列。

$$T=(\underbrace{0,\cdots,0}_{k},1,2,\cdots,L+1,\underbrace{L+2,\cdots,L+2}_{k})$$

例如：$T=(0, 0, 0, 0, 1, 2, 2, 2, 2)$，$k=4$ 和 $n=4$

也可以将节点向量规范到从 0 到 1 的单位区间：

$T=(0, 0, 0, 0, 0.5, 1, 1, 1, 1)$，$k=4$ 和 $n=4$

对于任意的参数值 k 和 n，通过下列计算，可以生成开放均匀的具有整型节点的向量：

$$t_i=\begin{cases} 0 & 0 \le i < k \\ i-k+1 & k \le i \le L+k \\ L+2 & i>L+k \end{cases}$$

开放均匀 B 样条曲线具有与 Beziér 样条非常类似的特性：开放均匀 B 样条曲线通过第一个和最后一个控制点；参数曲线在第一个控制点处的斜率也平行前两个控制点的连线，最后一个控制点的斜率也平行最后两个控制点的连线。

开放均匀 B 样条曲线在同一个坐标位置指定多个控制点会将 B 样条曲线拉近该点。

由于开放均匀 B 样条曲线起始于第一个控制点，终止于最后一个控制点，因此把第一个和最后一个控制点指定于同一个位置就可生成封闭曲线，这也与Beziér样条曲线类似。

下面假设 $m=3$，$n=4$，节点矢量为：$T=(t_0,\ t_1,\ \cdots,\ t_{n+k})=(t_0,\ t_1,\ t_2,\ t_3,\ t_4,\ t_5,\ t_6,\ t_7)=(0,\ 0,\ 0,\ 1,\ 2,\ 3,\ 3,\ 3)$，通过该例子理解开放均匀 B 样条曲线的基函数。

利用 Cox–de Boor 递归公式可得到基函数的多项式为：

$$B_{0,3}(t)=(1-t)^2 \qquad\qquad\qquad 0\leqslant t<1$$

$$B_{1,3}(t)=\begin{cases} \dfrac{1}{2}t(4-3t) & 0\leqslant t<1 \\[2mm] \dfrac{1}{2}(2-t)^2 & 1\leqslant t<2 \end{cases}$$

$$B_{2,3}(t)=\begin{cases} \dfrac{1}{2}t^2 & 0\leqslant t<1 \\[2mm] \dfrac{1}{2}t(2-t)+\dfrac{1}{2}(t-1)(3-t) & 1\leqslant t<2 \\[2mm] \dfrac{1}{2}(3-t)^2 & 2\leqslant t<3 \end{cases}$$

$$B_{3,3}(t)=\begin{cases} \dfrac{1}{2}(t-1)^2 & 1\leqslant t<2 \\[2mm] \dfrac{1}{2}(3t-5)(3-t) & 2\leqslant t<3 \end{cases}$$

$$B_{4,3}(t)=(t-2)^2 \qquad\qquad\qquad 2\leqslant t<3$$

图 4-20 表示了这 5 个基函数的形状。从该图我们可以了解开放均匀 B 样条曲线的局部特征：基函数 $B_{0,3}$ 仅在从 0 到 1 的子区间上取非零值，因此，第一个控制点仅影响该区间的曲线。同样，基函数 $B_{4,3}$ 在 2 到 3 的子区间上取非零值，因此最后一个控制点位置不影响曲线的开头和中间部分的形状。

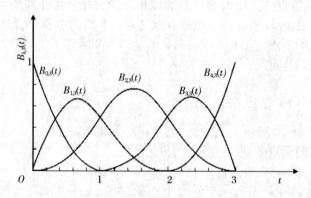

图 4-20　开放均匀的二次 B 样条基函数

2）非均匀 B 样条曲线

对于非均匀 B 样条曲线，可以选择多个内节点值并且在节点值之间选择不等的间距。非均匀 B 样条曲线在控制曲线方面提供了更多的便利。通过节点向量中区不同的间距，就可以在不同的区间上得到不同的基函数，从而用来调整曲线的形状。增加节点值的多样性，可以在曲线中产生细微的摆动，甚至导致不连续性。增强曲线控制能力。

使用类似与均匀 B 样条曲线和开放均匀 B 样条曲线的方法，只要给定$(n+1)$个控制点集，设定多项式次数并选定节点值，采用递归关系，就可以得到非均匀 B 样条曲线的基函数集，并求解曲线上的点，从而确定非均匀 B 样条曲线形状。在此不再叙述。

4.3.4　B 样条曲面

1)　B 样条曲面

B 样条曲面的向量函数可应用 B 样条曲线基函数的笛卡尔乘积得到：

$$p(u,v)=\sum_{i=0}^{m}\sum_{j=0}^{n}P_{i,j}B_{i,k}(u)B_{j,l}(v)$$

其中，$P_{i,j}$ 是给定的 $(m+1)\times(n+1)$ 个控制点位置所有的控制点构成了一个空间的网格，称为控制网格。

同样，B 样条曲面具有与 B 样条曲线相同的局部支柱性、凸包性、连续性、几何变换不变性等性质。

B 样条曲面也可以表示为矩阵的形式：

$$P(u,v)=U_{k}B_{k}P_{k,l}B_{l}^{T}V_{l}^{T}$$

式中：

$$U_{k}=(u^{k},u^{k-1},\cdots,u,1)$$

$$V_{k}=(v^{l},v^{l-1},\cdots,v,1)$$

$$P_{k,l}=\begin{bmatrix} P_{00} & P_{01} & \cdots & P_{0l} \\ P_{10} & P_{11} & \cdots & P_{1l} \\ \cdots & \cdots & \cdots & \cdots \\ P_{k0} & P_{k1} & \cdots & P_{nl} \end{bmatrix}$$

与 B 样条曲线分类一样，B 样条曲面也可以分为均匀 B 样条曲面和非均匀 B 样条曲面，如图 4-21 和图 4-22 所示。

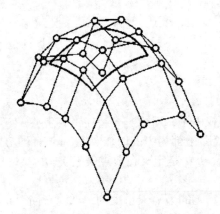 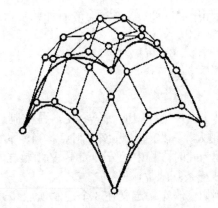

图 4-21　均匀 B 样条曲面　　　　　　图 4-22　非均匀 B 样条曲面

2)　双三次 B 样条曲面

下面简单介绍一下最常用的均匀三次 B 样条曲面的构造。已知曲面的控制顶点 $P_{i,j}$（i=0，1，2，3；j=0，1，2，3），参数 u、$v\in[0，1]$，$k=l=3$，分别沿 u、v 轴构造三次 B 样条曲线，即可得均匀三次 B 样条曲面：

$$P(u,v)=UM_{B}PM_{B}^{T}V^{T}$$

其中：

$$U=[u^{3}\quad u^{2}\quad u\quad 1]$$

$$V = [v^3 \quad v^2 \quad v \quad 1]$$

$$M_B = \frac{1}{6} \begin{bmatrix} -1 & 3 & -3 & 1 \\ 3 & -6 & 3 & 0 \\ -3 & 0 & 3 & 0 \\ 1 & 4 & 1 & 0 \end{bmatrix}$$

$$P = \begin{bmatrix} P_{0,0} & P_{0,1} & P_{0,2} & P_{0,3} \\ P_{1,0} & P_{1,1} & P_{1,2} & P_{1,3} \\ P_{2,0} & P_{2,1} & P_{2,2} & P_{2,3} \\ P_{3,0} & P_{3,1} & P_{3,2} & P_{3,3} \end{bmatrix}$$

4.4　非均匀有理 B 样条（NURBS）曲线与曲面

B 样条方法虽然在表示和设计自由曲线、曲面时具有很大优势。但对于初等曲线、曲面如椭圆弧、抛物线弧、圆锥面等 B 样条方法与 Beziér 方法都只能给出近似的表示。而非均匀有理 B 样条（NURBS）方法的提出就解决了这个问题。非均匀有理 B 样条（NURBS）方法有两条重要的优点：一是有理参数多项式具有几何和透视投影变换不变性，例如要产生一条经过透视投影变换的空间曲线；对于用无理多项式表示的曲线，第一步需生成曲线的离散点，第二步对这些离散点做透视投影变换，得到要求的曲线。对于用有理多项式表示的曲线，第一步对定义曲线的控制点做透视投影变换，第二步是用变换后的控制点生成要求的曲线。显然后者比前者的工作量小许多。二是用有理参数多项式可精确地表示圆锥曲线、二次曲面，进而可统一几何造型算法。

4.4.1　NURBS 曲线、曲面的定义

NURBS 曲线是一个分段的有理参数多项式函数，表达式为：

$$p(t) = \frac{\sum\limits_{i=0}^{n} w_i P_i B_{i,k}(t)}{\sum\limits_{i=0}^{n} w_i B_{i,k}(t)}$$

其中，P_i 为控制顶点。参数 w_i 是控制点的权因子，对于一个特定的控制点 P_i，其权因子 w_i 越大，曲线越靠近该控制点。当所有的权因子都为 1 的时候，得到非有理 B 样条曲线，因为此时方程中的分母为 1（基函数之和）。$B_{i,k}(t)$ 是定义在节点矢量 $T=(t_0,\ t_1,\ \cdots,\ t_{n+k})$ 上的 B 样条基函数。

例如，假定用定义在 3 个控制顶点和开放均匀的节点矢量上的二次（三阶）B 样条函数来拟合，于是，$T=(0,\ 0,\ 0,\ 1,\ 1,\ 1)$，取权函数为：

$$w_0 = w_2 = 1$$

$$w_1 = \frac{r}{1-r} \qquad\qquad 0 \leqslant r < 1$$

则有理 B 样条的表达式为：

$$P(t) = \frac{P_0 B_{0,3}(t) + \dfrac{r}{1-r} P_1 B_{1,3}(t) + P_2 B_{2,3}(t)}{B_{0,3}(t) + \dfrac{r}{1-r} B_{1,3}(t) + B_{2,3}(t)}$$

然后取不同的 r 值得到各种二次曲线，如图 4-23 所示。

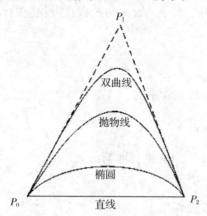

P_1

双曲线

抛物线

椭圆

P_0　　直线　　P_2

图 4-23　由不同有理样条权因子生成的二次曲线段

类似的，NURBS 曲面可以由下面的有理参数多项式函数表示：

$$p(u,v)=\frac{\sum\limits_{i_1=0}^{n_1}\sum\limits_{i_2=0}^{n_2}w_{i_1i_2}P_{i_1i_2}B_{i_1,k_1}(u)B_{i_2,k_2}(v)}{\sum\limits_{i_1=0}^{n_1}\sum\limits_{i_2=0}^{n_2}w_{i_1i_2}B_{i_1,k_1}(u)B_{i_2,k_2}(v)}$$

其中，P_{k_1,k_2} 为控制顶点，所有的 $(n_1+1)\times(n_2+1)$ 个控制顶点组成控制网格。$B_{i_1,k_1}(u)$ 和 $B_{i_2,k_2}(v)$ 是定义在 u、v 参数轴上的节点矢量 $U=(u_0,\ u_1,\ \cdots,\ u_{n_1+k_1})$ 和 $V=(v_0,\ v_1,\ \cdots,\ v_{n_2+k_2})$ 的 B 样条基函数。

4.4.2　NURBS 曲线与曲面的有理基函数表示

NURBS 曲线也可用有理基函数的形式表示：

$$p(t)=\sum_{i=0}^{n}P_iR_{i,k}(t)$$

式中，$R_{i,k}(t)=\dfrac{w_iB_{i,k}(t)}{\sum\limits_{j=0}^{n}w_jB_{j,k}(t)}$ 称为 k 次有理基函数，它具有如下一些性质：

（1）局部性。

$R_{i,k}(t)$ 在 t_i 到 t_{i+k} 的子区间中取正值，在其他地方为零。

（2）一般性。

如果令全部权因子均为 1，则 $R_{i,k}(t)$ 退化为 $B_{i,k}(t)$；如果节点矢量仅由两端的 k 重节点构成，则 $R_{i,k}(t)$ 退化为 Bernstein 基函数。由此可知，有理基函数将 Beziér 样条、B 样条和有理样条有效地统一起来，具有一般性。

（3）可微性。

在节点区间内，当分母不为 0 时，$R_{i,k}(t)$ 是无限次连续可微的。在节点处，若节点的重复出现次数为 r，则 $R_{i,k}(t)$ 为 $(k-r)$ 次可微，即在节点处具有与 B 样条曲线同样的连续阶。

（4）权因子。

如果某个权因子 w_i 等于 0，则 $R_{i,k}(t)=0$，相应的控制顶点对曲线根本没有影响。若 $w_i=+\infty$，则 $R_{i,k}(t)=1$，说明权因子越大，曲线越靠近相应的控制顶点。

(5) 权性。

$$\sum_{i=0}^{n}R_{i,k}(t)=0$$

NURBS 曲面有理基函数形式表示为：

$$p(u,v)=\sum_{i_1=0}^{n_1}\sum_{i_2=0}^{n_2}P_{i_1,i_2}R_{i_1,k_1,i_2,k_2}(u,v)$$

这里，$R_{i_1,k_1,i_2,k_2}(u,v)$ 是 u，v 的双变量有理基函数：

$$R_{i_1,k_1,i_2,k_2}(u,v)=\frac{w_{i_1,i_2}B_{i_1,k_1}(u)B_{i_2,k_2}(v)}{\sum\limits_{i_1=0}^{n_1}\sum\limits_{i_2=0}^{n_2}w_{i_1,i_2}B_{i_1,k_1}(u)B_{i_2,k_2}(v)}$$

4.4.3 NURBS 曲线与曲面的特点

NURBS 曲线具有与 B 样条相同的局部调整性、凸包性、几何不变性、变差减少性、造型灵活等特征。类似的，NURBS 曲面也具有局部调整性、凸包性、几何不变性等性质，但不具有差变减少性。此外，NURBS 方法还具有以下一些优点：

(1) 既为自由型曲线、曲面也为初等曲线、曲面的精确表示与设计提供了一个公共的数学形式，因此，一个统一的数据库就能够存储这两类形状信息。

(2) 为了修改曲线、曲面的形状，既可以借助调整控制顶点，又可以利用权因子，因而具有较大的灵活性。

(3) 计算稳定且速度快。

(4) NURBS 方法有明确的几何解释，使得它对良好的几何知识尤其是画法几何知识的设计人员特别有用。

(5) NURBS 方法具有强有力的几何配套计算工具，包括节点插入与删除、节点细分、节点升阶、节点分割等，能用于设计、分析与处理等各个环节。

(6) NURBS 方法具有几何和透视投影变换不变性。

(7) NURBS 方法是非有理 B 样条形式以及有理与非有理 Beziér 形式的合适的推广。

尽管如此，NURBS 方法也还存在一些缺点：

(1) 需要额外的存储以定义传统的曲线、曲面。

(2) 权因子的不合适应用可能导致很坏的参数化，甚至毁掉随后的曲面结构。

(3) 某些技术用传统形式比用 NURBS 表现得更好。

(4) 某些基本算法，例如求反曲线、曲面上的点的参数值，存在数值不稳定问题。

4.5 本章小结

本章首先介绍了曲线与曲面的基础理论，并对 3 类有广泛应用的 Beziér 曲线与曲面、B 样条曲线与曲面和非均匀有理 B 样条（NURBS）曲线与曲面进行讨论。在对曲线与曲面的基础理论的讨论中，给出了显式、隐式和参数表示、样条曲线与三次样条的定义；在对

Beziér 曲线与曲面的讨论中，给出了 Beziér 曲线的定义与性质、按不同次数的描述、de Casteljau 递推算法、拼接及反求控制点的方法，最后给出 Beziér 曲面的描述。在对 B 样条曲线与曲面的讨论中，给出了 B 样条曲线定义与性质、均匀 B 样条曲线及开放均匀 B 样条曲线与非均匀 B 样条曲线，最后给出 B 样条曲面的描述。在对非均匀有理 B 样条（NURBS）曲线与曲面的讨论中，给出 NURBS 曲线、曲面的定义及有理基函数表示与特点。

4.6　本章习题

(1) 解释下列概念：

样条曲线　插值样条　逼近样条　控制点　　凸包　　控制多边形

(2) 比较曲线的参数连续性和几何连续性的联系与区别。

(3) 比较自然三次插值样条曲线与 Hermite 插值样条曲线的异同。

(4) 简述 Beziér 曲线的定义与性质。

(5) 给定 4 个点 P_1 (0, 0, 0)，P_2 (2, 2, -2)，P_3 (2, -1, -1)，P_4 (4, 0, 0)，确定一条三次 Beziér 曲线。

(6) 区分均匀 B 样条曲线、开放均匀 B 样条曲线和非均匀 B 样条曲线。

(7) Beziér 曲线程序编写，根据指定控制点可以画出相应 Beziér 曲线。

(8) B 样条曲线程序编写，根据指定控制点可以画出相应 B 样条曲线。

第5章　真实感图形的生成技术

随着计算机图形学和计算机技术的发展，真实感图形在我们的日常工作、学习和生活中已经有了非常广泛的应用。计算机辅助、多媒体教育、虚拟现实系统、科学计算可视化、动画制作、电影特技模拟、计算机游戏等许多方面，真实感图形都发挥了重要的作用。真实感图形生成技术已成为计算机图形学中的一个重要组成部分，它的基本要求就是在计算机中生成三维场景的真实感图形（或图像）。

对于场景中的物体，要得到它的真实感图形，就要对它进行透视投影，并消除隐藏面，然后计算可见面的光照明暗效果。给定一个三维场景及其光照明条件，如何确定它在屏幕上生成的真实感图像，即确定图像每一个像素的明暗、颜色，是真实感图形学需要解决的问题。

5.1　图形的消隐技术

在生成真实感图形时需考虑如何判别出从某一特定观察位置所能看到的场景中的内容。为特定应用背景选择算法时应考虑场景复杂度、待显示物体的类型、显示设备及最终画面是静态还是动态等因素。这些算法通常称为隐藏面消除算法，简称为消隐算法，有时也称可见面判别算法。不过判别可见面与隐藏面之间有细微的差别。例如，对线框图形可能仅仅希望用虚线轮廓或其他方式来显示隐藏面而不消除它们，以便保留物体的外形特征。

消隐算法按其实现方式可分为图像空间消隐算法（简称为像空间算法）和景物空间消隐算法（简称为物空间算法）两大类。图像空间（屏幕坐标系）消隐算法以屏幕像素为取样单位，确定投影于每一像素的可见景物表面区域，并将其颜色作为该像素的显示颜色。景物空间消隐算法直接在景物空间（观察坐标系）中确定视点不可见的表面区域，并将它们表达成同原表面一致的数据结构。也就是，景物空间算法将场景中的各物体和物体各组成部件进行相互比较，以判别出哪些面可见；而图像空间算法则在投影平面上逐点判断各像素所对应的可见面。图像空间消隐算法有深度缓存器算法、A 缓存器算法、区间扫描线算法等；景物空间消隐算法则包含后向面判别算法、Roberts 隐面消除算法、BSP 算法、多边形区域排序算法等；介于二者之间的有画家算法、区域细分算法、光线投射算法等。

5.1.1　后向面判别算法

多面体后向面判别算法是以内外测试为基础的景物空间算法。在该算法中提出 3 种判别后向面越来越简便的方式。设判别的多边形面的表达式为：

$Ax+By+Cz+D=0$

这里 A 、B 、C 、D 是多边形面的平面参数，如图 5-1、图 5-2 所示。

（1）如果点(x_0, y_0, z_0)满足：

$Ax_0 + By_0 + Cz_0 + D < 0$

则该点在多边形面的后面，如果该点位于视点到该多边形面的直线上，则我们正看的该多边形必为后向面。因此可以使用观察点来测试后向面。

（2）通过考察多边形面的法向量 $N(A，B，C)$ 可简化测试。设 V_{view} 为由视点出发的观察向量，若 $V_{view} \cdot N > 0$，该多边形为后向面。

（3）若将物体描述转换至投影坐标系中，且观察方向平行于观察坐标系中 z_v 轴，则只需要考察法向量 N 的 z 分量 C 的符号。沿 z_v 轴反向观察的右手观察系统中，若 $C<0$，则该多边形为一后向面。同时，无法观察到法向量的 z 分量 $C=0$ 的所有多边形面（因观察方向与该面相切）。这样，一旦某多边形面的法向量的 z 分量值满足：

$C \leqslant 0$

即可判定它为一后向面。

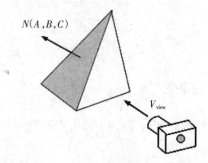

图 5-1　后向面的法向量 N 与观察向量 V_{view}　　　图 5-2　沿 z_v 负轴方向观察情况

对于单个物体，只需要检查其所在平面的平面参数 C，即可迅速判别出所有的后向面。对于单个凸多面体，该测试方法可判别出物体的所有隐藏面。另外，若场景中只包含一些互不覆盖的凸多面体，则也找出所有的隐藏面。

对于其他物体，则还需进行更多的测试来检查是否仍存在被其他面完全或部分遮挡的物体表面。另外，要检查场景中是否有在视线方向完全重合的物体。然后，进一步检查被遮挡物体的哪些部分被其他物体所覆盖。通常，后向面消隐处理可消除场景中一半左右的隐藏面。

5.1.2　Robers 隐面消除算法

Roberts 隐面消除算法是 1963 年 Roberts 在美国麻省理工学院提出的较早的消隐算法。Roberts 隐面消除算法是在景物空间中实现的，它数学处理严谨、精确、适应性强，并且阐明一些重要的概念。

最早的 Roberts 隐面消除算法由于存在计算量随着场景中物体数量的平方递增的不足，同时随着光栅扫描显示器的兴起，并且光栅显示算法一般都在图像空间中实现的，所以 Roberts 隐面消除算法曾一度受到冷落，但后来通过引入 z 向优先级预排序处理技术和最大最小包围盒方法，使得该算法的计算量几乎与显示物体的个数呈线性增长。

下面是应用 Roberts 隐面消除算法消除被物体自身遮挡的边和面的过程。

1）体矩体

Roberts 隐面消除算法要求处理的物体是凸的，若物体是凹的，则必须事先将其分解成若干凸多面体的组合。在三维空间中，假设 A、B、C、D 是平面方程的系数，则平面的方程可表示为：

$Ax+By+Cz+D=0$

应用矩阵表示为：

$$[x \quad y \quad z \quad 1] \begin{bmatrix} A \\ B \\ C \\ D \end{bmatrix} = 0$$

或写成：

$$[x \quad y \quad z \quad 1]P^T = 0$$

其中，$P = [A \quad B \quad C \quad D]$。

于是，一个凸多边形体可应用一个由平面方程系数组成的体矩阵 V 来表示如下：

$$V = \begin{bmatrix} A_1 & A_2 & A_3 & \cdots & A_n \\ B_1 & B_2 & B_3 & \cdots & B_n \\ C_1 & C_2 & C_3 & \cdots & C_n \\ D_1 & D_2 & D_3 & \cdots & D_n \end{bmatrix}$$

体矩阵 V 中的每一列对应物体的一个平面方程的系数。

2）求平面方程的系数

将平面方程 $Ax_0 + By_0 + Cz_0 + D = 0$ 的系数 D 归一化为 1 后，得到平面方程的规范化式：

$A'x + B'y + C'z = -1$

再由平面上不共线三点的坐标 (x_1, y_1, z_1)、(x_2, y_2, z_2)、(x_3, y_3, z_3)，即可求出方程系数 A'、B'、C'。具体方法是将 3 个点的坐标代入方程 $A'x + B'y + C'z = -1$ 中，然后对联立方程求解即可求得唯一解。解的矩阵表示为：

$$\begin{bmatrix} A' \\ B' \\ C' \end{bmatrix} = \begin{bmatrix} x_1 & y_1 & z_1 \\ x_2 & y_2 & z_2 \\ x_3 & y_3 & z_3 \end{bmatrix}^{-1} \begin{bmatrix} -1 \\ -1 \\ -1 \end{bmatrix}$$

最后求出 D 即可。

3）对体矩阵 V 进行校正

在 Roberts 隐面消除算法中，一个点通常用齐次坐标系中的一个位置矢量来表示：

$S = [x \quad y \quad z \quad 1]$

若点 S 在平面上，则 $S \cdot P = 0$，其中，

$P = [A \quad B \quad C \quad D]$

若点 S 不在平面上，则点积的正负号就标识该点在平面的哪一侧。Roberts 隐面消除算法中约定：若点在物体内部一侧，则 $S \cdot P > 0$；否则，$S \cdot P < 0$。

在根据计算得到的一组平面方程系数写出体矩阵后，并不一定能保证凸多面体内部的点对所有组成凸多面体的平面都满足上述 $S \cdot P > 0$ 的约定，因此，为保证使用体矩阵判别自隐藏面的正确性，应先对体矩阵进行相应的处理，使得组成体矩阵的每一平面方程系数都具有恰当的符号，需要在物体内部找一个试验点 S 对体矩阵进行验证，若组成凸多面体的某平面方程系数 P 和 S 的点积符号为负，则该平面方程的系数均乘以 -1，经这种处理后即可得到正确的体矩阵。

4）自隐藏面的判别

由于平面是无限延伸的，当试验点位于体外时，它与体矩阵的乘积必然会出现负值，所以在体外点与体矩阵的乘积中，只有那些能判定点在体外的平面所对应的列才为负值。这就给出了一种用体矩阵判别物体自身隐藏面的方法。

假设视点位于 z 轴正向的无穷远处，并沿着向坐标原点观察，即视线方向朝 z 轴负向的无穷远点。该方向矢量的齐次坐标表示为：

$E=[0 \quad 0 \quad -1 \quad 0]$

实际上，E 也可以表示 z 轴负向的无穷远点，即 $z=-\infty$ 平面上的任意点。

由于任意体内点 S 都能够保证 $S \cdot V$ 的每一列都为正值，因此，当用 E 作为试验点，计算其与体矩阵 V 中某些平面的点积时，如果该点积值为负，则表示 E 位于这些平面的外侧，即表面位于 $z=-\infty$ 平面上的试验点被隐藏在物体的后面，所以，对位于 z 轴正向无穷远处的任一视点而言，这样的平面就是不可见的。在 $z=-\infty$ 平面上的任意点 Roberts 算法中这样的平面被称为自隐藏面或背面。

综上所述，判定一个平面是自隐藏面或背面的条件是：

$E \cdot V < 0$

5.1.3　画家算法

该算法由 M.E.Newell 等人受到画家由远至近的绘画的启发，提出的一种基于优先级队列的消隐算法。画家在绘油画时，总先在画纸上涂上背景色，然后画上远处的物体，接着是近一些的物体，最后画上最近的物体。这样，最近的物体覆盖了部分背景色和远处的物体，每一层总是在前一层的景物上覆盖。采用同样技术，首先将面片根据它们与观察平面的距离排序，然后在刷新缓冲器中置入最远处面片的属性值，接着按深度递减顺序逐个选取后继面片，并将它的属性值"涂"在帧缓冲器上，覆盖了部分前面处理过的面片。画家算法同时运用景物空间与图像空间操作，实现以下基本功能：将面片按深度递减方向排序；由深度最大的面片开始，逐个对面片进行扫描转换。排序操作同时在像空间和物空间完成，而多边形面的扫描转换仅在图像空间完成。

按深度在帧缓冲器上绘制多边形面可分几步进行。假定沿 z 轴负方向观察，面片按它们 z 坐标的最低值排序，深度最大的面 S 需与其他面片比较以确定是否在深度方向存在重叠，若无重叠，则对 S 进行扫描转换。如图 5-3 所示，表示在 xy 平面上投影相互重叠的两个面片，但它们在深度方向上无重叠。可按同样步骤逐个处理列表中的后继面片，若无重叠存在，则按深度次序处理面片，直至所有面片均完成扫描转换。若在表中某处发现深度重叠，则须作一些比较以决定是否有必要对部分面片重新排序。

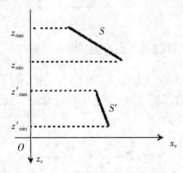

图 5-3　两表面无深度重叠

对与 S 有重叠的所有面片做以下测试，只要其中任一项成立，则无须重排序。测试按难度递增次序排列：

①二面片在 xy 平面上投影的包围盒无重叠。

②相对于观察位置，面 S 完全位于重叠面片之后。

③相对于观察位置，重叠面片完全位于面 S 之前。

④二面片在观察平面上的投影无重叠。

按以上次序逐项进行测试，如果某项测试结果为真，则处理下一重叠面片；若所有重叠面片均至少满足一项测试，则它们均不在面 S 之后，因而无须进行重排序，可直接对 S 进行扫描转换。

测试①可分两步进行：先检查 x 方向重叠，然后 y 方向。只要某方向表明无重叠，则二面片互不遮挡。如图 5-4 所示的两个表面在 z 方向重叠，即深度有重叠，但在 x 方向上不重叠。

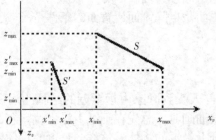

图 5-4　两表面在 z 方向重叠，但在 x 方向上不重叠

测试②和③可借助内外测试法来实施：将面 S 各顶点坐标代入重叠面片的平面方程以检查结果值的符号。若建立平面方程使面片的外表面正对着视点，则只要 S 的所有顶点在 S' 的后面，必有面 S 位于 S' 之后（如图 5-5 所示）；若面 S 的所有顶点均在面 S' 的前面，则 S' 完全位于面 S 之前。

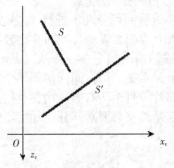

图 5-5　面 S 位于面 S' 之后

但不能通过重叠表面 S 位于 S' 之前，而推出 S' 完全位于面 S 之后。如图 5-6 所示，表示一个重叠表面 S 位于 S' 之前，但 S' 并非完全位于面 S 之后。

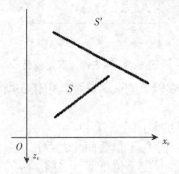

图 5-6　面 S 位于面 S' 之前，但 S' 并非完全位于面 S 之后

若测试①至③均为假，则须执行测试④，可在 xy 平面上利用直线方程来计算两面片边界的交点。若对某一重叠面片所有 4 项测试均不成立，则需在有序表中调换 S 与 S' 的次序，并对被调换过次序的面片重复以上 4 项测试。

若两张或多张面片循环遮挡，则该算法可能导致无限循环。为避免死循环，可标识那些被重排序时调到更远位置的面片，使其不再被移动，若需将一面片进行第二次调换，则将它分割为两部分以消除循环遮挡，原来的面片被一分为二，继续执行上述处理。

画家算法的优点是简单、易于实现，并且可以作为实现更为复杂算法的基础。它的缺点是只能处理互不相交的面，而且深度优先级表中的顺序可能出错，如两个面相交或 3 个面相互重叠的情况，用任何方法都不能排出正确的顺序。这时，只能把有关的面进行分割后再排序。增加了算法的复杂度，因此，该算法使用具有一定的局限性。

5.1.4　扫描线算法

这个图像空间的隐面消除算法是多边形区域填充中扫描线算法的延伸，此处处理的是多张面片，而非填充单个多边形面。

逐条处理各扫描线时，首先要判别与其相交的所有面片的可见性，然后计算各重叠面片的深度值以找到离观察平面最近的面片。一旦某像素点所对应的可见面确定，该点的属性值也可得到，将其置入刷新缓冲器中。

假设为各面片建立一张边表和一张多边形表。边表中包含场景中各线段的端点坐标、线段斜率的倒数和指向多边形表中对应多边形的指针；多边形表中则包含各多边形面的平面方程系数、面片属性信息与指向边表的指针。为了加速查找与扫描线相交的面片，可以由边表中提取信息，建立一张活化边表，该表中仅包含与当前扫描线相交的边，并将它们按 x 升序排列。

另外，为各多边形面定义可设定为 "on" 或 "off" 的标志位，以表示扫描线上某像素点位于多边形内或外。扫描线由左向右进行处理，在凸多边形的面投影的左边界处，标志位为 "on"（开始），而右边界处的标志位为 "off"（结束）。对于凹多边形，扫描线交点从左往右存储，每一对交点中间设定面标志位为 "on"。

图 5-7 举例说明了扫描线算法如何确定扫描线上各像素点所对应的可见面。

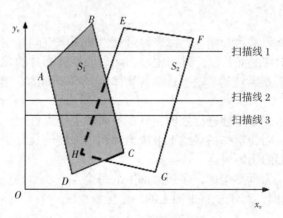

图 5-7　扫描线与面 S_1、S_2 在观察平面上的投影相交，虚线表示隐藏面的边界

扫描线 1 所对应的活化表中包含了边表中边 AB、BC、EH 和 FG 的信息，考察边 AB

与 BC 间沿线的像素点，只有面 S_1 的标志位为"on"，因此，可将面 S_1 的属性信息直接由多边形表移入刷新缓冲器中而无须计算深度值。同样，在边 EH 与 FG 间，仅 S_2 面的标志位为"on"。而扫描线 1 的其余部分与所有面片均不相交，这些像素点的属性值应为背景属性。

对于图 5-7 中的扫描线 2 和扫描线 3。活化边表包含边 AD、EH、BC 及 FG。在扫描线 2 上边 AD 与 EH 间的部分，只有面 S_1 的标志位"on"，而在边 EH 与 BC 间的部分，所有面的标志位均为"on"，其间必须用平面参数来为两面片计算深度值。举个例子，若面 S_1 的深度小于面 S_2，则将 S_1 上 AD 至 BC 间像素的属性值置入刷新缓冲器中，然后将面 S_1 的标志位为"off"，再将面 S_2 上 BC 至 FG 间像素的属性值置入刷新缓冲器。

逐条扫描线处理时，应利用线段的连贯性。如图 5-7 中扫描线 3 与扫描线 2 有相同的活化边表，在二次扫描中，两张面片的相对位置关系未发生变化，且线段与面片求交时的交点次序完全相同，故对扫描线 3，无须在边 EH 与 BC 间再进行深度计算，并可直接将面 S_1 的属性值置入刷新缓冲器中。

扫描线算法可以处理任意数目的相互覆盖的多边形面，设置面标志可表示某点与平面的内外侧位置关系，当面片间有重叠部分时需计算它们的深度值。对于不存在如图 5-8 所示的面片间相互贯穿或循环遮挡的情况，可利用连贯性方法，逐点找出扫描线所对应的可见面片。

若场景中出现循环遮挡，则需将面片进行划分以消除循环，图 5-8 中的分割线表示面片可在此处分割以消除循环遮挡。

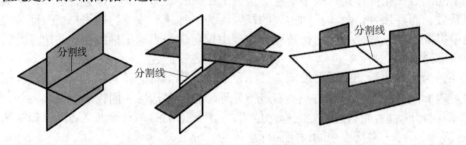

图 5-8　表面相交并循环遮挡的情况

5.1.5　深度缓存器算法

深度缓冲器算法是较常用的判定物体表面可见性的图像空间算法，其基本思想是将投影平面上每个像素所对应的面片深度进行比较，然后取最近面片的属性值作为该像素的属性值。由于通常沿着观察系统的 z 轴来计算各物体距观察平面的深度，故也称为 Z-buffer 算法。

场景中的各个物体表面单独进行处理，且在各片面上逐点进行。该方法通常应用于只包含多边形面的场景，因为这些场景适于很快地计算出深度值且算法易于实现。当然，该算法也可应用于非平面的物体表面。

随着物体描述转化为投影坐标，多边形面上的每个点 $(x，y，z)$ 均对应于观察平面上的正交投影点 $(x，y)$，因而，对于观察平面上的每个像素点 $(x，y)$，物体深度比较可通过它们 z 值的比较来实现。

图 5-9 给出了由某观察平面（设为 x_vy_v 平面）上点 $(x，y)$ 出发沿正交投影方向远近不同的 3 张面片，其中面 S_1 上的对应点最近，因而该面在 $(x，y)$ 处的属性值被保存下来。

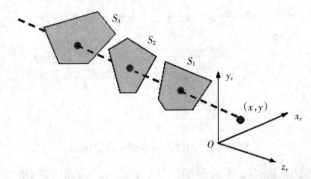

图 5-9　在观察平面(x, y)位量，可见面 S_1 相对于观察平面的深度最小

　　算法需两块缓冲区域：深度缓冲器：用于保存面片上各像素点(x, y)所对应的深度值；刷新缓冲器：保存各点的属性值。算法执行时，深度缓冲器所有单元均初始化为 0（最小深度），刷新缓冲器中各单元则初始化为背景属性。然后，逐个处理多边形表中的各面片，每次扫描一行，计算各像素点所对应的深度值，并将结果与深度缓冲器中该像素单元所存贮的数值进行比较，若计算结果较大，则将其存入深度缓冲器的当前位置，并将该点处的面片属性存入刷新缓冲器的对应单元。

　　给定场景中任一多边形顶点位的深度值，可以计算包含多边形的平面上所有点的深度。某多边形面上点(x, y)的对应深度值可由平面方程计算为：

$$z = \frac{-Ax - By - D}{C}$$

对于任一扫描线（如图 5-10 所示），线上相邻点间的 x 水平位移为 ±1，相邻扫描线间的 y 垂直位移也为±1。若已知某像素点(x, y)的对应深度值为 z，则其相邻点$(x+1, y)$的深度值 z' 为：

$$z' = \frac{-A(x+1) - By - D}{C}$$

或 $z' = z - \dfrac{A}{C}$

对确定的面片，$-\dfrac{A}{C}$ 为常数，故沿扫描线的后继点的深度值可由前面点的深度值仅执行一次加法而获得。

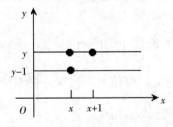

图 5-10　扫描线某像素点(x, y) 与相邻两像素

　　沿着每条扫描线，首先计算出与其相交的多边形的最左边的交点所对应的深度值，该线上的所有后继点可由上式计算出来，如图 5-11 所示。

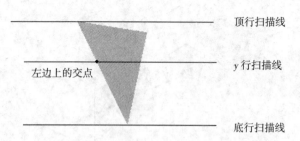

图 5-11　扫描线与多边形相交情况

首先计算出各多边形面的 y 坐标范围，然后由上至下地沿各扫描线处理这些面片。由某上方顶点出发，可沿多边形的左边递归计算各点的 x 坐标：

$$x' = x - \frac{1}{m}$$

其中 m 为该边斜率（如图 5-12 所示），沿该边还可递归计算出深度值：

$$z' = z + \frac{\frac{A}{m} + B}{C}$$

若沿一垂直边进行处理，则斜率为无限大，递归计算可简化为：

$$z' = z + \frac{B}{C}$$

对于多边形面，深度缓冲器算法易于实现且无须将场景中面片进行排序，但它除了刷新缓冲器外还需一个缓冲器。

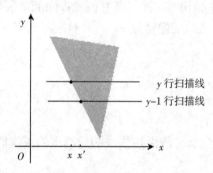

图 5-12　相邻扫描线与多边形左边界的交点

深度缓存器算法可描述如下：

（1）将深度缓冲器与刷新缓冲器中的所有单元(x, y)初始化，使得：depthBuff(x, y) =1.0，refresh$(x, y)=I_{backgndColor}$。

（2）将各多边形面上的各点的深度值与深度缓冲器对应单元的存贮数值进行比较，以确定其可见性。

·计算多边形面上各点(x, y)处的深度值 z。

·若 $z <$ depthBuff(x, y)，则：depthBuff$(x, y)=z$，且 refresh$(x, y)=I_{surfColor}(x, y)$。

其中，$I_{backgndColor}$ 为背景属性值，$I_{surfColor}(x, y)$ 为面片在像素点(x, y)上的投影属性值。

当处理完所有多边形面，深度缓冲器中保存的是可见面的深度值，而刷新缓冲器为这些面片的对应属性值。

深度缓存器算法最大的优点是算法原理简单，不过算法的复杂度为 $O(N)$，N 为物体表面取样点的数目。另一优点是便于硬件实现。现在许多中高档的图形工作站上都配置有硬件实现的 Z-buffer 算法，以便于图形的快速生成和实时显示。

深度缓存器算法的缺点是占用太多的存储单元，对于一个 1024×1024 分辨率的系统，则需一个容量超过 120 万个单元的深度缓冲器，且每个单元需包含表示深度值所足够的位数。一个减少存储量需求的方案是每次只对场景的一部分进行处理，这样就只需一个较小的深度缓冲器。在处理完一部分后，该缓冲器再用于下一部分的处理。深度缓存器算法的其他缺点还有它在实现反走样、透明和半透明等效果方面的困难。同时，在处理透明或半透明效果时，深度缓存器算法在每个像素点处只能找到一个可见面，即它无法处理多个多边形的累计颜色值。

5.1.6　A 缓存算法

A 缓冲器算法是深度缓冲器算法思想的延伸，A 表示反走样（Antialiased）、区域平均（Area Averaged）和累计缓冲器（Accumulation Buffer）。深度缓冲器算法的一个缺点是：它在每个像素点只能找到一个可见面，即它只能处理非透明的物体表面，而无法处理透明面片所存在的在各像素点处对多张面片进行光强度贡献累计的问题。如图 5-13 所示的带有透明面的情况，需要多个颜色输入并应用颜色混合操作，深度缓冲器算法很难处理。

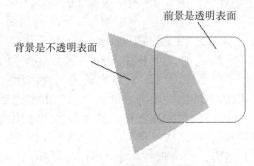

图 5-13　透过透明表面观察不透明表面

A 缓冲器算法对深度缓冲器作了扩充，使其各单元均对应一张面片列表，这样，可考虑各像素点处多张面片对其属性值的影响，还可对物体的边界进行反走样处理。

A 缓冲器中每个单元均包含两个域：

深度域：存储一个正或负实数。

强度域：存储面片的强度信息或指针值。

若深度域值为正，则该值表示覆盖该像素点的唯一面片的深度；强度域存储表示该点颜色的 RGB 分量和像素覆盖率。若深度域值为负，则表示多张面共同对该像素点产生影响；强度域存储一个面片数据链表的指针，列表中面片的数据项包括：RGB 属性分量、透明性参数（透明度）、深度、覆盖度、面片的标识名、其他面绘制参数、指向下一面片的指针。

A 缓冲器可类似于深度缓冲器算法进行组织，即沿每条扫描线判别以找出各像素点所对应的覆盖面片。曲面片可分割为多边形网格，并用像素边界对它们进行裁剪。采用透明因子和面片覆盖度，可将所有覆盖面片对该像素点的贡献取平均以计算该点处的属性值。如图 5-14 所示是缓存像素单元的创建。

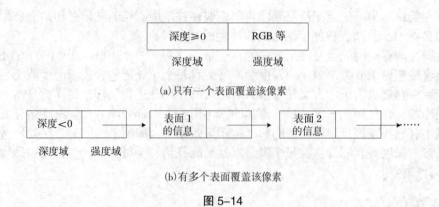

图 5-14

5.1.7　BSP 树算法

BSP（Binary Space–Partitioning）树算法是一种类似画家算法的判别物体可见性的高效算法，将面片由后往前地在屏幕上绘出，该算法特别适用于场景中物体位置固定不变，仅视点移动的情况。其主要工作是在每次空间分割时判别该面片相对视点与分割平面的位置关系，即位于其内侧还是外侧，图 5-15 表示该算法的基本思想。

首先，平面 P_1 将空间分割为两部分：一组物体位于 P_1 的后面（相对于视点），而另一组则在 P_1 之前。若有某物体与 P_1 相交，它立即被一分为二并分别标识为 A 和 B。此时，图 5-15（a）中 A 与 C 位于 P_1 之前，而 B 和 D 在 P_1 之后。平面 P_2 对空间进行了二次分割。可生成如图 5-15（b）的二叉树表示，在这棵树上，物体用叶结点表示，分割平面前方的物体组作为左分支，而后方的物件组为右分支。对于由多边形面片组成的物体，可选择与多边形面重合的分割平面，利用平面方程来区分各多边形顶点的"内"、"外"。随着将每个多边形面作为分割平面，可生成一棵树，与分割平面相交的每个多边形将被分割为两部分。一旦 BSP 树组织完毕，即可选择树上的面由后往前显示，即前面物体覆盖后面的物体。目前已有许多系统借助硬件来完成 BSP 树组织和处理的快速实现。

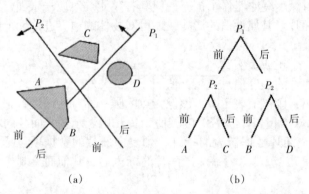

图 5-15　一个空间区域(a) 被平面 P_1 和 P_2 分割，形成 (b) 的 BSP 树表示

5.1.8　八叉树算法

用八叉树表示来描述被观察的数据体时，通常按由前往后次序将八叉树结点映射到观察面片，以完成隐藏面消除。在如图 5-16 所示中，空间区域的前部（相对于视点）为体

元 0，1，2，3。它们的前表面均可见，这些体元尾部的面片和后部体元（4，5，6，7）的表面都可能被前部的面片所遮挡。

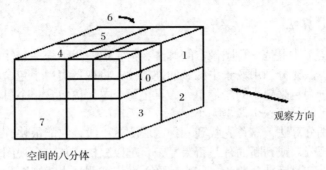

空间的八分体

图 5-16　某空间区域的八叉分割

对如图 5-16 所示的观察方向，按体元次序 0，1，2，3，4，5，6，7 来处理八叉树结点中的数据可消除隐藏面，这实际上是对八叉树的深度优先遍历。因此，代表体元 0，1，2，3 的结点将在结点 4，5，6，7 之前被访问。同样，0 号体元中的前面 4 个子体元将在后面 4 个子体元之前被访问，对每个八分体元的八叉树的遍历按照这个次序进行。

若要在一个八叉树结点中置颜色值，则仅当帧缓冲器中对应于该结点的像素位置尚未置值时才置入，这样，缓冲器中仅置入前面的颜色值。若这个位置是空缺的，则不置任何值，任何被完全遮挡的结点都将不再被处理，它的子树也不会再被访问。

随着视点的改变，物体八叉树表示也会发生变化，需要加以变换。假定八叉树表示总是由体元 0，1，2，3 形成空间的前表面。

一种显示八叉树的方法是：首先递归地由前往后地遍历八叉树结点，将八叉树映射为可见区域的四叉树，然后将可见面的四叉树表示置入帧缓冲器中，如图 5-17 所示描述一个空间区域内的八叉体元和相应观察平面上对应的四叉体元。八叉体元 0 和 4 直接影响四叉体元 0，四叉体元 1 的颜色值从八叉体元 1 和 5 中获得。另两个四叉体元的值也分别从与之对应的一对八叉体元中得到。

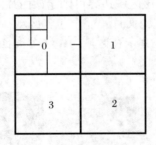

图 5-17　观察平面对应的四叉平面

八叉树结点的递归处理流程：读入一个八叉树描述，然后为区域内的可见面建立相应的四叉树表示。一般情况下，决定四叉体元的正确颜色值必须同时考虑前面和后面的八叉体元。但若前面体元统一用某种色彩填充，则无须处理后面的体元。对于多色区域，该过程被递归调用，将不同色彩的八叉体元的子结点和一个新创建的四叉树结点作为新参数来传递。若前面体元为空，则处理尾部体元，否则，要两次递归调用，其一处理尾部体元，另一则处理前面体元。

通过对八叉树表示的变换按选定视图对对象重定向，可获得用八叉树表示的对象的不同视图。这时八分体元重新编号，以保持八分体元 0、1、2 和 3 始终在前面。

5.1.9 区域细分算法

区域细分算法本质上是一种图像空间算法，但它也使用了一些景物空间操作来完成面片的深度排序。算法充分利用场景中区域的连贯性，将视野集中于包含面片的区域，并将整个观察范围细分为越来越小的矩形单元，直至每个单元仅包含单个可见面片的投影、不含任何面片或该区域只有一个像素大小。

为实现区域细分算法，需首先找到一种区域测试手段，它能很快判别出某一区域仅包含某一面片的一部分，或判断面片是否太复杂、难以分析。从整个视图开始，应用该测试来确定是否应将一完整区域分割为一些小矩形单元。若测试表明视图相当复杂，则需将其进行分割，然后再对各小区域做测试，若测试表明面片的可见性还无法确定，则必须再次细分区域，直至最终区域易于分析，即它属于某一单个面片或仅覆盖一个像素。

如图 5-18 所示，一个简单的实现方法是每次将区域分割为 4 块大小相等的矩形，类似于组织一棵四叉树。这样，即使是一个 1024×1024 分辨率的视图被细分 10 次以后，也仅能使每个单元覆盖一个像素。

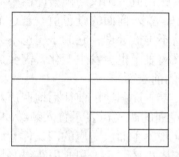

图 5-18　每次将一正方形细分为 4 个大小相同的小单元

在一个区域内比较某面片与该区域边界可确定该面片的可见性。面片根据它与区域边界的相互关系可分为 4 类：①包围面片：完全包含区域；②重叠面片：部分位于区域内，部分位于区域外；③内含面片：完全在区域内；④分离面片：完全在区域外。如图 5-19 所示。

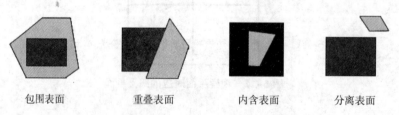

包围表面　　　　重叠表面　　　　内含表面　　　　分离表面

图 5-19　多边形表面与观察平面矩形区域之间可能的关系

可根据这 4 种类别来表示面片的可见性测试。若以下条件之一为真，则无须再对区域进行分割：(1)求所有面片均为区域的分离面片，即该区域内没有内含面片、重叠面片或包围面片；(2)在区域内只有一个内含面片、重叠面片或包围面片；(3)在区域边界内，某包围面片遮挡了其他所有面片。

可以检查所有面片的包围盒与区域边界的关系来实现测试(1)。测试(2)可利用 xy 平面上的包围盒来判别内含面片,对其他类型的面片,可用包围盒做初始检查。若包围盒与区域边界有交点,则还需判别面片是否为包围型、重叠型或分离型,一旦判别出某面片是内含、重叠或包围型的,就将其像素属性值置入帧缓冲器的相应位置。

实现测试(3),将面片根据它们离观察平面的最近距离进行排序,对所有考察区域内的包围面片,计算其最大深度,如果某一包围面片距观察平面的最大深度小于该区域内其他所有面片的最小深度,则满足测试(3)。

测试(3)的另一种实现方法是不进行深度排序,而用平面方程计算所有包围面片、重叠面片和内含面片上区域四顶点处的深度值,若某包围面片的深度值小于其他所有面片,则测试(3)结果为真,即该区域可用包围面片的属性值来填充。

在许多场合,测试(3)的两种方法均无法正确判断遮挡其他所有面片的包围面片。此时,采用区域细分比继续进行复杂测试要快得多。一旦判别出某区域中的包围面片和分离面片,它们对该区域细分后的子区域仍然保持包围型或分离型的位置关系。而且,随着逐步细分,一些内含面片和重叠面片将被消除,因而区域将越来越易于分析。在少数情况下,最终的分割区域为像素大小,那么,只需计算当前点的相关面片深度,并将最近的面片属性值显入帧缓冲器中。

可以将基本分割处理作一变形,不再简单地将区域一分为四,而是沿面片边界对区域进行分割。若面片已完成最小深度排序,则可用最小深度的面片对给定区域进行划分。如图 5-20 所示,面 S 的边界投影将原来区域分割为子区域 A_1 和 A_2,面 S 是 A_1 的包围面片,此时,可由测试(2)和(3)来确定是否需继续分割。总之,采用该方法可减少分割次数,但在区域细分及分析面片与子区域边界的关系等方面则需更多的处理。

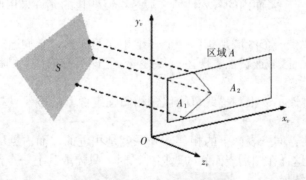

图 5-20 观察面 S 的边界投影将区域 A 细分为 A_1 和 A_2

5.1.10 光线投射算法

由视点穿过观察平面上一像素而射入场景的一条射线,如图 5-21 所示,可确定场景中与该射线相交的物体。在计算出光线与物体表面的交点之后,离像素最近的交点的所在面片即为可见面。

光线投射以几何光学为基础,它沿光线路径追踪可见面。场景中有无限多条光线,而我们仅对穿过像素的光线感兴趣,故可考虑从像素出发逆向跟踪射入场景的光线路径。光线投射算法对于包含曲面,特别是球面的场景有很高的效率。

光线投射算法可看做是深度缓冲器算法的变形，后者每次处理一个面片并对面上的每个投影点计算深度值，计算出来的值与以前保存的深度值进行比较，从而确定每个像素所对应的可见面片。光线投射算法中，每次处理一个像素，并沿光线的投射路径计算出该像素所对应的所有面片的深度值。

光线投射是光线跟踪算法的特例。光线跟踪技术通过追踪多条光线在场景中的路径以得到多个物体表面所产生的反射和折射影响，而在光线投射中，被跟踪光线仅从每个像素到离它最近的景物为止。

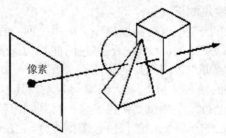

图 5-21　一条由像素点射入场景的视线

5.1.11　连贯性及其判别

虽然各种消隐算法的基本思想各不相同，但它们大多采用了排序和连贯性方法来提高效率。将场景中的物体表面根据它们与观察平面的距离进行排序可加速深度比较，而连贯性则充分利用场景的规则性特征。

（1）物体连贯性：如果物体 A 与物体 B 是相互分离的，那么在消隐时，只需要比较 A、B 两物体之间的遮挡关系就可以了，而不需要对它们的表面多边形逐一进行测试。

（2）面的连贯性：一张面内的各属性值一般是缓慢变化的允许采用增量的形式对其进行计算。

（3）区域连贯性：一个区域是指屏幕上一组相邻的像素，它们通常为同一个可见面所占据，可见性相同。区域连贯性表现在一条扫描线上即为扫描线上的每个区间内只有一个面可见。

（4）扫描线连贯性：一根扫描线可能包含相同强度像素的段，且相邻扫描线之间的图案变化很小。

（5）深度连贯性：同一表面上的相邻部分深度是相近的，而占据屏幕上同一区域不同表面的深度不同。这样在判别表面间的遮挡关系时，只需取其上一点计算出深度值，比较该深度值便能得出结果。

此外，动画中的各帧间仅在运动物体的相邻区域内有差异，而通常可以建立起场景中物体与场景表面之间的稳定的联系。

5.1.12　对于曲面与线框的可见性判别

1）曲面

对于曲面，最有效的可见性判别算法为光线投射算法和八叉树算法。在光线投射算法中，先计算出光线与面片的交点，然后找出沿光线方向离像素最近的交点。而在八叉树算法中，一旦根据物体的定义建立起相应的八叉树表示，即可用同样的方法对可见面进行判别，而无须考虑曲面类型。

常用一组多边形面片来近似表示曲面，这样每张曲面用一个多边形网格来替代，然后，即可用前述隐藏面消隐算法来处理。对于如球体等其他物体，使用光线投射和曲面方程则会更高效和准确。在扫描线算法和光线投射算法中，数值近似技术也常被借助于解决曲面与扫描线或光线之间的求交。在工程运用中，常用一组表示曲面形状的线来显示曲面函数。根据显示的曲面函数，可以画出可见面的层位线，并消除层位中的隐藏部分。

判别曲面上可见曲线的一种方法是保存一张列表记录所计算过的对应于屏幕上水平位置为 x 的像素坐标的 y_{min} 和 y_{max} 值。当由某像素行进至下一像素时，需将所求得的 y 值与存储的 y_{min} 与 y_{max} 进行比较，若 $y_{min} \leq y \leq y_{max}$，则该点不可见；若 y 值在当前存储的 y 范围之外，则该点可见，将画出该点并对该像素位置重新设置 y 边界。按同样方法，可将层位线投射至 xz 与 yz 平面。

可采用以上方法来处理追踪等值面所得的一组离散数据点。如，若 xy 平面上 $ux \times uy$ 网格有一组离散的 z 值，则可由层位线方法得到一张曲面，它由一条平行于 xy 平面的直线扫描而成，每条层位线被投影至观察平面并用直线段进行显示。同样，可以沿着从前至后深度次序将线段画在显示设备上，并消除看不到的线段。

2) 线框

当以线框方式显示物体时，往往仅对面片的边进行可见性测试，通常称为线框可见性算法，也称可见线判别算法或隐线判别算法。此时，屏幕只显示可见的边，看不到的边则被消除或用与可见边不同的方式显示，如用虚线或颜色显示。

判别可见线段最直接方法是依次将每条边与各个面进行比较，可利用线段的连贯性对每条线段都与面片比较深度：如果所有线段与某面片投影边界的交点深度都大于面片上这些点的深度，则交点间的线段被完全消除，如图 5-22 中 (a)；若线段与某边界的交点有较大深度，而它与另一边界的交点深度小于该面片深度，则该线段穿过面片，如图 5-22 中 (b)。

使用后向面判别算法，可判别出物体的所有背向面，而仅显示可见面的边界。利用深度排序算法，可由后往前地逐个处理面片，用背景色填充面片内部，用前景色绘制边界，将面片填入刷新缓冲器。这样，隐藏线被前面的面片所消除；区域细分算法可以通过只显示可见面的边框而用于隐藏线消除；扫描线算法可通过沿扫描线与可见面边界相交处画点的方法来显示可见线段。按照同样调整，任何可见面判别算法均可通过扫描转换用于可见边的判别。

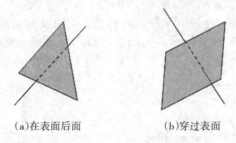

(a)在表面后面　　　　　　(b)穿过表面

图 5-22　一条线段的隐藏部分

5.2　图形的光照技术

当光照射到物体表面时，光线可能被吸收、反射和透射。被物体吸收的部分转化为热。反射、透射的光进入人的视觉系统，使我们能看见物体。为模拟这一现象，我们建立一些数学模型来替代复杂的物理模型。这些模型就称为明暗效应模型或者光照明模型，它们主要用于为对象的所有表面某光照位置的颜色计算。

三维形体的图形经过消隐后，再进行明暗效应的处理，可以进一步提高图形的真实感。光线的计算主要基于物体表面材质的选择、背景光线的条件及光源的情况。物体表面的许多属性可任意改变，如光滑程度、透明度等，它们决定了入射光线被吸收和反射的程度。

一个物体表面即使不直接暴露于光源之下，只要其周围的物体被照明，它也可能看得见。简单光照模型中，只需改变一个场景的基准光亮度，就可简单地模拟一种从不同物体表面所产生的反射光的统一照明，称为环境光或背景光。环境光没有空间或方向上的特征，在所有方向上和所有物体表面上投射的环境光数量都恒定不变。

用参数 I_a 来表示场景中环境光大小，这样每个物体表面都得到同样大小的光照，且反射光相对于该物体表面亦为常数，即反射光与观察方向和物体表面的朝向无关。然而各个面上的反射光强度却不一定相同，这决定于各个表面的材质属性，即入射光有多少被反射，多少被吸收。

人所观察到的物体表面的反射光是由场景中的光源和其他物体表面的反射所共同产生的。光源称为发光体，而反射面片则称为反射光源。用光源来表示所有发出辐射能量的物体。通常，发光物体可能既是光源又是反射体。按照光的方向的不同，可以将光源分为点光源、分布式光源和漫射光源。

（1）点光源：光线由光源出发向四周发散。这种光源模型是对场景中比物体小得多及离场景足够远的光源的合适的逼近。点光源发射的光线从一点向各方向发射，如图 5-23 所示。灯泡是点光源的一个实例。

图 5-23　点光源

（2）分布式光源：对光源大小与场景中面片相比不够小及近处光源光照效果的模拟。它计算光源外表面各点所共同产生的光照。分布式光源所发射的光线，是从一个面向一个方向发射的平行光线，如图 5-24 所示。太阳是分布式光源的一个实例。

（3）漫射光源：光源所发射的光线，是从一个面上的每个点向各个方向发射的光线，

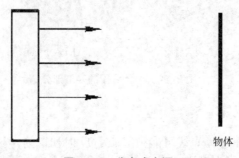

图 5-24　分布式光源

如图 5-25 所示。天空、墙面、地面都可以看做漫射光源。

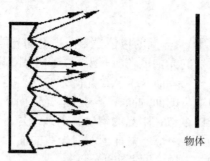

物体

图 5-25　漫射光源

点光源和分布式光源合称为直射光源。

光线投射至物体表面时，部分被反射，部分被吸收，物体表面的材质类型决定了反射光线的强弱，表面光滑反射较多的入射光，而暗表面则吸收较多的入射光。

5.2.1　基本光照模型

基本光照模型模拟物体表面对直接光照的反射作用，包括漫反射和镜面反射，物体之间的光反射作用没有充分考虑，仅仅用一个与周围物体、视点、光源位置都无关的环境光常量来近似表示。可以用如下等式表示：

入射光 = 环境光 + 漫反射光 + 镜面反射光

1）环境光

在点光源情况下，没有受到点光源直接照射的物体会呈黑色，但是在实际场景中，物体还会接收到从周围景物散射出来的光，如房间的墙壁等。一般可以认为环境光反射是全局漫反射光照效果的一种近似。假定场景中的每张面上的漫反射是恒定不变的，与观察方向无关。我们在这里把它作为常数的漫反射项，即：

$$I_e = k_a I_a$$

式中：

I_e——环境光的漫反射光强；

I_a——入射的环境光光强；

k_a——环境光的漫反射常数。

环境光是对光照现象最简单的抽象，因此局限性很大。它仅能描述光线在空间中无方向并均匀散布时的状态。一个可见物体在只有环境光的照射时，其各点的明暗程度均一样，并且没有受到光源直接照射的地方也有明亮度，区分不出哪处明亮，哪处暗淡。

2）漫反射光

粗糙、无光泽的物体表面呈现为漫反射。漫反射光可以认为是光穿过物体表面并被吸收，然后又重新发射出来的光。环境光只能为每个面产生一个平淡的明暗效果，因而在绘制场景时很少仅考虑环境光作用，一般场景中至少要包含一个光源，通常是视点处的点光源。我们可以在建立表面的漫反射模型时假设入射光在各个方向以相同强度发散而与观察位置无关，这样的物体表面称为理想漫反射体。漫反射光均匀地散布在各个方向，因此从任何角度去观察这种表面都有相同的亮度。从表面上任意点所发散的光线均可由朗伯特余弦定律计算出来：在与物体表面法向量夹角为 φ_N 的方向上，每个面积为 dA 的平面单位所发散出的光线与 $\cos\varphi_N$ 成正比，该方向的光强度可用单位时间辐射能量除以表面积在辐射

方向的投影来计算,即:

$$强度 = \frac{单位时间辐射能}{投影面积}$$

但光强度仅决定于垂直于 φ_N 方向的单位投影面积上的光能 $dA\cos\varphi_N$。也称为朗伯特反射体。也就是说,朗伯特反射的光强度在所有观察方向上都相同。

当强度为 I_l 的光源照明一个表面时,从该光源来的入射光总量以来于表面与光源的相对方向。一个与入射光方向垂直的面片同一个与入射光方向成斜角的面片相比,其光亮程度要大得多,例如,用一张白纸放在阳光的窗口,当该纸片慢慢转离窗口方向时,表面的亮度逐渐变小。如图 5-26 所示,一个垂直于入射光线的面片 (a) 比一个同样大小面积,而与入射光线成一斜角的面片 (b) 所得到的光照多。

图 5-26　来自远距离平行入射光落在两个面积相同但与光线方向不同的表面

如果入射光与平面法向量间的夹角(入射角)为 θ,如图 5-27 所示,则垂直于光线方向的面片的投影面积与 $\cos\theta$ 成正比,即光照程度的大小(或穿过投影平面片的入射光束的数目)决定于 $\cos\theta$。若在某特定点入射光垂直于表面,则该点被完全照射;当光照角度远离表面法向量时,该点的光亮度将降低。如果 I_l 是点光源的强度,则表面上某点处的漫反射方程可写为:$I_{l,\text{diff}} = k_d I_l \cos\theta$。仅当入射角在 $0° \sim 90°$ 之间时($\cos\theta$ 在 $0 \sim 1$ 之间),点光源才照亮面片;若 $\cos\theta$ 为负值,则光源位于面片之"后"。

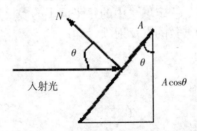

图 5-27　按入射光路径正交投影情况

若 N 为物体表面的单位法向量,且 L 为从表面上一点指向点光源的单位矢量,如图 5-28 所示,则 $\cos\theta = N\cdot L$,则对单个点光源的光照中的漫反射方程为:

$$I_{l,\text{diff}} = \begin{cases} k_d I_l (N\cdot L), & N\cdot L > 0 \\ 0.0 & N\cdot L \leq 0 \end{cases}$$

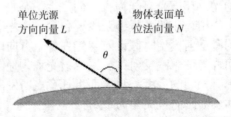

图 5-28　指向光源方向 L 与表面法向量 N 都取单位向量

如图 5-29 所示表示将参数 k_d 在 0～1 之间取不同的数值，k_d=0 时，没有反射光对象表面表现为黑色，k_d 的值增大时漫反射强度随之增大，生成逐渐变浅的明暗效果。在球面所对应的每一个投影像素处根据漫反射公式计算出光强度值及其显示效果。图 5-29 中绘制的场景表示仅单个点光源所产生的光照效果，这相当于在完全黑暗的房间里照射于物体上的一小束光所产生的效果。然而，通常情况下还希望得到一些背景光照效果。

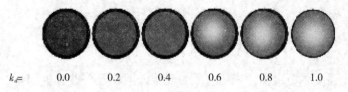

| $k_d=$ | 0.0 | 0.2 | 0.4 | 0.6 | 0.8 | 1.0 |

图 5-29　漫反射系数介于 0～1 之间在单个点光源照明下产生的漫反射

组合环境光与点光源所产生的光强度计算，可以得到一个完整的漫反射表达式。另外，许多图形软件包引入环境光反射系数 k_a 以修改每个表面的环境光强度 I_a，能够简单用该参数来调节场景的光照效果。因而，可将漫反射方程表述如下：

$$I_{l,\text{diff}}=\begin{cases}k_aI_a+k_dI_l\left(N\cdot L\right) & N\cdot L>0 \\ k_aI_a & N\cdot L\leq0\end{cases}$$

其中 k_a 和 k_d 都决定于物体表面材质的属性，其值介于 0～1 之间。如图 5-30 所示，表示这种计算光强度而得到的球面图像。

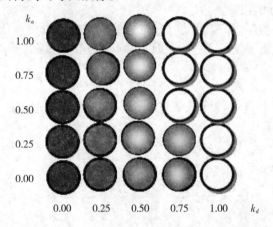

图 5-30　k_a 与 k_d 值介于 0～1 之间的球面在环境光与一点光源照射下产生的漫反射

3) 镜面反射光

光滑的物体表面呈现镜面反射。镜面反射光的光强决定于入射光的角度、入射光的波长以及反射表面的材料性质等。对于理想、反射表面，反射角等于入射角。只有位于此角度上的观察者才能看到反射光。对于非理想反射表面，到达观察者的光取决于镜面反射光的空间分布。光滑表面上反射光的空间分布会聚性较好，而粗糙表面反射光将散射开去。

在简单光照模型中，镜面反射光常采用 Phong 提出的实验模型，即 Phong 镜面反射模型，该镜面反射模型也是计算镜面反射范围的经验公式。镜面反射光强度与 $\cos\varphi$ 成正比，φ 介于 0°～90° 之间；镜面反射参数 n_s 的值由被观察的物体表面材质所决定，光滑表面的 n_s 值较大，粗糙表面的 n_s 值则较小，如图 5-31 所示。对于理想反射器，n_s 是无限的，而粗糙物体表面 n_s 的值接近 1。

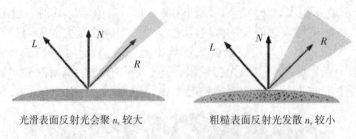

光滑表面反射光会聚 n_s 较大   粗糙表面反射光发散 n_s 较小

图 5-31　用参数 n_s 来表示镜面反射（阴影区域）

镜面反射光强度主要由物体表面材质、光线入射角及一些其他因素，如极性、入射光线颜色等所决定。镜面反射系数 $W(\theta)$ 用来近似表示表面黑白镜面反射光强度的变化：入射角增大，$W(\theta)$ 增大；当 $\theta = 90°$ 时，$W(\theta) = 1$，且所有入射光均被反射。

Fresnel 反射定律描述了镜面反射光强度与入射角之间的关系。可以将 Phong 镜面反射模型用 $W(\theta)$ 表示为：

$$I_{l,spec} = W(\theta) I_l \cos^n \varphi$$

其中 I_l 为光源强度，φ 为观察方向与镜面反射方向 R 的夹角。它描述了镜面反射光强度与入射角度之间的关系。

对透明材质，仅当 θ 接近 90° 时才表现出明显的镜面反射；而对许多不透明的材质，几乎对所有入射角镜面反射均为常量。此时，可用一个恒定的镜面反射系数 k_s 来取代 $W(\theta)$。k_s 可简单设置为 $0 \sim 1$ 之间的值。

由于 V 与 R 是观察方向和镜面反射方向的单位矢量，可用点积 $V \cdot R$ 来计算 $\cos \varphi$ 的值。假定镜面反射系数是常数，则物体表面上某点处的镜面反射计算为：

$$I_{l,diff} = \begin{cases} k_s I_l (V \cdot R)^{n_s}, & V \cdot R > 0 \\ 0.0 & V \cdot R \leqslant 0 \end{cases}$$

式中矢量 R 可通过 L 与 N 计算出来，如图 5-32 所示，通过点积 $N \cdot L$ 得到矢量 L 在法向量方向的投影，从图解中有：

$$R + L = (2N \cdot L)\ N$$

镜面反射矢量可计算为：

$$R = (2N \cdot L)\ N - L$$

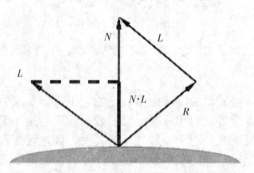

图 5-32　L 和 R 向表面法向量 N 方向投影都等于 $N \cdot L$

可用矢量 L 与 V 间的半角矢量 H 来计算镜面反射范围而简化 Phong 模型，只需以 $N \cdot H$ 替代 Phong 模型中的点积 $V \cdot R$，并用经验 $\cos \alpha$ 计算来替代经验 $\cos \varphi$ 计算，如图 5-33 所示。半角矢量可从下式计算得到：

$$H = \frac{L+V}{|L+V|}$$

若观察者与光源离物体表面足够远，且 V 与 L 均为常量，则面上所有点处的 H 亦为常量。对于非平面，$N \cdot H$ 则比 $V \cdot R$ 计算量小，因为计算面上每个点的 R 都需先计算矢量 N。对给定的光源和视点，矢量 H 是在观察方向上产生最大镜面反射的面片的朝向，因此 H 有时指向面片高光最大的方向。另外，若矢量 V 与 L 和 R（及 N）共面，则角 α 的值为 $\frac{\varphi}{2}$，当 V、L 与 N 不共面时，$\alpha > \frac{\varphi}{2}$。这些完全决定于三矢量的空间关系。

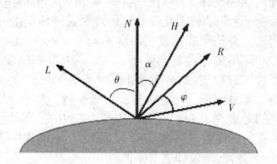

图 5-33　半角矢量 H 与矢量 L、V 的角平分线方向一致

对单个点光源，光照表面上某点处的漫反射和镜面反射可表示为：

$I = I_{\text{diff}} + I_{\text{spec}} = k_a I_a + k_d I_l (N \cdot L) + k_s I_l (N \cdot H)^{n_s}$

若在场景中放置多个点光源，则可在任意表面点上叠加各个光源所产生的光照效果：

$$I = I_{\text{ambdiff}} + \sum_{l=1}^{n} [I_{l,\text{diff}} + I_{l,\text{spec}}]$$

$$= k_a I_a + \sum_{l=1}^{n} I_l [k_d (N \cdot L_i) + k_s (N \cdot H_i)^{n_s}]$$

为保证每个像素的光强度不超过某个上限，可采取一些规范化操作。一种简单的方法是对光强度计算公式中各项设置上限。若某项计算值超过该上限，则将其取值为上限。另一种弥补光强度上溢的办法，是通过将各项除以最大项的绝对值来实现规范化。一种较复杂的方法是，首先计算出场景中各像素的强度，然后将计算出来的值按比例变换至正常的光强度范围内。

4）整体光照模型

前面一节介绍了计算给定方向上景物表面光亮度的光照明模型。不难看出，这些模型仅考虑了光源直接照射在景物表面上产生的反射光能，因而可称为局部光照明模型。局部光照明模型只考虑周围环境对当前景物表面的光照明影响，忽略了光能在环境景物之间的传递，因此，很难生成表现自然界复杂场景的高质量真实感图形。为了增加图形的真实感，必须综合考虑环境的漫射、镜面反射和规则透射对景物表面产生的整体照明效果。前者模拟了距离相近的景物表面之间的彩色渗透现象，后者使我们可以观察到位于光亮的景物表面上的其他景物的映像或透明体后的景象。表现场景整体照明效果的一个重要方面是透明现象的模拟。这是由于自然界中许多物体是透明的，透明体后景物发出的光可穿过透明体到达观察者。透过透明性能很好的透明体，如玻璃窗，观察到的景物不会产生变形。但透过另一些透明物体，如透明球等进行观察时，位于其后的景物发生严重的变形。这种变形是由于光线穿过透明介质时发生折射而引起的，因而是一种几何变形。有些透明物体的透明性更差，观察者通过它们看到的只是背后景物朦胧的轮廓。这种模糊变形是由于透明体表面粗糙或透明物体材料掺有杂质，以至于从某方向来的透射光宏观上不遵从折射定律而向各个方向散射。此外，透明材料的滤光特性也影响透明性能。除透明效果外，整体光照明模型还要模拟光在景物之间的多重反射。一般来说，物体表面入射光除来自光源外，还来自四面八方不同景物表面的反射。局部光照明模型简单地将周围环境对景物表面光亮度的贡献概括成一均匀入射的环境分量，并用一常数表示，忽略了来自环境的镜面反射光和漫射光，使图形的真实性受到影响。

本部分介绍一种较精确的整体光照明模型——Whitted 光照明模型，这一模型能很好地模拟光能在光滑物体表面之间的镜面反射和通过理想透明体产生的规则透射，从而表现物体的镜面映射和透明性，并产生非常真实的自然景象。Whitted 在 Phong 模型中增加了环境镜面反射光亮度 I_s 和环境规则透射光亮度 I_t，以模拟周围环境的光投射在景物表面上产生的理想镜面反射和规则透射现象。Whitted 模型基于下列假设：景物表面向空间某方向 V 辐射的光亮度 I 由 3 部分组成，一是由光源直接照射引起的反射光亮度 I_c，另一是沿 V 的镜面反射方向 r 来的环境光 I_s 投射在光滑表面上产生的镜面反射光，最后是沿 V 的规则透射方向 t 来的环境光 I_t 通过透射在透明体表面上产生的规则透射光，I_s 和 I_t 分别表示了环境在该物体表面上的镜面映像和透射映像。

Whitted 模型的假设是合理的，因为对于光滑表面和透明体表面，虽然从除 r 和 t 以外的空间各方向来的环境光对景物表面的总光亮度 I 都有贡献，但相对来说都可以忽略不计。

Whitted 模型可用以下公式求出：

$I = I_c + k_s I_s + k_t I_t$

其中，k_s 和 k_t 为反射系数和透射系数，它们均在 0～1 之间取值。

在 Whitted 模型中，I_c 的计算可采用 Phong 模型，因此，求解模型的关键是 I_s 和 I_t 的计算。由于 I_s 和 I_t 是来自 V 的镜面反射方向 r 和规则透射方向 t 的环境光亮度，因而首先必须确定 r 和 t，为此可应用几何光学中的反射定律和折射定律。设 η_1 是 V 方向空间媒质的折射率，η_2 是物体的折射率，那么矢量 r 和 t 可由下列公式得到（如图 5-34 所示）：

$$V' = \frac{|N|^2 V}{|N \cdot V|}$$

$$r = 2N - V$$

$$t = k_f (N - V') - N$$

$$k_f = \frac{|N|}{\left[\left(\dfrac{\eta_2}{\eta_1} \right)^2 |V'|^2 - |N \cdot V'|^2 \right]^{\frac{1}{2}}}$$

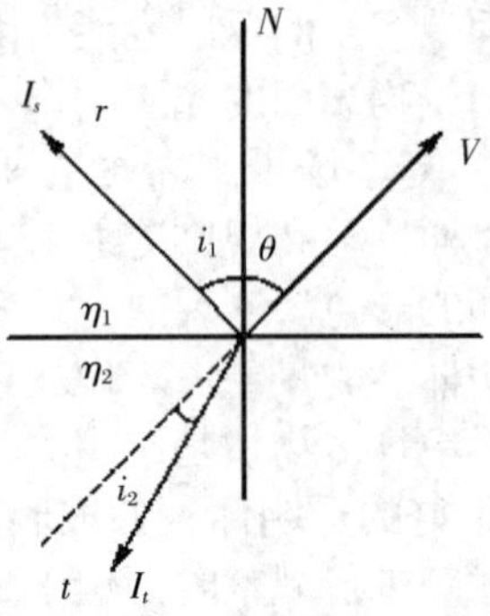

图 5-34　Whitted 模型中反射光线与折射光线方向的确定

　　确定方向 r 和方向 t 后，下一步即可计算沿该二方向投射景物表面上的光亮度。值得注意的是，它们都是其他物体表面朝 P 点方向辐射的光亮度，也是通过 Whitted 模型公式的计算而得到，因此 Whitted 模型是一递归的计算模型。

5) 强度衰减及 RGB 颜色考虑

　　(1) 考虑强度衰减。

　　幅射光线在空间中传播时，它的强度将按因子 $\dfrac{1}{d^2}$ 进行衰减（d 为光线经过的路程长度），因此若要得到真实感的光照效果，在光照明模型中必须考虑光强度衰减。然而，若采用 $\dfrac{1}{d^2}$ 进行光强度衰减，简单的点光源照明并不总能产生真实感图形。d 很小时，$\dfrac{1}{d^2}$ 会产生过大的强度变化；d 很大时变化又太小（因为实际场景中通常很少用点光源来照明），该模型用于准确描述真实的光照效果显得过于简单。

　　图形软件包通常使用 d 的线性或二次函数的倒数来实现光强度衰减来弥补以上的问题。如：

$$f(d)=\frac{1}{a_0+a_1 d}$$

$$f(d)=\frac{1}{a_0+a_1 d+a_2 d^2}$$

　　用户可以调整系数 a_0，a_1，a_2 的值来得到场景中不同的光照效果，常数项 a_0 的值可用于防止当 d 很小时 $f(d)$ 值太大。另外，还可以调节衰减函数中的系数值和场景中的物体表面参数，以防止反射强度的值超过允许值上限。当用简单点光源来照明场景时，这是限定光强度值较为有效的办法。对于多光源照明，前面的方法则更有效。

　　考虑光强衰减的基本光照模型表示为：

$$I=k_a I_a+\sum_{l=1}^{m} f(d_i)I_{li}[k_d(N\cdot L_i)+k_s(N\cdot H_i)^{n_i}]$$

　　其中，d_i 为光线从第 i 个点光源出发所经过的路程。

　　(2) 考虑 RGB 颜色。

　　大多数显示真实场景的图形均为彩色图形，为包含颜色，需将强度方程写为光源和物体表面颜色属性的函数。一种设置表面颜色的方法是将反射系数标识为三元矢量。例如，设置反射系数矢量为 $k_d=(k_{dR}、k_{dG}、k_{dB})$，例如，红色分量光强度计算公式可简化为表达式：

$$I_R=k_{aR}I_{aR}+\sum_{l=1}^{m} f(d_i)I_{lR i}[k_{dR}(N\cdot L_i)+k_{sR}(N\cdot H_i)^{n_i}]$$

　　对于曲面物体，镜面反射的颜色是关于表面材质属性的函数，可将镜面反射系数与颜色相关联（如上式）来近似模拟这些表面上的镜面反射效果。

　　设置表面颜色的另一种方法是为每个表面定义漫反射和镜面反射的颜色向量，而将反射参数定为单值常数。例如，对 RGB 色彩，两个表面颜色向量的分量可表示为（S_{dR}、S_{dG}、S_{dB}）及（S_{sR}、S_{sG}、S_{sB}），反射光线的蓝色分量按下式计算：

$$I_R=k_{aR}S_{dR}I_{aR}+\sum_{l=1}^{m} f(d_i)I_{lR i}[k_{dR}S_{dR}(N\cdot L_i)+k_{sR}S_{sR}(N\cdot H_i)^{n_i}]$$

　　该方法提供了较大的灵活性，因为表面颜色参数可以独立于反射率来进行设置。

　　可利用光谱波长 λ 将彩色模式统一表示为：

$$I_\lambda = k_{aR}S_{d\lambda}I_{a\lambda} + \sum_{l=1}^{m}f(d_i)I_{l\lambda i}[k_{d\lambda}S_{d\lambda}\ (N\cdot L_i)+k_{s\lambda}S_{s\lambda}\ (N\cdot H_i)^{n_s}]$$

5.2.2　表面绘制

基本光照模型主要用于物体表面某点处的光强度的计算，面绘制算法是通过光照模型中的光强度计算来确定场景中物体表面的所有投影像素点的光强度，也称为面的明暗处理。为避免混淆，把在单个曲面上的点根据光照模型来计算光强度的过程称为光照模型，而将对场景中所有曲面投影位置的像素点根据光照模型来计算光强度值的过程称为面绘制。面绘制通常有两种做法，其一是将光照模型应用于每张可见面的每个点，另一种方法则是经过少量的光照模型计算而在面片上对亮度进行插值。扫描线、象空间算法一般使用插值模式，光线跟踪算法则在每一像素点处用照明模型计算光强度值。

在计算机图形学中，曲面通常离散成多边形来显示。这一节我们将就前面得到的光照模型应用于多边形的绘制，以产生颜色自然过渡的真实感图形。

多边形的绘制方法分为两类：均匀着色和光滑着色。绘制多边形的最简单方法是均匀着色，它仅用一种颜色绘制整个多边形。任取多边形上一点，利用光照模型计算出它的颜色，该颜色即是多边形的颜色。均匀着色方法适于满足下列条件的场景：光源在无穷远处，从而多边形上所有的点的 $L\cdot N$ 相等；视点在无穷远处，从而多边形上所有的点的 $H\cdot N$ 相等；多边形是物体表面的精确（而不是近似）表示。显然，当一个多边形上所有点的 $L\cdot N$ 和 $H\cdot N$ 都相等时，它们的颜色也相等，采用光照模型计算的结果即为均匀着色。事实上，只要多边形足够小，即使上面的条件不全部成立，采用均匀着色方法绘制的效果也是相当不错的。

采用均匀着色方法，每个多边形只需计算一次光照模型，速度快，但产生的图形效果不好。一个明显问题是，由于相邻两个多边形的法向不同，因而计算出的颜色也不同，由此造成整个物体表面的颜色过渡不光滑（在多边形共享边界处颜色不连续变化），有块效应。解决的办法就是采用光滑着色方法。

光滑着色主要采用插值方法，故也称插值着色（Interpolated Shading），它分为两种，一种是对多边形顶点的颜色进行插值以产生中间各点的颜色，即 Gouraud 着色方法；另一种是对多边形顶点的法矢量进行插值以产生中间各点的法矢量，即 Phong 着色方法。

1) Gouraud 明暗处理方法

Gouraud 着色方法又称为颜色插值着色方法，是通过对多边形顶点颜色进行线性插值来获得其内部各点颜色的。由于顶点被相邻多边形所共享，所以相邻多边形在边界附近的颜色过渡就比较光滑了。Gouraud 着色方法并不是孤立地处理单个多边形，而是将构成一个物体表面的所有多边形（多边形网格）作为一个整体来处理。

对多边形网格中的每一个多边形，Gouraud 着色处理分为 4 个步骤：

①计算多边形的单位法矢量。

②计算多边形顶点的单位法矢量。

③利用光照模型计算顶点的颜色。

④在扫描线消隐算法中，对多边形顶点颜色进行双线性插值，获得多边形内部（扫描线位于多边形内）各点的颜色。

如果将一张曲面片离散成多边形网格时，同时计算出了曲面在各顶点处的法向并将其保留在顶点的数据结构中，则不需要前面的两步工作。更常见的情况是，待显示的多边形网格没有包含顶点法矢量信息，此时，可近似取顶点 V 处的法矢量为共享该顶点的多边形单位法矢量的平均值，即：

$$N_v = \frac{\sum\limits_{i=1}^{n} N_i}{\left|\sum\limits_{i=1}^{n} N_i\right|}$$

双线性插值方法如图 5–35 所示，对于每一条扫描线，它与多边形交点处的强度可以根据边的两端点通过强度插值而得到。

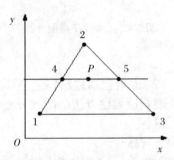

图 5–35　使用线形插值的 Gouraud 表面绘制

在图 5–35 中，顶点 1、2 的多边形与扫描线相交于点 4，通过扫描线的垂直坐标在顶点 1 和 2 进行插值可以快速地得到 4 点处的光强度：

$$I_4 = \frac{y_4 - y_2}{y_1 - y_2} I_1 + \frac{y_1 - y_4}{y_1 - y_2} I_2$$

在这个表达式中，符号 I 表示一个 RGB 颜色分量的强度。同样扫描线的右交点 5 的光强度可以通过顶点 2 和顶点 3 的强度插值得到。从而点 P 的一个 RGB 分量强度，可由顶点 4 和顶点 5 的强度插值得到：

$$I_P = \frac{y_5 - y_P}{y_5 - y_4} I_4 + \frac{y_5 - y_P}{y_5 - y_4} I_5$$

在 Gouraud 绘制中，可以使用增量法有效地加速上述计算过程。从与多边形顶点相交的扫描线开始，可递增地获得与连接该顶点的一条边相交的其他扫描线的强度。假设该多边形面片是一个凸多边形，每一条与多边形相交的扫描线有两个边交点，一旦获得了一条扫描线与两条边交点的强度，则可以使用增量法获得沿该扫描线的像素强度。如图 5-36 中的行 y 和 $y-1$，它们与多边形左边相交。如果扫描线 y 是强度值为 I_1 的顶点 y_1 下面相邻的扫描线，即 $y = y_1 - 1$，则可以从公式计算扫描线的强度 I_n 如下：

$$I_2 = I_1 + \frac{I_n - I_1}{y_1 - y_n}$$

继续向该多边形的边向下，沿该边的下一条扫描线 $y-1$ 的光强度为：

$$I_3 = I_2 + \frac{I_n - I_1}{y_1 - y_n}$$

这样，沿该边向下的每一后继强度可以简单地将常数项 $\dfrac{I_n - I_1}{y_n - y_1}$ 加到前一强度值上而得到。类似的，可以获得沿每一条扫描线的后继水平像素的强度。

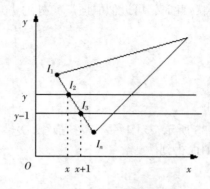

图 5-36　增量法插值计算

2) Phong 着色方法

与 Gouraud 着色方法不同，Phong 着色通过对多边形顶点的法矢量进行插值，获得其内部各点的法矢量，故又称为法向插值着色方法。用该方法绘制多边形的步骤如下：

（1）计算多边形的单位法矢量。

（2）计算多边形顶点的单位法矢量。

（3）在扫描线消隐算法中，对多边形顶点的法矢量进行双线性插值，计算出多边形内部（扫描线上位于多边形内）各点的法矢量。

（4）利用光照模型计算每一点的颜色。

Phong 着色方法中，多边形上每一点需要计算一次光照模型，因而计算量远大于 Gouraud 着色方法。但用 Phong 着色方法绘制的图形更加真实，特别体现在如下两个场合（考虑要绘制一个三角形）：

（1）如果镜面反射指数 n 较大，三角形的顶点的 α（R 与 V 的夹角）很小，而另两个顶点的 α 很大，以光照模型计算的结果是左下角顶点的亮度非常大（高光点），另两个顶点的亮度小。若采用 Gouraud 方法绘制，由于它是对顶点的亮度进行插值，导致高光区域不正常地扩散成很大一块区域。而根据 n 的意义，当 n 较大时，高光区域实际应该集中。采用 Phong 着色方法绘制的结果更符合实际情况。

（2）当实际的高光区域位于三角形的中间时，采用 Phong 着色方法能产生正确的结果，而若采用 Gouraud 方法，由于按照光照模型计算出来的 3 个顶点处的亮度都较小，线性插值的结果是三角形中间不会产生高光区域。

在 Phong 着色方法中的向量的插值过程与 Gouraud 着色方法中的强度插值一样，如图 5-37 中的法向量在顶点 1 和 2 之间进行垂直方向插值：

$$N = \frac{y-y_2}{y_1-y_2}N_1 + \frac{y_1-y}{y_1-y_2}N_2$$

同样可以使用增量法，可以计算后继扫描线和沿每条扫描线上后继像素位置的法向量。

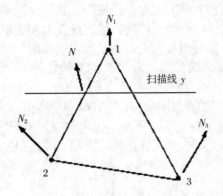

图 5-37　沿一多边形边对表面法向量进行插值计算过程

3）插值着色方法的缺点

（1）不光滑的物体轮廓。

将曲面离散成多边形并用插值方法绘制，产生的图形颜色过渡光滑，但其轮廓仍然是明显的多边形。改善这种情况的方法是将曲面划分成更细的多边形，但这样做需要更多的时间。

（2）方向的依赖性。

插值着色产生的结果依赖于多边形的方向。同样的一点，当多边形的方向不同时，其颜色不同。假设 P 点的颜色由某 3 点双线性插值得到，当多边形旋转一个角度后，P 点的颜色将不再由该 3 点决定。这个问题有两种解决办法：一是先将多边形分割成三角形，然后绘制；二是设计更复杂的插值着色方法，使结果与多边形方向无关。

（3）透视变形。

插值是在设备坐标系中进行，发生在透视投影变换之后，这使由插值产生的物体表面颜色分布不正常。P 点并不一定对应透视变换前线段的中点。类似的，将物体表面分成更细的多边形可以减少这种透视变形的现象。

（4）顶点法向量不具代表性。

将相邻多边形的法矢量平均值为顶点处的法矢量，导致所有顶点法矢量是平行的。以插值方法进行绘制时，如果光源相距较远，则表面颜色变化非常小，与实际情况不符。细分多边形也可以减少这种情况。

（5）公共顶点处颜色不连续。

这种情况出现在某一点是右边两个多边形的公共顶点，同时它又落在左边的多边形的一条边界上，但它不是左边多边形的顶点。这样，在处理左边多边形时，其颜色由两个顶点的颜色插值产生；而在绘制右边两个多边形时，其颜色是根据该点的法矢量按光照模型直接计算出来。这两种颜色通常是不相等的，造成该点颜色不连续。这要求在绘制图形之前进行预处理，排除这种连接方式。

5.2.3　光线跟踪方法

如果光照模型仅考虑光源的直接照射，而将光在物体间的转播效果笼统地模拟为环境光，这个模型称为局部光照模型。为增加图形的逼真度，必须考虑物体之间的相互影响以产生整体照明效果。物体之间的相互影响通过在其间漫反射、镜面反射和透射产生，其中漫反射体现为距离物体表面之间的颜色渗透现象，这种光照模型称为整体光照模型。本节将介绍光线跟踪算法，它能较好地模拟物体的镜面反射和透射现象，它将物体表面向视点方向辐射的亮度看做由 3 部分组成：光源直接照射引起的反射光的亮度，它的值采用局部光照模型计算出；来自 V 的镜面反射方向 R 的其他物体反射或折射来的光的亮度；来自 V 的透射方向 T 的其他物体反射或折射来的光的亮度，如图 5-38 所示。光线跟踪是一种真实地显示物体的方法，该方法由 Appel 在 1968 年提出。光线跟踪方法沿着到达视点的光线的反方向跟踪，经过屏幕上每一像素，找出与视线所交的物体表面点，并继续跟踪，找出影响该点光强的所有光源，从而算出该点上精确的光照强度。

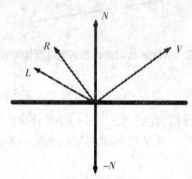

图 5-38　整体光照模型中的矢量

　　光线跟踪方法是光线投影思想的延伸，它不仅为每个像素寻找可见面，该方法还跟踪光线在场景中的反射和折射，并计算它们对总的光强度的作用。如图 5-39 所示，由投影参考点出发跟踪一束光线，光线穿过一像素单元进入包含多个对象的场景，然后经过对象之间的多次反射和透射。这为追求全局反射和折射效果提供了一种简单有效的绘制手段。基本光线跟踪算法为可见面判别、明暗效果、透明及多光源照明等提供了可能，并在此基础上为了生成真实感图形做了大量的开发工作。光线跟踪技术虽然能够生成高度真实感的图形，特别是对于表面光滑的物体，但它所需的计算量却大得惊人。

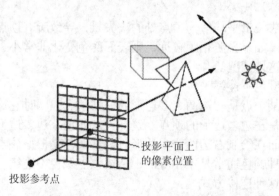

投影平面上
的像素位置

投影参考点

图 5-39　由投影参考点出发跟踪一束经过多次反射和投射的光线

1) 基本光照跟踪算法

　　首先，建立一个以屏幕为 xy 平面、对场景进行描述的参考框架坐标系统，如图 5-40 所示。然后，由投影中心出发，确定穿过每个屏幕像素中心的光线路径，沿这束光线累计光照度，并将最终值赋予相应像素。该绘制算法建立于几何光学基础之上，场景中的面片所发出的光向四周散射，因而，将有无数条光线穿过场景，但只有少量将穿过投影平面的像素单元，因此可考虑对每个像素，反向跟踪一条由它出发射向场景的光线，并同时累计得到该像素的光强度值。根据光线跟踪算法，每像素只考察一束光线，这类似于通过单孔照相机观察场景。

　　生成每个像素光线后，须测试场景中的所有物体表面以确定其是否与该光线相交。如果该光线确实与一个表面相交，则计算出交点离像素的距离，具有最小距离的交点即可代表该像素所对应的可见面。然后，继续考察该可见面上的反射光线（反射角等于入射角），若该表面是透明的，还须考察透过该面的折射光线。反射光线和折射光线统称为从属光线（Secondary Rays）。

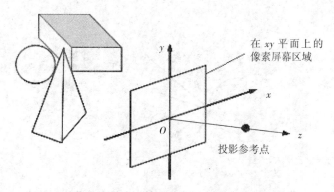

图 5-40　光线跟踪的坐标参考框架

　　接着对每条从属光线都需重复与多个物体求交点过程。如果有表面和其相交则确定最近的相交平面，然后递归地在沿从属光线方向最近的物体表面上生成下一折射和反射光线。当由每个像素出发的光线在场景中被反射和折射时，逐个将相交物体表面加入到一个二叉光线跟踪树中（如图 5-41 所示）。树的左分支表示反射光线，右分支表示透射光线。光线跟踪的最大深度可由用户选定，或由存储容量决定。当满足 3 个条件任意一个时就停止跟踪：该树中的一束光线到达预定的最大深度，该光线不和任一表面相交或该光线与一个光源相交而不是一个反射面。

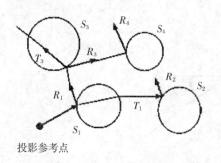
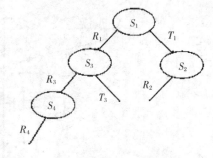

(a)由屏幕像素出发穿过场景的反射光线和折射光线　　(b)二叉光线跟踪树

图 5-41

　　可以从光线跟踪树的底部（终止结点）开始，累计光强度贡献以确定某像素处的光强度，树中的每个结点的面片光强度由其他面片（树中的上邻结点）继承而来，但光强度大小随距离而衰减，累计时需将该强度考虑加入面片的总强度中。像素光强度是光线树根结点处衰减光强的总和。若像素光线与所有物体均不相交，光线跟踪树即为空且光强度值为背景色；若一束像素光线与某非反射的光源相交，该像素可赋予光源强度。通常，光源被放置于初始光线路径之外。如图 5-42 所示给出一个与光线相交的物体表面和用于反射光强度计算的单位矢量。单位矢量 u 指向光线的方向，N 为物体表面的单位法向量，R 为单位反射矢量，L 为指向光源的单位矢量，H 为 V（与 u 反向）和 L 之间的单位半角向量。沿 L 的光线称为阴影光线，若它在表面和点光源之间与任何物体相交，则该表面位于点光源的阴影中。物体表面的环境光强度为 k_aI_a，漫反射光与 $k_d(N \cdot L)$ 成正比，镜面反射与 $k_s(H \cdot N)^{n_s}$ 成正比。正如前所述，从属光线 R 的镜面反射决定于物体表面法向量和入射光线的方向：

$$R=u-(2u \cdot N) \cdot N$$

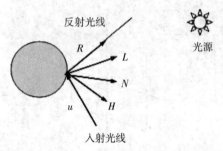

图 5-42　与入射光线 u 相交的对象表面的单位向量

对于一个透明面片，还须考察穿过物体的透射光线对总光强的贡献，可沿图 5-43 中的透射方向 T 跟踪从属光线，以确定其贡献值，单位透射矢量则可由矢量 u 与 N 得到：

$$T=\frac{\eta_i}{\eta_r}u-\left(\cos\theta_r-\frac{\eta_i}{\eta_r}\cos\theta_i\right)N$$

参数 η_i 和 η_r 分别为入射材质和折射材质的折射率，折射角 θ_r 由 Snell 定律可计算出来：

$$\cos\theta_r=\sqrt{1-\left(\frac{\eta_i}{\eta_r}\right)^2(1-\cos^2\theta_i)}$$

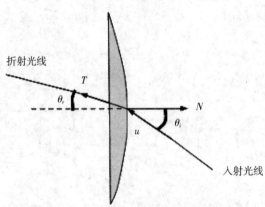

图 5-43　穿过一个透明物体的折射光线路径

一个像素的二叉树建立完毕后，从树的末端（终结结点）开始累计强度贡献。树的每个节点的表面强度因离开父节点（相邻上一个节点）表面的距离而衰减并加入到父节点表面的强度中。赋予像素的强度是该光线树根节点的衰减后的强度总和。如果一个像素的初始光线与场景中任一对象均不相交，则其光线树为空且用背景光强度对其赋值。

2) 光线与物体表面的求交计算

一束光线可以由初始位置 P_0 和单位矢量 u 来描述，沿光束方向离 P_0 距离为 s 的任意点 P 的坐标，可以由光线方程表示为：

$$P=P_0+su$$

最初，P_0 可设置为投影平面上的某像素点或作为投影参考点，初始单位矢量 u 则可由投影参考点和像素的位置来得到：

$$u=\frac{P_{pix}-P_{prp}}{|P_{pix}-P_{prp}|}$$

每次与物体表面相交时，矢量 P_0 和 u 由交点处的从属光线来更新。对于从属光线，u 的反射方向为 R，透射方向为 T。为了计算表面交点，可以联立求解光线方程和场景中各物体表面的平面方程，从而得到参数 s。多数情况下，使用数值求根方法和增量计算确定表面的交点位置。对于复杂的对象，常将光线方程转换到定义对象的坐标系中。通过将对象变换成更适合的形状可简化许多情况。

(1) 光线 – 球面求交。

光线跟踪中最简单的物体为球体，给定半径为 r、中心为 P_c 的球体，如图 5-44 所示，球面上任意点 P 均满足球面方程：

$$|P-P_c|^2-r^2=0$$

代入光线方程 $P=P_0+su$，得：

$$|P_0+su-P_c|^2-r^2=0$$

令：$\Delta P=P_c-P_0$

并利用点积，可得二次等式：

$$s^2-2(u\Delta P)s+(|\Delta P|^2-r^2)=0$$

求解得：

$$s=u\cdot\Delta P\pm\sqrt{(u\cdot\Delta P)^2-|\Delta P|^2+r^2}$$

若根为负，则光线与球面不相交或球面在 P_0 之后。对于这两种情况，都可不再考虑该球面，因为我们假定场景在投影平面的前面。当根不为负时，取上式中较小的值代入光线方程 $P=P_0+su$ 中，可得到交点的坐标。

对于远离光束出发点的小球体，上式易于出现取整误差，即，若 $r^2<<|\Delta P|^2$，则可能在 $|\Delta P|^2$ 的近似计算过程中会丢失 r^2 项。在大多数情况下，可按下式重新计算距离 s 以清除该误差：

$$s=u\cdot\Delta P\pm\sqrt{r^2-|\Delta P-(u\cdot\Delta P)u|^2}$$

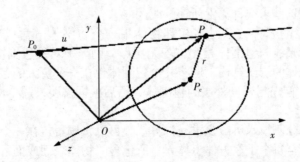

图 5-44 光线与半径为 r、中心为 P_c 的球面求交

(2) 光线－多面体求交。

多面体与球体相比，表面求交时需更多的处理时间，因此，利用包围体做求交测试将加快绘制速度。如图 5-45 所示表示一个被球体包围的多面体，若光束与球面无交点，则无须再对多面体做测试；但若光线与球面相交，则只需由式 $u \cdot N < 0$ 测试，可找到物体的"前"表面。式中，N 为物体表面法向量。对于多面体中每个满足不等式 $u \cdot N < 0$ 的表面，还需对面上满足光线方程 $P = P_0 + su$ 的点 P 求解平面方程：

$NP = -D$

其中，$N = (A，B，C)$，D 为平面方程的第四个参数。如果

$N \cdot (P_0 + su) = -D$

由点 P 同时位于平面和光线上，且从初始光线位置到平面的距离为：

$$s = -\frac{D + NP_0}{Nu}$$

由以上步骤，已求得该多边形所在平面上的一个点，但该点可能不在多边形边界内，因此，还须通过"内外"测试法确定光线是否与多面体的该表面相交。

逐个对满足不等式 $u \cdot N < 0$ 的面片进行测试，由距内点的最小距离 s 可确定出多面体的相交表面，若由式

$$s = u \cdot \Delta P \pm \sqrt{r^2 - \left| \Delta P - (u \cdot \Delta P)u \right|^2}$$

求得的交点均非内点，则该光线与物体不相交。

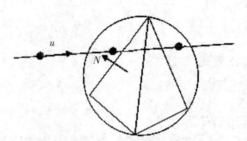

图 5-45 被一个包围球包围的多面体

对于其他物体，如二次曲面或样条曲面，可采用同样步骤来计算光线与曲面的交点，只需联立光线方程和曲面方程来求解参数 s。在许多情况下，还可利用数值求解方法和增量法来计算物体表面的交点。

(3) 减少求交计算量方法。

在光线跟踪过程中，约有95%的时间用于光线与物体表面的求交计算。对一个有多个物体的场景，大部分处理时间用于计算沿光束方向不可见的物体的求点。因此，人们开发出许多方法来减少在这些求交计算上所花的时间。

减少求交计算量的一种方法是将相邻物体用一个包围体（盒或球）包起来（如图5-46 所示），然后用光线与包围体相交，若无交点，则无须对被包围物体进行求交测试，这种方法可利用包围体的层次结构，即将几个包围体包在一个更大的包围体中，以便层次式地进行求交测试。首先测试最外层的包围体，然后根据需要，逐个测试各层的包围体，以此类推。

另外，采用空间分割技术可减少求交计算量。可以将场景包在一个立方体中，然后将立方体逐次分割。直至每个子立方体（体元）所包含的物体表面或面片数目小于等于一个预定的最大值。例如，可要求每个体元中至多只包含一个面片。若采用并行和向量处理技

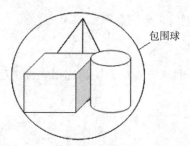

图 5-46　被一个包围球包围的一组对象

术，每个体元所含的最大面片数目可由向量寄存器的大小和处理器个数来决定。另外，可进行均匀分割，即每次将立方体分为大小相同的体元。也可采用适应性细分，即仅对包含物体的立方体区域进行分割。考察穿过立方体中体元的跟踪光线，仅对包含面片的单元执行求交测试，光线所交到的第一个物体表面即为可见面。另外，必须在单元大小和每个单元所含的面片数目之间进行取舍，若每单元中的最大面片数目定得过小，则单元体积也将过小，从而使在求交测试中所节省的大部分时间都耗在光线贯穿单元的处理中。

　　如图 5-47 所示，表示一束像素光线与包围场景的立方体的前表面的求交，在计算交点时，可以通过计算单元边界处的交点坐标来确定初始单元的交点，然后，沿光线确定其贯穿体元时在每个单元的入口与出口点，直至找到一个相交的物体表面，或光线射出场景的包围立方体。

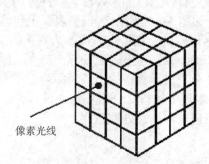

像素光线

图 5-47　光线与包围场景中所有对象的立方体求交

　　给定一束光线的方向 u 和某单元的光线入口位置 P_{in}，则潜在的出口表面一定满足：
$u \cdot N_k > 0$。

若图 5-48 中单元表面的法向量与坐标轴对齐，即：

$N_k = \{ (\pm 1, 0, 0), (0, \pm 1, 0), (0, 0, \pm 1) \}$

只需检查 u 中各分量的符号，就可确定出 3 个候选出口表面，可由光线方程得到 3 个表面上的出口位置：

$P_{out,k} = P_{in} + s_k u$

其中，s_k 为沿光线从 P_{in} 至 $P_{out,k}$ 的距离，对各个表面，将光线方程代入平面方程：

$N_k \cdot P_{out,k} = -D$

可对候选出口表面求解光线距离：

$s_k = \dfrac{-D_k - N_k \cdot P_{in}}{N_k \cdot u}$

然后选择最小的 s_k，若法向量 N_k 与坐标轴对齐，则该计算可被简化。例如若一个候选表面法向量为$(1, 0, 0)$，则对该表面有：

$$s_k = \frac{x_k - x_0}{u_k}$$

其中，$u = (u_x, u_y, u_z)$，且 $x_k = -D$ 为候选出口表面的坐标位置，而 x_k 为该单元右边界表面的坐标位置。

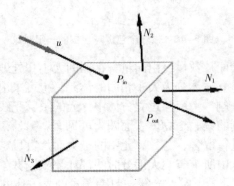

图 5-48　光线贯穿包围场景的立方体单元

我们可以对单元贯穿过程进行修改以加速处理，一种方法是将与 u 中最大分量相垂直的表面作为待定出口表面 k（如图 5-49 所示），根据表面上包含 $P_{out,k}$ 的分区可确定出真正的出口表面。若交点 $P_{out,k}$ 在区域 0 内，则待定表面即为真正的出口表面。若交点在区域 1 内，则真正的出口表面为上表面，只需在上表面计算出口点。同样，区域 3 表示下表面为真正的出口表面，区域 4 和 2 分别表示真正的出口表面为左或右边界表面；当待定出口表面落在区域 5、6、7、8 时，则还须执行 2 个附加求交计算，以确定出口表面。若将这种方法实现于并行向量之上，可进一步提高处理速度。

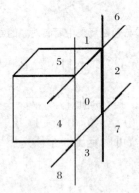

图 5-49　待定出口表面的分区

光线跟踪程序中的求交测试计算量，可通过方向分割处理来降低。它考察包含一组光线的夹角区域。在每个区域中，将物体表面进行深度排序，如图 5-50 所示。每束光线仅需在包含它的区域内对物体进行测试。

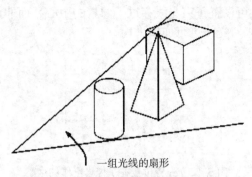

一组光线的扇形

图 5-50 该夹角中所有光束仅需在深度次序上测试夹角内的物体表面

3) 光线跟踪反走样

最基本的光线跟踪反走样技术是过取样和适应性取样。在过取样和适应性取样中，将像素看做为一个有限的正方形区域，而非单独的点。

过取样是在每个像素区域内采用多束均匀排列的光线（取样点）；

适应性取样则在像素区域的一些部分采用不均匀排列的光线，例如，可以在接近物体边缘处用较多的光线以获得该处像素强度较好的估计值。此外，还可在像素区域中采用随机分布的光线，当对每个像素采用多束光线时，像素的光强度通过将各束光线强度取平均值而得到。

如图 5-51 所示，为光线跟踪反走样的简单过程。这里，在每个像素的四角各生成一束光线。若 4 束光线强度差异较大或在 4 束光线之间有小物体存在，则需将该像素区域进一步分割，并重复以上过程。

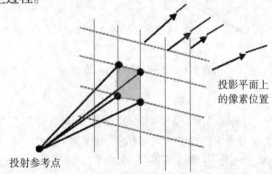

投影平面上的像素位置

投射参考点

图 5-51 在每个像素的四角处各取一束光线的细分取样

图 5-52 中的像素被 16 束光线分割为 9 个子区域，每束位于子像素的角点处。适应性取样是对那些四角光束强度不相同或遇到小物体的子像素进行细分，细分工作一直持续到每个子像素的光线强度近似相等或每个像素中的光束数目达到上限，比如 256。

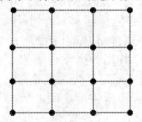

图 5-52 将一个像素细分为 9 个子像素，每个子像素的角点处发出一束光线

如图 5-53 所示，也可设置每束光线穿过子像素的中心，而非像素角点，使用该方法，即可根据一个取样模式来对光线进行加权平均。

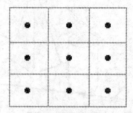

图 5-53　光束位置在子像素区域的中心

反走样显示场景的另一种方法是将像素光线看做一个锥体，如图 5-54 所示。对每个像素只生成一束光线，但光线有一个有限的相交部分。为了确定像素被物体覆盖部分的面积百分比，可以计算像素锥体与物体表面的交点。对一个球而言，这需要计算出两个圆周的交点，而对多面体，则需求出圆周与多边形的交点。

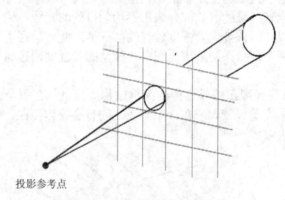

投影参考点

图 5-54　一个锥形的像素光束

4) 分布式光线跟踪

分布式光线跟踪是一种根据光照模型中多种参数来随机分布光线的取样方法，光照参数包括：像素区域、反射与折射方向、照相机镜头区域及时间等。反走样效果可由低级"噪音"来替代，这将改善图象质量，并能更好地模拟物体表面的光滑度和透明度、有限的照相机光圈和有限的光源以及移动物体的运动模糊显示。

在像素平面上随机分布一些光线可进行像素取样。但完全随机地选择光线位置可能导致在像素内的部分区域出现光束密集，而其他部分则未经取样。在规整子像素网格上采用一种称为"抖动"的技术可获得像素区域内光束的较好的近似分布。这通常是将像素区域（一个单位正方形）划分为 16 个子区域（如图 5-55 所示），并在每个子区域内生成随机的抖动位置，如将每个子区域的中心坐标偏移一个小分量[δ_x 和 δ_y 均在 （-0.5，0.5）范围内]，这样，就可以将偏移位置$(x+\delta_x，y+\delta_y)$作为中心坐标为$(x，y)$的单元内的光线位置。对 16 束光线可随机分配整数 1 ~ 16，并用一张索引表来得到其他参数的值（反射角、时间等）。每个子像素光线可穿过场景来确定其光强度贡献。然后，平均达 16 束光线的强度，可得到该像素的光强度值。如果子像素强度之间的差异过大，则该像素还需被进一步细分。

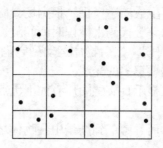

图 5-55 有 16 个子像素区域随机分布一些光线可进行像素取样

为了获得照相机镜头效果，可在投影平面前建立一个焦距为 f 的镜头，并在镜头区域上分布子像素光线。假定每像素有 16 束光线穿过，则可将镜头区域分为 16 块。每条光线射向其代码所对应的区域。区域内的光线在区域中心附近抖动。这样，光线由抖动区域穿过镜头的焦点投影至场景中，将光线的焦点定在沿子像素中心至镜头中心的直线方向距镜头 f 处。离聚焦平面较近的物体投影后将成为锐化图像。而在聚焦平面前或后则会模糊。

可通过增加子像素光束数目的方法来得到焦点外物体的较好的显示。在物体表面交点处的反射光线将根据光束代码而分布于镜面反射方向 R 邻近的区域（如图 5-56 所示）。距 R 最大的扩展区域被分割为 16 个角域，每束光线根据它的整数代码在区域中心附近的抖动位置被反射，可使用 Phong 模型中的 $\cos^n\varphi$ 来确定反射范围的最大值。若材质是透明的，折射光线将沿着透射方向 T 按同样方式分布。

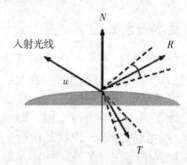

图 5-56 在反射方向 R 和透射方向 T 周围分布的子像素光线

可在附加光源上分布一些阴影光线来对其进行处理，如图 5-57 所示。这样，光源被分割为一些小区域，阴影光线被赋予指向不同区域的抖动方向。另外，可根据其中光源的强度和该区域投影到物体表面的大小来对区域进行加权，权系数较高的区域应有较多的阴影光线。若一部分阴影光线被物体表面和光源之间的不透明物体挡住，则需在此面片点上生成半影。

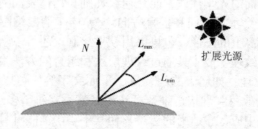

图 5-57 在一个有限大小的光源上分布阴影光线

通过在时段上分布光线，可生成动感模糊。根据场景所需的运动程度来确定所有帧数的总时间和各帧时间的分割。用整数代码来标识时间间隔，并给每束光线赋予一个光线代码所对应的时间间隔内的抖动时间。然后物体运动到它们的位置，光线穿过场景进行跟踪。要绘制高度模糊的物体还需要更多的光线。

总的来说，用光线跟踪方法显示真实感图形有如下优点：

（1）效果逼真。

它不仅考虑到光源的光照，而且考虑到场景中各物体之间反射的影响，因此，显示效果十分逼真。

（2）有消隐功能。

采用光线跟踪方法，在显示的同时，自然完成消隐功能。而且，事先消隐的做法也不适用于光线跟踪。因为那些背面和被遮挡的面，虽然看不见，但仍能通过反射或透射效果影响着看得见的面上的光强。

（3）有影子效果。

光线跟踪能完成影子的显示，方法是从 P_0 处向光源发射一条阴影探测光线。如果该光线在到达光源之前与场景中任意不透明的面相交，则 P_0 处于阴影之中；否则，P_0 处于阴影之外。

（4）该算法具有并行性质。

每条光线的处理过程相同，结果彼此独立，因此，可以在并行处理的硬件上快速实现光线跟踪算法。

光线跟踪算法的缺点是计算量非常大，因此，显示速度极慢。

5.2.4 纹理、阴影与透明等基本效果处理

计算机图形学中真实感成像包括两部分内容：物体的精确图形表示和场景中光照效果的适当的物理描述。光照效果包括光的反射、透明性、表面纹理和阴影。前面介绍的光照模型只能生成光滑的物体表面。但是，观察周围的景物，会发现大部分的物体表面或多或少具有一些细节，这就需要对物体表面的细节进行模拟，即纹理映射；同时现实世界的物体基本上都会存在光源没法直接照射到的区域，也就是说会产生阴影，这就要求真实感图形能有效地模拟这种现象；现实世界中存在许多透明物体，如玻璃等。透过透明物体，我们可以观察到其背后的景物，因而，模拟这种效果也是真实感图形显示中的一个重要问题。

本节将讨论物体表面纹理映射、阴影生成及透明处理的一些基本方法。

1）纹理映射

纹理是指物体的表面细节。世界上大多数物体的表面均具有纹理。若从微观的角度来观察，纹理甚至改变了它的形状。物体的表面细节一般分为两种：一种是颜色纹理，如花瓶上的图案、墙面上的贴纸等；另一种是几何纹理，如橘子的折皱表皮、老人的皮肤等。颜色纹理取决于物体表面的光学性质，而几何纹理则与物体表面的微观几何形状有关。一个纹理图可以定义为一个水平方向和垂直方向均为 $0 \sim 1$ 的二维图像。常用的纹理图可以由扫描仪输入得到印刷品上的图像，也可以用软件绘制，还可以从纹理图案库中选取，或者使用图形软件所带的纹理生成工具通过纹理层次和组合的方法生成多种多样的纹理。对于简单的规则的颜色纹理，如墙上的门、窗、平面文字等，可以用表面细节多边形来模拟。首先根据待生成的颜色纹理构造细节多边形，然后将细节多边形覆盖到物体表面上。细节多边形的数据结构中应包含适当的标志，使其不参与消隐计算。当用光照模型计算物

体表面的颜色时，细节多边形的各个反射系数代替它所覆盖的部分物体表面的相应反射系数参与计算。

对于大量精细不规则的纹理可采用纹理映射成纹理贴图的形式。这种技术是将任意的二维图形的图像覆盖到物体的表面上，从而在物体表面形成"真实"的花纹。纹理贴图（或称纹理映射）是在纹理空间、物体空间和图像空间进行的。纹理空间中最小单位为纹素（Texel），它们用 (s, t) 坐标表示。为了便于贴图，物体表面一般使用双参数 (u, v) 来表示。图像空间即屏幕空间的最小单元为像素，例如用设备坐标 (x, y) 表示。有两种方法可实现 3 个空间的映射：其一是从纹素出发，映射至物体空间，再映射至屏幕空间；其二是从像素出发，映射至物体空间，再映射至纹理空间。第一种方法从纹素出发，它有一个不利因素，那就是纹素对应的物体小面片常常与像素的边界不匹配，这就需要计算该物体小面片对应若干像素的覆盖率。因而常常采用第二种方法，即把一个像素的四个角点映射至物体表面再映射至纹理坐标的 4 个值，对这 4 个纹理值加权平均即为所求像素点的值。如图 5-58 所示则是后者。

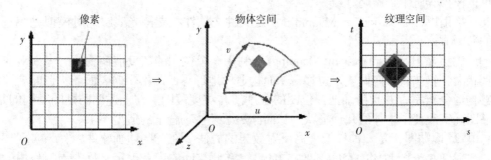

图 5-58　从像素映射到物体空间，再映射到纹理空间

在纹理贴图中一般需要指明纹理值将影响光照计算中的哪一个分量，如果被映射物体表面未参数化则还要指定纹理图上的 s、t 坐标如何映射到物体表面的坐标映射方式，即要指定贴图坐标。

纹理图贴到物体表面的过程，实际上是用一个纹理位图去调制并影响物体表面的某一种属性（如表面粗糙度、反射度、透明度等）的过程。根据调制属性的不同可以分为以下几种：

（1）漫反射贴图（Diffuse Mapping）：通常用一个图案或图像改变表面颜色参数，从而改变物体的外观。具体作用多少，可用百分比这个参数来调节，从而生成一个表面颜色与图案或图像颜色相混合的颜色。例如，模拟一个木质物体，可以把木纹图案扫描或用绘图软件绘制，然后作为纹理图贴到这个物体的表面并设置百分比为 100% 即可。

（2）凸凹贴图（Bump Mapping）：通常用一个灰度图案来控制物体的法线从而改变物体表面的粗糙度以造成凹凸不平的感觉。这种贴图并不真正使几何形状改变，这从物体的轮廓仍是贴图之前的光滑形状可以看出来。从计算机图形学观点看，这是通过法向扰动的方法实现的。该方法采用一扰动函数对物体表面的法矢量进行"干扰"，即在表面每一点上沿其表面法向附加一个新的矢量。这种干扰不影响表面的大致形状，但对表面该点处的法线产生较大的扰动作用，结果影响光照计算公式从而使表面呈现坑坑洼洼、凹凸不平的样子。

（3）反射贴图（Reflection Mapping）：用来模拟物体表面具有反射周围环境的效果，

它采用一个反映周围环境的图像，按一定百分比迭加在物体原有材质上的方法实现，这是一种不使用光线跟踪算法情况下能够模拟来自四周光线反射的贴图方式。

(4) 透明贴图（Opacity Mapping）：通常用一个灰度图像来调制物体各部分的透明程度，这在模拟通过一个不太干净的玻璃观察景象的时候很适用。也可以用它来把物体穿一个孔但并不将几何形状构造一个孔。比如，要建成一排栅栏，不一定采用许多细长的矩形间隔相等地排列起来的方法，而是可以用一个具有栅栏的图形进行透明贴图，该图的栅栏中间的缝隙置成黑色。

(5) 光亮度贴图（Shininess Mapping）：是用一个位图的灰度值来调制物体表面光亮度这个参数，即用该位图的灰度值按一定百分比值与光亮度参数相结合。光亮度贴图可用于模拟具有部分区域有光亮度的材料。如带锈斑的金属、带指纹的玻璃、刷上漆的木料。

(6) 镜面反射贴图（Specularity Mapping）：改变表面镜面高光的颜色与强度。用它可以模拟各种材料，如模拟能反射各种色谱和亮度的金属或金属油漆等。

(7) 自发光贴图（Luminosity Mapping）：使用一个位图来模拟物体内部发出的光。例如，可以模拟弄脏了半透明灯罩。

(8) 折射贴图（Refraction Mapping）：是一种在软件不支持光线跟踪时模拟光线折射效果的贴图方式。

(9) 位移贴图（Displacement Mapping）：利用一个位图的灰度值使物体的表面对应各点的形状沿各自法线方向做一定位移，从而构造像地形等凹凸不平的表面。构造时要注意有足够构造分辨率，并且精确把握位图的灰度值与灰度范围。与上述凹凸贴图不同的是，这种贴图确实改变了物体的几何形状，从而满足了某些场合下的造型要求。

(10) 环境贴图：是一种模拟全局反射效果的方法。在一些动画软件中，为实现环境贴图，一般使用一个封闭的空间（如立方体），在此空间的内壁上定义反映周围环境的图像。系统能把所设置的密闭空间上的背景图像模拟物体的真实环境进行自动计算，从而生成带有真实环境反射的效果。

用户通过贴图坐标就能够定义被贴纹理图的位置、方位和比例等参数。有 4 种基本贴图坐标：平面贴图坐标：平面贴图方式就如把整个纹理图一齐按所设定的垂直于物体表面的方向贴向物体，这样与贴图方向平行的地方可能出现纹理拉长的情况，主要用于给扁平物体贴图，它能精确定位纹理的位置，不会出现像其他贴图坐标中引起变形的情况。柱面贴图坐标：为圆柱形。这种贴图过程是把纹理图围绕物体的四周弯曲一圈后直至纹理图的两边包过来相接。在相接处可能有一条缝，需要处理。同时在其顶部和底部会出现拉长变形现象。球面贴图坐标：为球形。具体贴图过程是，首先像柱面坐标一样将图绕物体卷过来，然后将顶部和底部变形并收缩在一起。这种收缩会引起不希望的畸变效果。但是为了使贴图效果更加真实，可以将纹理图预先做反向变形，以使贴图后的变形得到修正从而得到正期望的结果。立方体贴图坐标：贴图是把图像按坐标的 6 个方向给物体的不同方位的表面施加纹理图。此外，还经常使用自动产生于物体的拉伸、扫描和蒙皮等放样过程中的放样坐标，但是这些放样物体经过变形其坐标也随之变化，这样，在贴图时坐标的对应关系也将沿着放样路径和截面两方向展开并与物体的表面走向一致，从而达到真实可信的效果。

2）阴影生成

阴影是指景物中那些没有被光源直接照射到的区域。在计算机生成的真实感图形中，阴影可以反映画面中景物的相对位置，增加图形的立体感和场景的层次感，丰富画面的真实感效果。阴影可分为本影和半影两种。本影即景物表面上那些没有被光源（景物中所有特定光源的集合）直接照射的部分，而半影指的是景物表面上那些被某些特定光源（或特定光源的一部分）直接照射但并非被所有特定光源直接照射的部分。本影加上在它周围的半影组成"软影"区域（即影子边缘缓慢的过渡）。显然，单个点光源照明只能形成本影，多个点光源或线（面）光源才能形成半影。阴影区域的明暗程度和形状与光源有密切的关系。一般来说，半影的计算比本影要复杂得多，这是由于计算半影首先要确定线光源和面光源中对于被照射点未被遮挡的部分，然后再计算光源的有效部分向被照射点辐射的光能。由于半影的计算量较大，在许多场合，只考虑本影，即假设环境由点光源或平行光源照明。

阴影在真实感显示中起了很重要的作用，阴影提供了空间景物的位置和方位之间的相对关系。解决阴影计算的任务是计算阴影的形状和阴影的强度，经典的阴影计算方法是在 Phong 模型的基础上只考虑直接照射的情况。如果表面上一点可以看到一个光源，那么就计算它的光强，并简单地加到该点的颜色值上。相反，如果表面上一点处于阴影中，那么计算这个点的颜色时就不必考虑造成这影子的那个光。如图 5-59 所示，A 点处可以看到光源 L，而 B 点看不到这光源，因而在计算 A 时要考虑光源 L，计算 B 时就不考虑了。在图 5-59 中由于只使用点光源，因而使得阴影有明显的边缘，即从有阴影到无阴影之间有明显的界限。实际的情况是，常常存在过渡区域。如图 5-60 所示显示了阴影分为半影区和本影区的情况，本影区是阴影中光源完全照不到的部分，半影区是部分照射到的那个部分。

大多数的阴影生成算法通常分为两步。第一步只计算与光源有关的阴影信息，它与视点无关。第二步再考虑视点，将第一步的信息加到阴影生成中去。

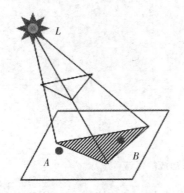
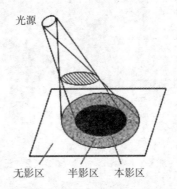

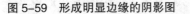

图 5-59　形成明显边缘的阴影图　　　图 5-60　阴影分为半影区和本影区的情况

也可以用隐藏面算法确定出产生阴影的区域。将视点置于光源位置，可根据算法确定出在光源位置观察哪些面片不可见，这就是阴影区域。一旦对所有光源确定出阴影区域，这些阴影可看做是表面图案而保存于模式数组中。如图 5-61 所示显示了表面上的两个物体和一个远处的光源生成阴影，图中的所有阴影区域即为在光源位置所看不见的面片，其中场景表示由多个光源所产生的阴影效果。

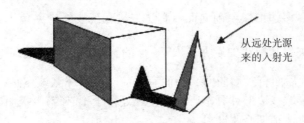

图 5-61　多个物体形成的阴影

　　只要光源位置不变，则对于任意选定的观察位置，由隐藏面算法所生成的阴影图案均是正确的。从视点所看到的物体表面可根据光照模型结合纹理因素来绘制。我们既可显示仅考虑环境光影响的阴影区域，也可将环境光与特定的表面纹理相结合。

　　计算本影从原理上来说非常简单，因为光源在景物表面上产生的本影区域均为它们的隐藏面。若取光源为观察点，那么，在景物空间中实现的任何隐藏面算法都可用于本影的计算。实用中需根据阴影计算的特点考虑如何减少时间耗费。下面简单介绍几种典型的本影生成算法。

　　(1) 曲影域多边形方法。

　　对多边形表示的物体，一种计算本影的方便方法是使用影域多边形。由于物体对光源形成遮挡后，在它们后面形成一个影域，如图 5-62 所示的三角形物体，在光源的照射下，三角形物体在矩形上产生阴影。所谓影域（有时也称阴影体），就是物体投射出的台体。确定某点是否落在阴影中，只要判别该点是否位于影域中即可。环境中物体的影域定义为视域多面体和光源入射光在景物空间中被该物体轮廓多边形遮挡的区域的空间布尔交。组成影域的多边形称为影域多边形。

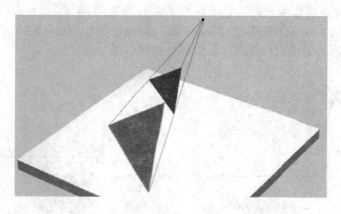

图 5-62　三角形形成的影域

　　为了判别一可见多边形的某部分是否位于影域内，可将影域多边形置入景物多边形表中。位于同一影域多面体两侧面之间的任何面均按阴影填色。注意影域多边形只是假想面，它们作为景物空间中阴影区域的分界面，故无须着色处理。在使用扫描线算法生成画面时，可通过以下处理进行阴影判断：设 S_1, S_2, $\cdots$, S_N 为当前扫描线平面和 N 个影域多边形的交线，P 为当前扫描线平面与景物多边形的交线（如图 5-63 所示），若连接视点与 P 上任一点的直线需穿越偶数（包括 0）个同一光源生成的影域多边形 S_i，则该点不在阴影中；否则该点在阴影中。在图 5-63 中，扫描线区间 I 和 III 中的 P 不在阴影中，但在区间 II 内，P 位于阴影区域内。如果规定影域是凸多面体，影域多边形均取外法向，那么可根据 P 前后两侧的影域多边形属于前向面（其法矢量和视线矢量夹角小于 $\frac{\pi}{2}$ 的影域多边形）或后向面（其法矢量和视线矢量夹角大于 $\frac{\pi}{2}$ 的影域多边形）来确定阴影点。若沿视线方向，P 上任一点的后面有一后向面，前面有一前向面，那么该点必在阴影中，否则该点不在阴影中。使用影域多边形计算本影的方便之处在于不必专门编制阴影程序，而只需对现有的扫描线消隐算法稍加修改即可。

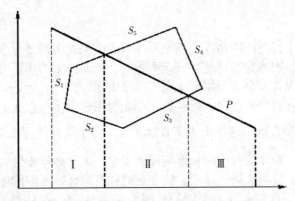

图 5-63　利用影域多边形进行阴影判断

（2）曲面细节多边形方法。

由于阴影是指景物中那些没有被光源直接照射到的区域，以光源为视点进行消隐得到的隐藏面即位于阴影内。曲面细节多边形方法首先取光源方向为视线方向，对景物进行第一次消隐，产生相对光源可见的景物多边形（称为曲面细节多边形），并通过标识数将这些多边形与它们覆盖的原始景物多边形联系在一起。位于编号 i 的原始景物多边形上的曲面细节多边形也注以编号 i。接着算法取视线方向对景物进行第二次消隐。注意曲面细节多边形在第二次消隐中无须予以考虑，但它们影响点的亮度计算。如果多边形某部分相对视点可见，但没有覆盖曲面细节多边形，那么这部分的光亮度按阴影处理。反之，如果某部分可见但为曲面细节多边形所覆盖，则计算这部分点的光亮度时需计入相应光源的局部光照明效果。由于曲面细节多边形在景物空间中保存了整个场景的阴影信息，因此，它不仅可用于取不同视线方向时对同一场景的重复绘制，而且还可用于工程分析计算。

（3）z 缓冲器方法。

上述两种阴影生成方法适合于处理多边形表示的景物，但对于光滑曲面片上的阴影生成，它们就显得无能为力了。一种解决方法是将曲面片用许多小的多边形去逼近，但阴影生成的计算量将大为增加。Williams 提出一种 z 缓冲器方法可以较方便地在光滑曲面片上生成阴影。这种方法亦采用两步法。首先，利用 z 缓冲器消隐算法取光源为视点对景物进行消隐，所有景物均变换到光源坐标系，此时 z 缓冲器（称为阴影缓冲器）中存储的只是那些离光源最近的景物点的深度值，而并不进行光亮度计算。第二步，仍采用 z 缓冲器消隐算法按视线方向计算画面，将每一像素可见的曲面取样点变换至光源坐标系，并用光源坐标系中曲面取样点的深度值和存储在阴影缓冲器对应位置处光源可见点的深度值进行比较，若阴影缓冲器中的深度值较小，则说明该曲面取样点从光源方向看不可见，因而位于阴影中。z 缓冲器方法的优点是能处理任意复杂的景物，计算耗费小，程序亦简单。它的缺点是阴影缓冲器的存储耗费较大；当光源方向偏离视线方向较远时，在阴影区域附近会产生图像走样。Reeves 等人在 1986 年提出了一种克服图形走样的 z 缓冲器阴影生成方法，并成功地将它应用于著名的真实感图形绘制系统 REYES 中。

（4）光线跟踪方法。

1980 年 Whitted 提出了整体光照明模型，并用光线跟踪（Raytracing）技术来解这个模型。在光线跟踪算法中，要确定某点是否位于某个光源的阴影内，只要从该点出发向光源发出一根测试光线即可。若测试光线在到达给定光源之前和其他的景物相交，那么该点位于给定光源的阴影中，否则受到该光源的直接照射。用光线跟踪技术可以方便地模拟软影和透明阴影。

（5）线光源的软阴影。

上面方法只适用于点光源的情况。点光源导致的结果是阴影部分和受照射部分的界限过于明显，而真实世界中的光源都是有一定面积的，因而产生的阴影并不是突变的，而是渐影称为硬阴影。可以将一个光源用多个点光源来表示，这样，上述两种方法都可以生成软阴影。但是，要达到较好的效果，需要将一个光源用非常多个点光源来表示。如果将一个光源用 8 个点光源来表示，这样阴影有 8 级灰度，但是这样使得性能降低为原来的 $\frac{1}{8}$，不能满足实时的需求。当光源的一边长度明显大于另一边，如日光灯之类的光源，将光源抽象为线光源是一个很好的选择。然而，线光源同样有取样数目的问题，只有表示线光源的点光源数目非常多，才可能产生平滑的软阴影。在 Wolfgang Heidrich 的文章中，提出了使用阴影贴图为线光源生成软阴影的方法。他的方法中，只需将线光源用两个点光源表示，就可以产生多级灰度，大大提高了绘制速度和阴影的真实度。方法如下：

①将线光源抽象为两个点光源 A 和 B，分别是线光源的两端。

②从点 B 处沿观察方向绘制物体，利用生成的深度缓存生成边界多边形，如 PQ。

③将边界多边形位于遮挡物上的点颜色设为 (0, 0, 0)，位于阴影所在表面上的点颜色设为 (1, 1, 1)，背景颜色设为 (0.5, 0.5, 0.5)，两个通道组合后，颜色将为 (1, 1, 1)，使得这些位置的物体将完全被光源照射。从点 A 处沿观察方向绘制边界多边形，可得到图 5-64 中下面部分的可见度值，称为 A 点的可见度通道。

④同样的方法生成 B 点的可见度通道。

⑤将两个通道组合，得到线光源可见度通道，表示了线光源产生的阴影变化。

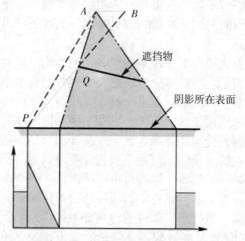

图 5-64　A 点的可见度通道

如果光源的形状不满足一边远远长于另一边，仍旧将光源抽象为线光源就不太合适了。获取面光源的边界，将每一条边界表示为一个线光源，就完成了 Heidrich 的线光源方法的扩展。但是，这样扩展出来的阴影，在阴影过渡区域是线性变化的，当过渡区域比较大时，线性变化的阴影不够真实。

3）透明处理

对于如窗玻璃一类的对象，我们可以看到后面的东西，则称该对象为透明的；而透过毛玻璃和某些塑料等观察对象常常是模糊、辨认不清的，这种对象为半透明的，透过的光在各方向漫射。

通常，透明物体表面上会同时产生反射光和折射光，折射光的相关贡献决定于表面的透明程度以及是否有光源或光照表面位于透明表面之后，如图 5-65 所示。当要表示一个透明表面时，光强度计算公式必须将穿过表面的光线的贡献包括进去。在大多数情况下，折射光线穿过透明表面而增加表面的总光强度。

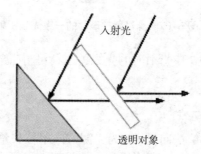

入射光

透明对象

图 5-65　从一个透明表面发散出来的光线通常由反射光和折射光两部分组成

在透明物体的表面，可能同时发生漫折射和镜面折射。当表示半透明物体，漫折射效果更明显。可通过减少折射光线强度和将发光体上每点处的光强度贡献扩展至一个有限区域的方法来生成折射效果，但这些操作很耗时且大多数光照模型仅考虑镜面效果。

当光线落在一个透明物体表面时，它一部分被反射，另一部分被折射（如图 5-66 所示）。由于不同物体中的光线速度不同，折射光线的路径与入射光线也不同。折射光线的方向，即折射角 θ_r 是关于各材质的折射率及入射方向的函数。材质的折射率被定义为光线在真空中的速度与其在物质中速度之比率。折射角 θ_r 可由入射角 θ_i、入射物质的折射率 η_i

（通常为空气）及折射物质的折射率 η_r 计算出来，根据 Snell 定律可得：$\sin\theta_r = \left(\dfrac{\eta_i}{\eta_r} \right) \sin\theta_i$。

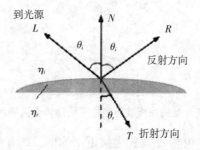

到光源　　N　　R

L　　　　　　　　　　

θ_i　　θ_i　　　反射方向

η_i

η_r　　　θ_r

T　折射方向

图 5-66　一束光线落在折射率为 η_r 的对象表面上所产生的反射光线 R 及折射光线 T

事实上，材料的折射率也依赖于其他参数，如材料的温度和入射光的波长。这样，入射白光的各种彩色成分以不同角度折射，按温度而变化。而有些透明材料表现为双重折射，即生成两个折射光。图 5-67 表示一束光线折射穿过一个薄玻璃片所经历的路径变化。折射的最终结果是折射出来的光束方向平行于入射光线，且将入射光线在离开该材料时进行平移。因此，也可以简单地将入射光路径平移一个小的位移来表示给定材料的折射效果，避免应用 Snell 定律中很费时的三角函数计算。

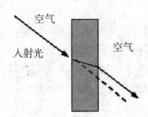

图 5-67 穿过薄玻璃片的一束光线折射

根据 Snell 定律及图 5-67 中折射时的光线关系，可得折射方向 θ_r 上的单位透射矢量 T 为：

$$T=\left(\frac{\eta_i}{\eta_r}\cos\theta_i-\cos\theta_r\right)N-\frac{\eta_i}{\eta_r}L$$

其中，N 为物体表面单位法向量，L 为光源方向单位矢量。透射矢量 T 可用于计算折射光与透明面片后的物体的交点。考虑场景中的折射效果可生成高度真实感的图形，但确定折射路径和对象求交需要相当大的计算量。

一个简单的表示透明物体的方法是不考虑折射导致的路径平移，该方法加速了光强度的计算，并对于较薄的多边形表面可生成合理的透明效果。可以仅用透明系数 k_t 将由背景物体穿过表面的透射强度 I_{trans} 与由透明表面发出的反射强度 I_{refl} 结合在一起（如图 5-68 所示）。若给定参数 k_t 一个 0~1 之间的值以标识多少背景光线被透射，则物体表面的总的光强度可表示为：

$$I=(1-k_t)I_{\text{refl}}+k_t I_{\text{trans}}$$

其中，项 $(1-k_t)$ 为透明因子。例如，如果设定透明因子为 0.2，则 20% 的背景光与 80% 的反射光相混合。

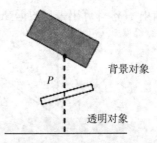

图 5-68 点 P 处的光强度与经过透明物体表面的反射强度的结合

对于高度透明的物体，可将 k_t 设置为接近 1 的值，而几乎不透明的物体仅由背景物体透射出极少的光，则可设置 k_t 的值接近 0（透明接近 1）。也可以将 k_t 设置为一个关于物体表面的函数，这样物体的不同部分可以根据 k_t 的值来决定折射或多或少的背景光强度。

另外，人们常常用深度缓冲器（Z-buffer）算法来实现透明效果。最简单的方法是先处理不透明物体以决定可见不透明表面的深度，然后将透明物体的深度值与先前存在深度缓冲器中的值进行比较，若所有透明物体表面均可见，则计算出反射光强度并与先前存在帧缓冲器中的不透明面的光强度累积。该方法可进行修改以得到更准确的效果，即增加对透明表面深度及其他参数的存贮。这样，透明面间深度值与不透明面的深度值可以互相进行比较，可以通过将可见透明面片的强度与其后面的可见不透明面片的强度结合考虑，而进行绘制。

可以用 A-buffer 算法来准确显示透明和反走样。对每个像素位置，所有覆盖它的面片都被保存并按深度次序排序。然后根据正确的可见性次序将深度上重叠的透明和不透明的面片强度结合考虑，以产生该像素点的最终平均强度。

一个深度排序可见性算法可以通过修改来处理透明问题，只需首先在深度次序上将面片排序，然后确定是否每个可见面均为透明，若发现一个可见的透明面，其反射光强度将与其后部物体表面上的光强度进行结合，以得到投影面上每个像素点的光强度。

5.3　颜色模型

颜色是一门非常复杂的学科，它涉及物理学、心理学、美学等领域。在软件设计、图像处理、多媒体应用及图形学等领域，颜色都发挥重要的作用。特别是真实感图形生成的效果，很大程度取决于对颜色的处理和正确表达。

5.3.1　颜色的基本知识

1) 颜色的基本概念

颜色是外来的光刺激作用于人的视觉器官而产生的主观感觉。因而物体的颜色不仅取决于物体本身，还与光源、周围环境的颜色，以及观察者的视觉系统有关系。有些物体（如粉笔、纸张）只反射光线，另外一些物体（如玻璃、水）既反射光，又透射光，而且不同的物体反射光和透射光的程度也不同。一个只反射纯红色的物体用纯绿色照明时，呈黑色。类似的，从一块只透射红光的玻璃后面观察一道蓝光，也是呈黑色。正常人可以看到各种颜色，全色盲患者则只能看到黑、白、灰色。

从心理学和视觉的角度出发，颜色有如下 3 个特性：色调（Hue）、饱和度（Saturation）和亮度（Lightness）。所谓色调，是一种颜色区别于其他颜色的因素，也就是我们平常所说的红、绿、蓝、紫等；饱和度是指颜色的纯度，鲜红色饱和度高，而粉红色的饱和度低。与之相对应，从光学物理学的角度出发，颜色的 3 个特性分别为：主波长（Dominant Wavelength）、纯度（Purity）和明度（Luminance）。主波长是产生颜色光的波长，对应于视觉感知的色调；光的纯度对应于饱和度，而明度就是光的亮度。这是从两个不同方面来描述颜色的特性。亮度和明度这两个概念稍有不同，但又难于严格区分的。通常亮度是指发光体本身所发出的光为眼睛所感知的有效数量（高—低），而明度是指本身不发光而只能反射光的物体所引起的一种视觉（黑—白）。物体的亮度或明度决定于眼睛对不同波长的光信号的相对敏感度。

由于颜色是因外来光刺激而使人产生的某种感觉。从根本上讲，光是人的视觉系统能够感知到的电磁波，它的波长在 380 ~ 780nm 之间，这段光波称为可见光，正是这些电磁波使人产生了红、橙、黄、绿、青、蓝、紫等颜色的感觉。而对于某些波长太长如红外线和某些波长太短如紫外线，人眼是看不到的。

如图 5-69 所示，光可以由它的光谱能量 $P(\lambda)$ 来表示，其中 λ 是波长，当一束光的各种波长的能量大致相等时，我们称其为白光；否则，称其为彩色光；若一束光中，只包含一种波长的能量，其他波长都为零时，称其为单色光。事实上，我们可以用主波长、纯度和明度来简洁地描述任何光谱分布的视觉效果。但是由实验结果知道，光谱与颜色的对应关系是多对一的，也就是说，具有不同光谱分布的光产生的颜色感觉有可能是一样的。我们称两种光的光谱分布不同而颜色相同的现象为"异谱同色"。由于这种现象的存在，我们必须采用其他的定义颜色的方法，使光本身与颜色一一对应。

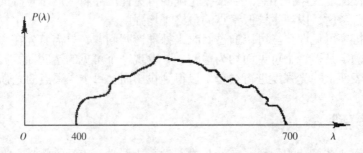

图 5-69 某种颜色光的光谱能量分布

在物理学上对光与颜色的研究发现，颜色具有恒常性。即人们可以根据物体的固有颜色来感知它们，而不会受外界条件变化的影响。颜色之间的对比效应能够使人区分不同的颜色。颜色还具有混合性，牛顿在 17 世纪后期用棱镜把太阳光分散成光谱上的颜色光带，用实验证明了白光是由很多颜色的光混合而成。19 世纪初，Yaung 提出一种假设，某一种波长的光可以通过 3 种不同波长的光混合而复现出来，且红（R）、绿（G）、蓝（B）3 种单色光可以作为基本的颜色——原色，把这 3 种光按照不同的比例混合就能准确地复现其他任何波长的光，而它们等量混合就可以产生白光。后来，Maxwell 用旋转圆盘所做的颜色混合实验验证了 Yaung 的假设。在此基础上，1862 年，Helmhotz 进一步提出颜色视觉机制学说，即三色学说，也称为三刺激理论。到现在，用 3 种原色能够产生各种颜色的三色原理，已经成为当今颜色科学中最重要的原理和学说。

近代的三色学说研究认为，人眼的视网膜中存在着 3 种锥体细胞，它们包含不同的色素，对光的吸收和反射特性不同，对于不同的光就有不同的颜色感觉。研究发现，第一种锥体细胞专门感受红光，第二和第三种锥体细胞则分别感受绿光和蓝光。它们三者共同作用，使人们产生了不同的颜色感觉。例如，当黄光刺激眼睛时，将会引起红、绿两种锥体细胞几乎相同的反应，而只引起蓝细胞很小的反应，这 3 种不同锥体细胞的不同程度的兴奋程度的结果产生了黄色的感觉，这与颜色混合时，等量的红和绿加上极小量的蓝色可以复现黄色是相同的。三色学说是我们真实感图形学的生理视觉基础，我们所采用的 RGB 颜色模型，以及计算机图形学中其他的颜色模型都是根据这个学说提出来的。我们根据三色学说用 RGB 来定义我们的颜色，三色学说是我们颜色视觉中最基础、最根本的理论。

2）CIE 三色图

由三色学说的原理我们知道，任何一种颜色可以通过红、绿、蓝三原色按照不同比例混合来得到。可是，给定一种颜色，采用怎样的三原色比例才可以复现出该色，以及这种比例是否唯一，是我们需要解决的问题，只有解决了这些问题，我们才能给出一个完整的用 RGB 来定义颜色的方案。

CIE（国际照明委员会）选取的标准红、绿、蓝 3 种光的波长分别为：红光（R）：$\lambda_1=700nm$；绿光（G）：$\lambda_2=546nm$；蓝光（B）：$\lambda_3=435.8nm$；而光颜色的匹配可以用式子表示为：

$C=rR+gG+bB$

其中，权值 r、g、b 为颜色匹配中所需要的 R、G、B 三色光的相对量，也就是三刺激的值。1931 年，CIE 给出了用等能标准三原色来匹配任意颜色的光谱三刺激值曲线（如

图 5-70 所示），这样的一个系统被称为 CIE-RGB 系统。

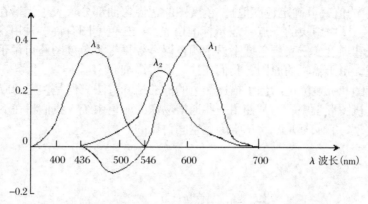

图 5-70　标准三原色匹配任意颜色的光谱三刺激值曲线

在上面的曲线中我们发现，曲线的一部分三刺激值是负数，这表明我们不可能靠混合红、绿、蓝 3 种光来匹配对应的光，而只能在给定的光上叠加曲线中负值对应的原色，来匹配另两种原色的混合。由于实际上不存在负的光强，而且这种计算极不方便，不易理解，人们希望找出另外一组原色，用于代替 CIE-RGB 系统，因此，1931 年的 CIE-XYZ 系统利用 3 种假想的标准原色 X（红）、Y（绿）、Z（蓝），以便使我们能够得到的颜色匹配函数的三刺激值都是正值。类似的，该系统的光颜色匹配函数定义为如下的一个式子：

$C=xX+yY+zZ$

在这个系统中，任何颜色都能由 3 个标准原色的混合（三刺激值是正的）来匹配。这样，我们就解决了用怎样的三原色比例混合来复现给定的颜色光的问题，下面我们来介绍一下得到的上述比例是否唯一的问题。

我们可以知道，用 R、G、B 三原色（实际上是 CIE-XYZ 标准原色）的单位向量可以定义一个三维颜色空间，一个颜色刺激（C）就可以表示为这个三维空间中一个以原点为起点的向量，我们把该三维向量空间称为（R、G、B）三刺激空间，该空间落在第一象限，该空间中的向量的方向由三刺激的值确定，因而向量的方向代表颜色。为了在二维空间中表示颜色，我们取一个截面，该截面通过（R）、（G）、（B）3 个坐标轴上离原点长度为 1 的点，可知截面的方程为（R）+（G）+（B）=1。该截面与 3 个坐标平面的交线构成一个等边三角形，它被称为色度图。每一个颜色刺激向量与该平面都有一个交点，因而色度图可以表示三刺激空间中的所有颜色值，同时交点的个数是唯一的，说明色度图上的每一个点代表不同的颜色，它的空间坐标表示为该颜色在标准原色下的三刺激值，该值是唯一的。对于三刺激空间中坐标为 X、Y、Z 的颜色刺激向量 Q，它与色度图交点的坐标（x，y，z）即三刺激值也被称为色度值，有如下的表示：

$x+y+z=1$

$x=\dfrac{X}{X+Y+Z}$

$y=\dfrac{Y}{X+Y+Z}$

$z=\dfrac{Z}{X+Y+Z}$

我们把可见光色度图投影到 xy 平面上，所得到的马蹄形区域称为 CIE 色度图（如图

5-71 所示），马蹄形区域的边界和内部代表了所有可见光的色度值（因为 $x+y+z=1$，所以只要二维 x、y 的值就可确定色度值），色度图的边界弯曲部分代表了光谱在某种纯度为百分之百的色光。图中中央的一点 C 表示标准白光，CIE 色度图有许多种用途，如计算任何颜色的主波长和纯度、定义颜色域来显示颜色混合效果等，色度图还可用于定义各种图形设备的颜色域，由于篇幅的原因，我们在这里不再详细介绍了。

虽然色度图和三刺激值给出了描述颜色的标准精确方法，但是，它的应用还是比较复杂的，在计算机图形学中，通常使用一些通俗易懂的颜色系统，我们将在下一节介绍几个常用的颜色模型，它们都是基于三维颜色空间讨论的。

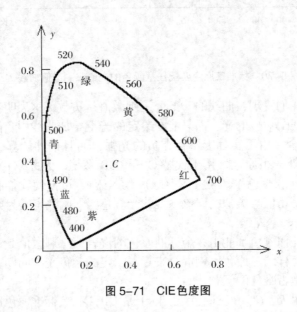

图 5-71　CIE色度图

5.3.2　颜色模型

所谓颜色模型就是指某个三维颜色空间中的一个可见光子集，它包含某个颜色域的所有颜色。例如，RGB 颜色模型就是三维直角坐标颜色系统的一个单位正方体。颜色模型的用途是在某个颜色域内方便地指定颜色，由于每一个颜色域都是可见光的子集，所以任何一个颜色模型都无法包含所有的可见光。大多数的彩色图形显示设备一般都是使用红、绿、蓝三原色，我们也主要使用 RGB 颜色模型，但是红、绿、蓝颜色模型用起来不太方便，它与直观的颜色概念如色调、饱和度和亮度等没有直接的联系。在本节中，我们除了讨论 RGB 颜色模型，还要介绍常见的 CMY、HSV 等颜色模型。

1）RGB 颜色模型

RGB 颜色模型通常用于彩色阴极射线管等彩色光栅图形显示设备中，它是我们使用最多、最熟悉的颜色模型。该颜色模型基于三刺激理论，即我们的眼睛通过光对视网膜的锥状细胞中的 3 种视色素的刺激来感受颜色，而 3 种色素分别对波长为 630nm（红色）、530nm（绿色）和 450nm（蓝色）的光最敏感。通过对光源的强度比较，我们来感受光的颜色。而基于红、绿、蓝 3 种基色来组合颜色的原理，就称为 RGB 颜色模型。

RGB 颜色模型采用三维直角坐标系，红、绿、蓝为原色，各个原色混合在一起可以产生复合色。如图 5-72 所示。

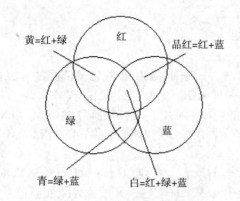

图 5-72　RGB 三基色混合效果

RGB 颜色模型通常采用如图 5-73 所示的单位立方体来表示，在正方体的主对角线上，各原色的强度相等，产生由暗到明的白色，也就是不同的灰度值。（0，0，0）为黑色，（1，1，1）为白色。正方体的其他六个角点分别为红、黄、绿、青、蓝和品红，需要注意的一点是，RGB 颜色模型所覆盖的颜色域取决于显示设备荧光点的颜色特性，是与硬件相关的。

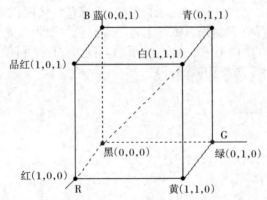

图 5-73　RGB 颜色模型，在立方体内的颜色用三基色的加性组合来描述

RGB 颜色模型是一个加色模型，多种基色的强度加在一起生成另一种颜色。立方体边界中的每一个颜色点都可以表示 3 个基色的加权向量和，用单位向量 R、G 和 B 表示如下：

$$C(\lambda) = (r, g, b) = rR + gG + bB$$

其中，r、g 和 b 的值在 0～1.0 的范围内赋值。例如，白色（1，1，1）是红色、绿色和蓝色顶点的和，而品红则通过绿色和蓝色相加生成的三元组（0，1，1）获得。灰度则通过立方体的原点到白色的主对角线上的位置进行表示，对角线上每一点是等量的每一种基色的混合。RGB 颜色模型主要用在显示器等显示设备上。

另外，还有一点值得注意的是，RGB 颜色模型所覆盖的颜色域取决于显示器荧光点的颜色特征。颜色域随显示器荧光点的不同而不同。如果想把在某个显示器上的颜色域里所指定的颜色转换到另一个显示器的颜色域中，必须使用从各个显示器颜色空间到 CIE 颜色空间的变换。变换形式为：

$$\begin{bmatrix} X \\ Y \\ Z \end{bmatrix} = \begin{bmatrix} x_r & x_g & x_b \\ y_r & y_g & y_b \\ z_r & z_g & z_b \end{bmatrix} \begin{bmatrix} R \\ G \\ B \end{bmatrix}$$

设变换矩阵 M 为：$M=\begin{bmatrix} x_r & x_g & x_b \\ y_r & y_g & y_b \\ z_r & z_g & z_b \end{bmatrix}$

其中，第一行里，x_r、x_g、x_b 是使 RGB 颜色与 X 匹配的权，y_r、y_g、y_b 是使 RGB 颜色与 Y 匹配的权，z_r、z_g、z_b 是使 RGB 颜色与 Z 匹配的权。

假设从两个显示器的颜色域到 CIE 的变换矩阵分别为 M_1 和 M_2。那么，从第一个显示器的 RGB 空间到另一个显示器的 RGB 空间的变换矩阵为 $M_2^{-1}M_1$。

2）CMY 颜色模型

以红、绿、蓝的补色青（Cyan）、品红（Magenta）、黄（Yellow）为原色构成的 CMY 颜色模型，常用于从白光中滤去某种颜色，又被称为减性原色系统。CMY 颜色模型对应的直角坐标系的子空间与 RGB 颜色模型所对应的子空间几乎完全相同。差别仅仅在于前者的原点为白，而后者的原点为黑。前者是定义在白色中减去某种颜色来定义一种颜色，而后者是通过从黑色中加入颜色来定义一种颜色。

了解 CMY 颜色模型对于我们认识某些印刷硬拷贝设备的颜色处理很有帮助，因为在印刷行业中，基本上都是使用这种颜色模型。下面我们简单地介绍一下颜色是如何画到纸张上的。当我们在纸面上涂青色颜料时，该纸面就不反射红光，青色颜料从白光中滤去红光。也就是说，青色是白色减去红色。品红颜色吸收绿色，黄颜色吸收蓝色。现在假如我们在纸面上涂了黄色和品红色，那么纸面上将呈现红色，因为白光被吸收了蓝光和绿光，只能反射红光了。如果在纸面上涂了黄色、品红和青色，那么所有的红、绿、蓝光都被吸收，表面将呈黑色。有关的结果如图 5–74 所示。

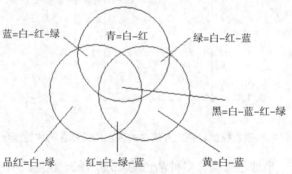

图 5–74　CMY 原色的减色效果

与 RGB 颜色模型相似，CMY 颜色模型也可采用如图 5–75 所示的单位立方体来表示。

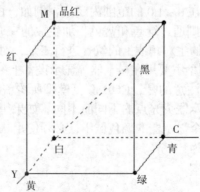

图 5–75　使用单位立方体内减色处理定义颜色的 CMY 颜色模型

在 CMY 颜色模型的立方体表示中，原点表示白色，点（1，1，1）因为减掉了所有的投射光成分而表示黑色。还是沿着立方体对角线，每种基色量均相等而呈现灰色。

我们可以使用一个变换矩阵来表示从 RGB 颜色模型到 CMY 颜色模型的转换：

$$\begin{bmatrix} C \\ M \\ Y \end{bmatrix} = \begin{bmatrix} 1 \\ 1 \\ 1 \end{bmatrix} - \begin{bmatrix} R \\ G \\ B \end{bmatrix}$$

这里单位列向量表示 RGB 颜色模型系统中的白色。从 RGB 颜色模型系统向 CMY 颜色模型系统转换时，首先设 $K=\max(R，G，B)$，通过变换矩阵计算出来的 C、M、Y 都要减去 K。

同样，也可以使用一个变换把 CMY 颜色模型表示转换为 RGB 颜色模型表示：

$$\begin{bmatrix} R \\ G \\ B \end{bmatrix} = \begin{bmatrix} 1 \\ 1 \\ 1 \end{bmatrix} - \begin{bmatrix} C \\ M \\ Y \end{bmatrix}$$

这里，单位列向量表示 CMY 系统中的黑色。从 CMY 颜色模型系统向 RGB 颜色模型系统转换时，首先设 $K=\min(R，G，B)$，通过变换矩阵计算出来的 R、G、B 都要减去 K。

在使用 CMY 模式的打印处理中，通过 4 个墨点的集合生成颜色点，其中 3 种基色（青、品红和黄）各使用一点，而增加了黑色一点。由于青色、品红色和黄色的混合通常生成深灰色而不是黑色，所以黑色单独包含其中。在绘制彩色图是 3 种基色墨水混合生成各种颜色，而对于黑白图像，就只使用黑色墨水就可以了。因此，在实际使用中，CMY 颜色模型也称为 CMYK 颜色模型，其中 K 就是黑色参数。CMYK 颜色模型主要用在彩色打印机和彩色印刷机等设备上。

3）HSV 颜色模型

相比较而言，前两个 RGB 与 CMY 颜色模型是偏于硬件的颜色模型，而 HSV 颜色模型是面向用户的，是根据视觉的主观感觉对颜色进行的描述方法。研究和实践表明，人眼不能直接感觉红、绿、蓝的比例，而只能通过感知明暗、色泽和色调来区分物体。因此 HSV 颜色模型的 3 个颜色参数为色调（H）、饱和度（S）和明度值（V）。

HSV 颜色模型对应于圆柱坐标系中的一个圆锥子集，如图 5-76 所示。

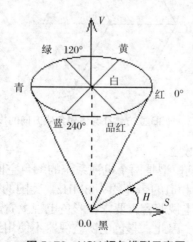

图 5-76 HSV 颜色模型示意图

圆锥的顶面对应于 $V=1$ 代表的颜色较亮。色调 H 由绕 V 的旋转角给定：0°对应红色，60°对应黄色，120°对应绿色，180°对应青色，240°对应蓝色，300°对应品红色。从而，在 HSV 颜色模型中，每个颜色和它的补色正好相差 180°。色饱和度 S 取值范围为 $0 \sim 1$，由圆心向圆周过渡。在圆锥的顶点处，$V=0$，H 和 S 无定义，代表黑色，即不同灰度的白色。任何 $V=1$，$S=1$ 的颜色都是纯色。当 $S \neq 0$ 时，H 可有相应的值。例如，红色为 $H=0$，$S=1$，$V=1$。

HSV 颜色模型对应于画家的配色方法。画家用改变色泽和色深的方法来从某种纯色获得不同色调的颜色。其做法是：具有 $S=1$ 和 $V=1$ 的任何一种颜色相当于画家使用的纯颜色，在一种纯色中加入白色（相当于降低 S 值，而 V 值不变）以改变色泽；加入黑色（相当于降低 V 值，而 S 值不变）以改变色深；同时加入不同比例的白色，即可从黑色（同时降低 S 和 V）得到不同色调的颜色。这个概念之间的关系可以用一个三角形表示，如图 5-77 所示给出了关于单一颜色的三角形表示，每一纯色的相应三角形排列在位于中央的黑－白轴线的周围，这样可构成一个实用的关于主观颜色的三维表示。

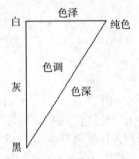

图 5-77　纯色的色泽、色深和色调

从 RGB 立方体的白色顶点出发，沿着主对角线向原点方向投影，可以得到一个正六边形（如图 5-78 所示），容易发现，该六边形是 HSV 圆锥顶面的一个真子集。

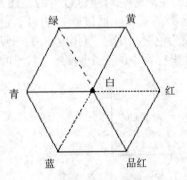

图 5-78　RGB 立方体在其主对角线方向的投影

4）YUV 颜色模型和 YIQ 颜色模型

YUV 颜色模型和 YIQ 颜色模型是两个电视系统的颜色空间。由于彩色电视信号的带宽是有限的，例如，我国每个频道的带宽约为 8MHz，美国的带宽约为 6MHz。另外，彩色电视信号必须与标准的黑白电视兼容，要求在彩色电视上看起来完全不同的两种颜色在黑白电视上应呈现不同的灰度。因此，彩色电视监视器不使用红、绿、蓝 3 种信号，而是使用组合信号。电视信号的标准也称为电视的制式。目前各国的电视制式并不相同，主要有 NTSC 制、PAL 制和 SECAM 制 3 种。NTSC 制是 1952 年由美国国家电视标准委员会指定的彩色电视广播标准，它采用正交平衡调幅的技术方式，所以也称为正交平衡调幅制。美国、加拿大等大部分西半球国家和日本、韩国和菲律宾等均采用这种制式。PAL 制式是德国在 1962 年指定的彩色电视广播标准，它采用逐行倒相正交平衡调幅技术，克服 NTSC 制相位敏感造成色彩失真的缺点。德国、英国等西欧国家，新加坡、中国、澳大利亚和新西兰等国家采用这种制式。SECAM 制式是法国在 1956 年提出，并于 1966 年制定的一种新的彩色电视制式，它的意思为顺序传送彩色信号和存储恢复彩色信号制。SECAM 制式克服了 NTSC 制式相位失真的缺点，采用时间分隔法来传送两个色差信号。法国、东欧和中东一带国家一般采用该制式。

（1）YUV 颜色模型。

PAL 制和 SECAM 制的彩色电视监视器使用 YUV 颜色模型。该颜色模型有一个亮度信号 Y 和两个色差信号 U、V 组成，在发送端通过编码器按下面公式将 RGB 三基色信号转换为 YUV 视频信号：

$Y = 0.222R + 0.707G + 0.071B$

$U = B - Y$

$V = R - Y$

在接收端通过解码器按下面公式将 YUV 视频信号转换为 RGB 三基色信号：

$R = Y + V$

$G = Y - 0.092U - 0.314V$

$B = Y + U$

由于 PAL 制式的电视采用 D_{65} 作为校准白色，PAL 制式的红、绿、蓝三原色在 CIE – XYZ 系统中的色度坐标分别为 $(0.64, 0.33, 0.03)$、$(0.29, 0.60, 0.11)$ 和 $(0.15, 0.06, 0.79)$，因此，从 PAL 制式的 RGB 颜色系统到 CIE–XYZ 颜色系统的变换为：

$$\begin{bmatrix} X \\ Y \\ Z \end{bmatrix} = \begin{bmatrix} 0.431 & 0.342 & 0.178 \\ 0.222 & 0.707 & 0.071 \\ 0.020 & 0.130 & 0.939 \end{bmatrix} \begin{bmatrix} R \\ G \\ B \end{bmatrix}$$

其逆变换为：

$$\begin{bmatrix} R \\ G \\ B \end{bmatrix} = \begin{bmatrix} 3.065 & -1.394 & -0.476 \\ -0.969 & 1.876 & 0.042 \\ 0.068 & -0.229 & 1.070 \end{bmatrix} \begin{bmatrix} X \\ Y \\ Z \end{bmatrix}$$

（2）YIQ 颜色模型。

NTSC 制式的彩色电视监视器采用 YIQ 颜色模型系统。考虑到带宽的限制，YIQ 颜色模型中 3 个分量的选取非常严格，第一个分量 Y 表示亮度信息，它等价于 CIE–XYZ 原色系统中的 Y 分量，而色度信息（色彩和纯度）则结合在 I 和 Q 两个分量中。考虑到与黑白电视兼容的需要以及人眼对亮度信息比对色度信息敏感，Y 分量占据了 NTSC 视频信号的大部分带宽（约为 4MHz），同时，Y 信号中红、绿、蓝三原色以适当的比例混合以获得标准的亮度曲线。第二个分量 I 称为同相信号，包含从橙色到青色的色彩信息，包含了十分重要的皮肤色调，占 1.5MHz 的带宽，而第三个分量 Q 称为正交信号，包含了从绿色到品红色的色彩信息，只占 0.6MHz 的带宽。这样对 3 个分量进行设置的好处是在固定频带宽度的条件下，最大限度地扩大传送信息量，这在图像数据的压缩、编码和解码中起着非常重要的作用。

一个 RGB 信号可以通过 NTSC 编码器转换成 NTSC 视频信号，从 RGB 值的变换可由下面矩阵得到：

$$\begin{bmatrix} Y \\ I \\ Q \end{bmatrix} = \begin{bmatrix} 0.299 & 0.587 & 0.114 \\ 0.596 & -0.274 & -0.322 \\ 0.212 & -0.523 & 0.311 \end{bmatrix} \begin{bmatrix} R \\ G \\ B \end{bmatrix}$$

一个 NTSC 视频信号可以通过 NTSC 解码器转换成 RGB 信号，从 YIQ 值到 RGB 值的变换是上面变换的逆变换：

$$\begin{bmatrix} R \\ G \\ B \end{bmatrix} = \begin{bmatrix} 1 & 0.956 & 0.623 \\ 1 & -0.272 & -0.648 \\ 1 & -1.105 & 1.705 \end{bmatrix} \begin{bmatrix} Y \\ I \\ Q \end{bmatrix}$$

另外，由于 NTSC 制式的电视采用标准照明体 C 作为校准白色，NTSC 制式的红、绿、蓝三原色在 CIE-XYZ 系统中的色度坐标分别为(0.67, 0.33, 0.00)、(0.21, 0.71, 0.08)和(0.14, 0.08, 0.78)，因此，从 NTSC 制式的 RGB 颜色系统到 CIE-XYZ 颜色系统的变换为：

$$\begin{bmatrix} X \\ Y \\ Z \end{bmatrix} = \begin{bmatrix} 0.607 & 0.174 & 0.200 \\ 0.299 & 0.587 & 0.114 \\ 0.00 & 0.066 & 1.116 \end{bmatrix} \begin{bmatrix} R \\ G \\ B \end{bmatrix}$$

其逆变换为：

$$\begin{bmatrix} R \\ G \\ B \end{bmatrix} = \begin{bmatrix} 1.910 & -0.532 & -0.288 \\ -0.985 & 1.999 & 0.028 \\ 0.058 & -0.118 & 0.898 \end{bmatrix} \begin{bmatrix} X \\ Y \\ Z \end{bmatrix}$$

5.3.3 颜色的应用

一个图形软件包可以提供帮助我们选取颜色的各种功能，而且可以使用滑动块和颜色轮进行选择颜色，而不是要求直接输入 RGB 颜色分量值。系统一般还可以设计成能帮助选择柔和色等功能。

获得一组坐标颜色的方法是从颜色模型某子空间中来产生。如果颜色是从沿 RGB 或 CMY 立方体中任一直线段上的规则间隔中选择，可以得到一组匹配得较好的颜色。随机地选取色彩可能会导致刺目和不调和的颜色组合。选择颜色组合的另一种考虑，不同颜色是人类视觉系统不同程度的感受。这是因为人眼是按频率来注意到颜色的：蓝色特别有助于放松；红色图案附近显示蓝色图案会引起眼疲劳，因注意力从一个区域转向另一区域时要不断地重新聚焦。分开这些颜色或使用 HSV 模型中的一半或更少的颜色可减少上述问题。作为一种规则，使用较少的颜色比较多颜色能产生更令人满意的显示，而色泽和明暗比纯色彩更调和；对背景来说最好使用灰色或前景色的补色。

在真实感图形显示的着色处理、反走样算法以及制作动画时需要的图像融合（产生淡入淡出的效果）等处理时，颜色插值起着非常重要的作用。颜色插值是指对两个给定颜色进行插值以产生位于它们之间的均匀过渡的颜色。颜色插值结果依赖于所采用的颜色模型，必须小心地选择一个合适的模型。从一个颜色模型到另一个颜色模型的转换将直线段变换成另一颜色空间的直线段，那么采用这两个模型进行线性插值的结果是相同的。对着色来讲，可采用前面的任一种颜色模型，当进行反走样或图像融合时，一般采用 RGB 模型比较合适。对色彩相同的两种颜色进行插值。

此外，软件设计者本身在设计面向用户的颜色显示时也必须遵循一些颜色规则。对于设计者不同的颜色往往代表不同的情感，对于真实感图形的表述产生不同的效果。如果对颜色能够运用自如，就会给人以愉悦的享受。在自然界中有最丰富的色彩资源，比如阳光、花草、天空、大海等，它们自身的颜色已被人们不知不觉地接受、认同并形成一种意识，一种独特的感觉。很多人对颜色的感觉或联想都是相似的，这种特点叫做"共通性"，这是出于传统习惯的缘故。因此，不同的颜色能给观众以沉静、活泼、温暖、寒冷等直接的感受，也可以形成热烈、冷漠、朴素、典雅、清爽、愉快等感觉。大家习惯以某种颜色表示某种特定的意义，于是，该颜色就变成了某事物的象征。颜色的意义在世界上也具有共通性，但由于民族习惯不同也会存在很大差异。下面对于一些内涵表达强烈的颜色所表达的含义描述如下：

红色是火的色彩，也是血的颜色，首先给人的感觉是温暖、兴奋、热烈、坚强和威严，所以我们的国旗使用红色赋予了革命的含义。在西方，据说耶稣的血是葡萄酒色，所以又表示圣餐和祭奠。粉红色是健康的表示，而深红色则意味着嫉妒或暴力，被认为是恶魔的象征。除此之外，红色也给人以警告、恐怖、危险感，所以应用于交通信号的停止信号、消防系统的标志色等。

黄色属于暖色，代表光明、欢悦，色相温柔、平和。在中国过去是帝王的象征色，有高贵、尊严的含义，一般人不得使用。黄色在古罗马也被当做高贵色。东方佛教喜爱雅素、脱俗，常用黄色暗示超然物外的境界，基督教同样作为犹太衣服的颜色；有时黄色也代表娇嫩、幼稚。

绿色是大自然的代表色，象征春天、新鲜、自然和生长，也用来象征和平、安全、无污染，比如，我们常说的绿色食品，同时绿色也是未成年人的象征。绿色在西方有另一种含义是嫉妒的恶魔。

蓝色给人幽雅、深刻的感觉，有冷静和无限空间的意味，也表示希望、幸福。在西方，蓝色象征着名门贵族。但蓝色也是绝望凄凉的同义语。在日本，也用蓝色表示青年、青春或者少年等年轻的一代。同时，蓝色也是联合国规定的新闻象征颜色。

紫色也具有高贵庄重的内涵，日本和中国在过去都以服色来表示等级，用紫色是最高级的。至今在某些仪式上仍旧用做紫幕、方绸巾等。在古希腊，紫色作为国王的服装专用色。总之，紫色意味着高贵的世家。

白色通常是优美轻快、纯洁、高尚、和平和神圣的代语。自然界中雪是白色的，云是白色的。因此，白色给人以素雅、寒冷的印象；有时也代表脆弱、悲哀之意。不同的民族对它有不同的好恶。中国和印度以白象和白牛作为吉祥和神圣的象征。日本的老道与和尚喜欢穿白衣服。西方结婚的新娘穿白色婚纱。相反，中国办丧事却用白色孝服。

黑色，代表黑暗和恐怖，意喻死亡、悲哀，属不吉利色。它表示一种深沉、神秘，使人产生凄寒和失望的意念。但把黑和其他颜色相配时却显出黑色的力量和个性，如黑白相衬，显得精致、新鲜、有活力。在黑色衬托下可以使用各种非常刺激的冷暖颜色，因为它有调和色彩的作用。

一切颜色不但具有不同的特性，而且各种颜色之间也产生相关性及相对性。评价一种颜色是浑浊还是新鲜，是明快还是暗淡，是寒冷还是温暖，一定要和其他色彩发生相互关系才能进行判断，单独用一种颜色是无法评价的。下面我们根据颜色的多种特性进行辩证理解。

首先，从颜色的冷暖开始比较，例如，所有的颜色纯度一样，感觉最强的首先是橙黄，其次是红，再次是黄、绿、紫、青、蓝。红、橙黄属于暖色，紫介于寒暖之间，习惯上也称之为中间色。其实，中间色也存在某种程度的寒暖差异。绿介于青和黄之间，若偏黄一些则显暖，具有膨胀和发扬的感觉。凡是冷色，都具有沉着和收缩的感觉。凡是比较浑浊的颜色，在人的视觉上就产生了一种脏的感觉。有浊必有清，凡是比较纯正的色彩一般产生鲜明感。颜色相关性体现在类似和对比这两个方面，两者都可从颜色的寒暖、明暗、清浊的特性上找到区别。

所有颜色除了本身具有不同冷暖特性之外，还由于黑白含量的多少会造成明色和暗色的差别。因此，每一种颜色都形成各种深浅不同的色调。当两种不同颜色放在一起进行比较时，首先会产生明暗上的对比效果。而色彩的对比并不局限于上面所述的这些。如果把一种华丽的颜色和朴素的颜色放在一起，把光滑的和粗糙的放在一起，也将发生不同对比效果。尤其是那些特性不明显的颜色，也可以通过对比的方法，使它们的性格鲜明起来。如果配合得好，鲜艳的颜色不仅不会掩盖另一个晦暗的颜色，而且，还可以提高它的色彩效果。比如，一种灰颜色，把它放在暖色旁边，它就有些偏冷，如果把它放在冷色旁边，看上去就有些偏暖的感觉。颜色还有一个特性就是从面积上进行对比。例如，大面积界限分明的色调使一幅画具有力量和生气。在深暗的色调中如以面积较小的亮色调相衬托，会赋予肃穆、庄重的感觉。颜色的对比效果可以做到很强烈，也可以做到很柔和，但要注意，突出的颜色使用太多会造成注意力的分散，只会破坏构图的统一。

颜色的构成是将几个颜色单元重新组合成为一个新颜色单元的过程。在颜色构成过程中要特别注意配色方面的平衡、分隔、节奏、强调、协调等方法的使用。

（1）平衡。

重色和轻色、明色和暗色、强色和弱色、膨胀色和收缩色等都是相对立的色彩，配色时应改变其面积和形状以保持平衡。不同量的各种颜色，由于比较的结果就会形成均衡或不均衡的感觉。要达到均衡，配备颜色时要考虑到屏幕上、下、左、右以及两个对角关系上的均衡，不要把很强或很弱的颜色孤立在一边。同时，也要注意每种颜色的面积大小变化，这也是均衡的关键。

（2）分隔。

主画面颜色的面积大小和变化是均衡的关键，分隔也是如此，主要是在配色时，在交界处嵌入别的颜色，从而使原配色分离，以此来补救色彩间因类似而过分弱或因对比而过分强的缺陷。

（3）节奏。

平衡和分隔也是体现画面节奏的重要因素，节奏是通过色调、明度、纯度的某种变动和往复，以及色彩的协调、对照和照应而产生的，以此来表现出色彩的运动感和空间感。这个节奏取决于形态配置的和谐。为了效果更好，可使色调变化作渐变的效果。

（4）强调。

强调是通过面积较小的鲜明色改善整体单调的效果，强调是使颜色之间紧密联系并且平衡的关键，应贯穿于整体。比如，在大面积的暖色中加一小块较冷的色彩，或在一大块亮颜色上放一小块暗的色彩，也可反之，这样可以打破画面的呆板。也就是说，我们运用颜色的各种对比方法来达到强调的目的，我们往往使用红和绿、黄和紫、橙黄和青做对比。

（5）协调。

协调就是以某颜色为主调，调和色彩，使各色之间统一联系、互相呼应和感觉协调，以此来表现统一的感觉。协调决定了一幅作品的成败，主要指冷暖色和明暗调的统一，整体被哪种色调所支配。可以说有几种不同的主调，就有几种不同的协调效果。要掌握协调的规律其实很简单，就是记住各种颜色的浓淡、冷暖以及明暗的搭配变化，比如黄与橙、蓝与绿、青与紫、浅绿与深蓝、浅黄与深橙等。

在真实感图形设计过程中，我们通过了解一些颜色大致代表的含义及颜色组合的基本理论，才能达到理想的效果。

5.4　本章小结

本章主要介绍消除隐藏面（线）技术，以及确定可见面颜色的光照明模型、颜色模型等技术。图形消隐技术有后向面判别算法、Robers 隐面消除算法、画家算法、扫描线算法、深度缓存器算法、A 缓存算法、BSP 树算法、八叉树算法、区域细分算法、光线投射算法、连贯性及其判别、对于曲面与线框的可见性判别几种方法。在光照技术中分别介绍了基本光照模型和表面绘制的基本方法。最后介绍颜色模型和颜色的应用。

5.5　本章习题

(1)　区分物空间算法与像空间算法。

(2)　简略描述后向面判别的 3 种方法。

(3)　描述 Roberts 隐面消除算法消除被物体自身遮挡的边和面的过程。

(4)　描述画家算法实现过程。

(5)　改进画家算法，使之能对循环重叠的多边形进行消隐处理。

(6)　描述扫描线算法处理任意数目相互覆盖的多边形面的过程。

(7)　在深度缓冲器算法中如何计算深度值。

(8)　比较画家算法、深度缓存器算法和扫描线算法的优缺点。

(9)　试用 BSP 树算法实现凸多边形的可见面显示。

(10)　描述区域细分算法实现过程。

(11)　描述排序和连贯性方法在消隐算法中的作用。

(12)　列举常见的几种光照模型，并描述它们模拟的光照效果。

(13)　区别 Gouraud 明暗处理方法与 Phong 明暗处理方法。

(14)　简述光线跟踪方法的基本思想。

(15)　简述阴影生成的基本原理。

(16)　描述 RGB 颜色模型与 CMY 颜色模型的联系与区别。

(17)　区别 YUV 颜色模型和 YIQ 颜色模型。

第6章 几何造型基础

几何造型技术是一种研究在计算机中，如何表达物体模型形状的技术，它能将物体的形状及其属性（如颜色、纹理）存储在计算机内，利用这个模型对原物体进行确切的数学描述或是对原物体某种状态进行真实模拟。几何造型技术是应用计算机及其图形工具表示、描述物体的形状，设计几何形体，模拟物体动态过程的一门综合技术。它是集成CAD/CAM的基础。它从诞生到现在，仅仅经历了30多年的发展历史，由于几何造型技术研究的迅速发展和计算机硬件性能的大幅度提高，已经出现了许多以几何造型作为核心的实用化系统，在航空航天、汽车、造船、机械、建筑和电子等行业得到了广泛的应用。

6.1 规则形体在计算机内的表示

6.1.1 表示形体的坐标系

形体的定义和图形的输入输出都是在一定的坐标系下进行的，对于不同类型的形体、图形和图纸，在其输入输出的不同阶段需要采用不同的坐标系，以提高图形处理效率和便于用户理解。

1）建模坐标系

建模坐标系又称造型坐标系，用来定义基本图素，对于定义的每一个形体和图素都具有各自的坐标原点和长度单位。定义的形体和图素可放在用户坐标系中，此造型坐标系可看做局部坐标系，而用户坐标系可看做是整体坐标系（全局坐标系）。

2）用户坐标系

用户坐标系也称为世界坐标系，用于定义用户整图或最高层图形结构，各种子图、图组（段）、图素都放在用户坐标系中的适当位置。

3）观察坐标系

观察坐标系可在用户坐标系的任何位置、任何方向定义。它有两个主要用途，一是用于指定裁剪空间，确定形体的哪一部分要显示输出；二是通过定义观察（投影）平面，把三维形体的用户坐标变换成规格化的设备坐标。

4）规格化设备坐标系

规格化设备坐标系用来定义视图区，其取值范围一般定位（0.0，0.0，0.0）到（1.0，1.0，1.0）。通过规格化设备坐标系进行坐标变换可提高应用程序的移植性。

5）设备坐标系

设备坐标系是图形输入输出设备的坐标系，如图形显示器屏幕坐标系。设备坐标系通常也是定义像素或位图的坐标系。由于像素是不可分的最小单元，设备坐标系是整数坐标系。

用户建模坐标系或用户坐标系构建图形时，可以根据应用的情况选择相应的坐标系，如笛卡尔坐标系、仿射坐标系、圆柱坐标系、球坐标系以及极坐标系等。

（1）笛卡尔坐标系。

笛卡尔坐标系也称直角坐标系，是最常用的、最基本的坐标系。如图6-1所示，直角坐标系分为左手坐标系和右手坐标系两种。

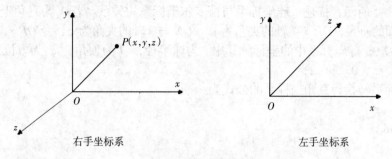

图 6-1　两种三维笛卡尔坐标系

（2）仿射坐标系。

仿射坐标系基底不要求是相互垂直的单位向量，从而扩展了形体的表示方式（如图 6-2 所示）。

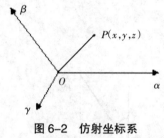

图 6-2　仿射坐标系

（3）圆柱坐标系。

对于回转体我们通常采用圆柱坐标系来表示和计算。如图 6-3 所示，描述了圆柱坐标系与笛卡尔坐标系的关系。若 N 为直角坐标系中一点 P 在 xOy 平面的垂足，它在 xOy 平面上的极坐标（ρ，φ），则称（ρ，φ，z）为点 P 的圆柱坐标。$O\rho\varphi z$ 为圆柱坐标系。

圆柱坐标系转换为直角坐标系的公式为：

$$\begin{cases} x=\rho\cos\varphi \\ y=\rho\sin\varphi \\ z=z \end{cases}$$

直角坐标系转换为圆柱坐标系的公式为：

$$\begin{cases} \rho=\sqrt{x^2+y^2} \\ \cos\varphi=\dfrac{x}{\rho} \\ \sin\varphi=\dfrac{y}{\rho} \end{cases}$$

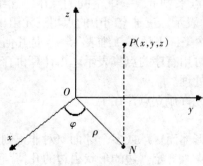

图 6-3　圆柱坐标系

(4) 球坐标系。

如图 6-4 所示，描述了球坐标系与笛卡尔坐标系的关系。若 N 为直角坐标系中一点 P 在 xOy 平面的垂足，OP 与 z 轴的夹角为 θ，ON 与 x 轴的夹角为 φ，令 $OP=r$，则 (r, θ, φ) 为点 P 在 $Or\theta\varphi$ 球坐标系中的坐标。其中 r 为球半径，θ 为顶角，φ 为方位角，参数范围为：$0 \leq \theta \leq \pi$，$0 \leq \varphi \leq 2\pi$。

球坐标系转换为直角坐标系的公式为：

$$\begin{cases} x = \rho\cos\varphi \\ y = \rho\sin\varphi \\ z = z \end{cases}$$

直角坐标系转换为球坐标系的公式为：

$$\begin{cases} \rho = \sqrt{x^2 + y^2 + z^2} \\ \cos\varphi = \dfrac{x}{\sqrt{x^2 + y^2}} \\ \tan\theta = \dfrac{\sqrt{x^2 + y^2}}{z} \end{cases}$$

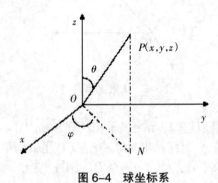

图 6-4　球坐标系

(5) 极坐标系。

与圆柱坐标系类似。

6.1.2　实体的定义

1) 实体的基本几何元素

欧氏空间中，表示实体的基本几何元素主要由点、线、面、环、体等构成。

(1) 顶点。

顶点的位置用（几何）点来表示。一维空间的点用一元组 $\{t\}$ 表示；二维空间中的点用二元组 $\{x, y\}$ 或 $\{x(t), y(t)\}$ 表示；三维空间中的点用三元组 $\{x, y, z\}$ 或 $\{x(t), y(t), z(t)\}$ 表示。n 维空间中的点在齐次坐标下用 $n+1$ 维表示。点是几何造型中的最基本的元素，自由曲线、曲面或其他形体均可用有序的点集表示。用计算机存储、管理、输出形体的实质就是对点集及其连接关系的处理。

在正则形体定义中，不允许孤立点存在。

(2) 边。

边是两个邻面（对正则形体而言）或多个邻面（对非正则形体而言）的交集，边有方向，它由起始顶点和终止顶点来界定。边的形状由边的几何信息来表示，可以是直线或曲线，曲线边可用一系列控制点或型值点来描述，也可用显式、隐式或参数方程来描述。

（3）环。

环是有序、有向边组成的封闭边界。环中的边不能相交，相邻两条边共享一个端点。环有方向、内外之分，外环边通常按逆时针方向排序，内环边通常按顺时针方向排序。

（4）面。

面由一个外环和若干个内环（可以没有内环）来表示，内环完全在外环之内。根据环的定义，在面上沿环的方向前进，左侧总在面内，右侧总在面外。面有方向性，一般用其外法矢方向作为该面的正向。若一个面的外法矢向外，称为正向面；反之，称为反向面。面的形状由面的几何信息来表示，可以是平面或曲面，平面可用平面方程来描述，曲面可用控制多边形或型值点来描述，也可用曲面方程（隐式、显式或参数形式）来描述。对于参数曲面，通常在其二维参数域上定义环，这样就可由一些二维的有向边来表示环，集合运算中对面的分割也可在二维参数域上进行。

（5）体。

体是面的并集。为了保证几何造型的可靠性和可加工性，要求形体上任意一点的足够小的领域在拓扑上应该是一个封闭圆，既围绕该点的形体邻域在二维空间上可构成一个单连通域。我们把满足这个定义的形体称为正则形体。在正则几何造型系统中，要求体是正则形体。而不满足这个定义的形体称为非正则形体，如图 6-5 所示。非正则形体的造型技术将线框、表面和实体模型统一起来，可以存取维数不一致的几何元素，并可对维数不一致的几何元素进行求交分类，从而扩大了几何造型的形体覆盖域。

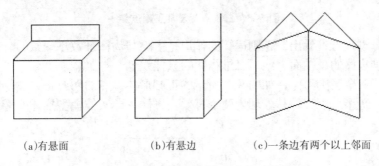

(a)有悬面　　　　　(b)有悬边　　　　(c)一条边有两个以上邻面

图 6-5　非正则形体的例子

（6）体素。

体素是可以用有限个尺寸参数定位和定形的体，常用的体素有 3 种定义形式：

①从实际形体中选择出来，可用一些确定的尺寸参数控制其最终位置和形状的一组单元实体，如长方体、圆柱体、圆锥体、圆环体、球体等。

②由参数定义的一条（或一组）截面轮廓线沿一条（或一组）空间参数曲线做扫描运动而产生的形体。

③用代数半空间定义的形体，在此半空间中点集可定义为：$\{(x, y, z) \mid f(x, y, z) \leqslant 0\}$，此处的 f 应是不可约多项式，多项式系数可以是形状参数，半空间定义法只适用正则形体。

2) 实体的定义

从点集拓扑的角度可以给出实体的简洁定义。将三维物体看做一个点集，它由内点与边界点共同组成。所谓内点是指点集中的这样一些点，它们具有完全包含于该点集的充分小的邻域；而边界点则指那些不具备此性质的点集中的点。

(1) 点集的正则运算。

定义点集的正则运算 r：

$$r \cdot A = c \cdot i \cdot A$$

其中：i 取内点运算，c 取闭包运算，A 为一个点集，那么，$i \cdot A$ 即为 A 的全体内点组成的集合，称为 A 的内部，它是一个开集。$c \cdot i \cdot A$ 为 A 的内部闭包，是 $i \cdot A$ 与其边界点的并集，它本身是一个闭集。

正则运算即为：先对物体取内点，再取闭包的运算。$r \cdot A$ 称为 A 的正则集。如果满足 $r \cdot A = A$，则 A 为正则点集（正则形体）。

如图 6-6 所示，(a)为一带有孤立点和边的二维点集，且可分为内点和边界点，图中浅灰色表示内点，黑色表示边界点。(b)表示内点集合（此时，孤立点和边去掉了）。(c)表示内点集的闭包，是一个正则点集。

(a)带有孤立点和边的　　　　(b)内点集合 $i \cdot A$　　　　(c)正则点集 $c \cdot i \cdot A$
　二维点集 A

图 6-6　二维点集及其正则点集

由正则运算过程不难看出，正则运算的作用是去除与物体维数不一致的悬挂部分或孤立部分，如三维物体的悬挂面、线，二维物体的悬挂线等。

有些情况下一个正则形体，如图 6-7 所示的正则形体，它的两个正方体仅以一条棱相接，通常的实体造型系统会将其处理为两个有效正方体。即实体模型描述的应该具有二维流形性质。

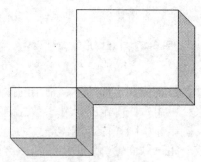

图 6-7　正则形体

(2) 二维流形。

二维流形是指这样一些面，其上任一点都存在一个充分小的邻域，该邻域与平面上的圆盘是同构（拓扑等价）的（在该邻域与圆盘之间存在连续的 1-1 映射）。任何客观存在的物体，如立方体，其表面上任一点都存在与圆盘同构的邻域，如图 6-8 所示。

有了二维流形的概念后，可以定义实体为：对于一个占据有限空间的正则点集，如果其表面是二维流形，则该正则点集为实体（有效物体）。该定义条件是在计算机中可检测

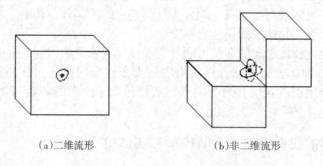

（a)二维流形　　　　　　　　　　（b)非二维流形

图 6-8　二维流形与非二维流形

的，可衡量一个模型表示是否为实体。

（3）有效实体的性质。

对三维形体的表示结果需要有效性、唯一性和完备性，因此，需要对实体及其有效性作一个严格的定义。

数学中的点、线、面是其所代表的真实世界中对象的一种抽象，它们之间存在着一定的差别。例如，数学中平面是二维的，没有厚度，体积为零；而在真实世界中，一张纸无论有多么薄，它也是一个三维的体，具有一定的体积。这种差距造成了在计算机中以数学方法描述的形体可能是无效的，即在真实世界中不可能存在。如图 6-9 所示的立方体的边上悬挂着一张面，立方体是三维物体，而平面是二维对象，它们合在一起就不是一个有意义的物体。通常情况下，实体造型中必须保证形体的有效性。

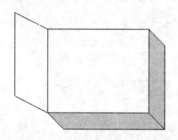

图 6-9　带有悬面的立方体

满足如下性质的物体称为有效物体或实体：

①刚性。一个物体应该具有一定形状（拓扑可变的物体不是刚性的，流体不是实体造型技术描述的对象）。

②具有确定的封闭边界（表面）。根据物体的边界可以区别出物体的内部及外部。

③维数的一致性。三维空间中，一个物体各部分均应是三维的，也就是说，必须有连通的内部，而不能有悬挂或孤立的边界。如果该物体分成孤立的几个部分，不妨将其看做多个物体。

④占据有限的空间。即体积有限。

⑤封闭性。经过任意的运算（如切割、黏合）之后，仍然是有效的物体。

根据上述，三维空间中物体是一个内部连通的三维点集。也就是由其内部的点集及紧紧包着这些点的表面组成。

物体的表面必须具有如下性质：

（1）连通性。位于物体表面上的任意两个点都可用实体表面上的一条路径连接起来。

(2) 有界性。物体表面可以将空间分为互不连通的两部分，其中一部分是有界的。

(3) 非自相交性。物体表面不能自相交。

(4) 可定向性。物体表面的两侧可明确定义出属于物体的内侧或外侧。

(5) 闭合性。物体表面的闭合性是由表面上多边形网格各元素的拓扑关系决定的，即每一条边有两个顶点，且仅有两个顶点；围绕任意一个面的环具有相同数目的顶点及边；每一条边连接两个或两个以上的面；等等。

6.1.3 表示形体的线框模型、表面模型和实体模型

1) 线框模型

线框模型是在计算机图形学和 CAD/CAM 领域中最早用来表示形体的模型，并且至今仍有广泛的应用。线框模型的特点是结构简单、易于理解，又是表面和实体模型的基础。

线框模型采用顶点表和边表两个表的数据结构来表示形体，顶点表记录各顶点的坐标值，边表记录每条边所连接的两个顶点。由此可见，形体可以用它的全部顶点及边的集合来描述，线框一词由此而来。图 6-10 中的长方体所对应的顶点表和边表如图 6-11 所示。

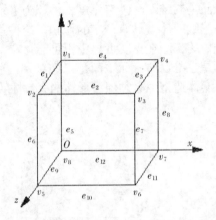

图 6-10 组成长方体的顶点和边

顶点	坐标值
v_1	(x_1, y_1, z_1)
v_2	(x_2, y_2, z_2)
v_3	(x_3, y_3, z_3)
v_4	(x_4, y_4, z_4)
v_5	(x_5, y_5, z_5)
v_6	(x_6, y_6, z_6)
v_7	(x_7, y_7, z_7)
v_8	(x_8, y_8, z_8)

边	顶点	
e_1	v_1	v_2
e_2	v_2	v_3
e_3	v_3	v_4
e_4	v_4	v_1
e_5	v_1	v_8
e_6	v_2	v_5
e_7	v_3	v_6
e_8	v_4	v_7
e_9	v_8	v_5
e_{10}	v_5	v_6
e_{11}	v_6	v_7
e_{12}	v_7	v_8

图 6-11 长方体的顶点表和边表

　　线框模型的优点主要是可以产生任意视图，视图间能保持正确的投影关系，这为生成需要多视图的工程图纸带来了很大方便。还能生成任意视点或视向的透视图及轴测图。构造模型时操作简便，在 CPU 时间及存储方面开销低。

　　线框模型的缺点也很明显，因为所有棱线全都显示出来，物体的真实形状需由人脑的解释才能理解，因此容易出现二义性（如图 6-12 所示）。当形状复杂时，棱线过多，也会引起模糊理解。由于在数据结构中缺少边与面、面与体之间关系的信息，即所谓拓扑信息，因此不能构成实体，无法识别面与体，更谈不上区别体内与体外。

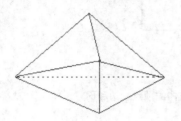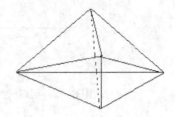

图 6-12　二义性示例

　　因此，从原理上讲，此种模型不能消除隐藏线，不能做任意剖切，不能计算物性，不能进行两个面的求交，无法生成数控加工刀具轨迹，不能自动划分有限元网格，不能检查物体间碰撞、干涉等。但目前有些系统从内部建立了边与面的拓扑关系，因此具有消隐功能。

　　尽管这种模型有许多缺点，但由于它仍能满足许多设计与制造的要求，加上上面所说的优点，因此，在实际工作中使用很广泛，而且在许多 CAD／CAM 系统中仍将此种模式作为表面模型与实体模型的基础。线框模型系统一般具有丰富的交互功能，用于构图的图素是大家所熟知的点、线、圆、圆弧、二次曲线、样条曲线、Beziér 曲线等。

2) 表面模型

　　表面模型（Surface Model）是用有向棱边围成的部分来定义形体表面，由面的集合来定义形体。表面模型是在线框模型的基础上，增加有关面边（环边）信息以及表面特征、棱边的连接方向等内容。从而可以满足面面求交，线、面消隐，明暗色彩图，数据加工等应用问题的需要。但在此模型中，形体究竟存在于表面的哪一侧，没有给出明确的定义，因而在物性计算、有限元分析等应用中，表面模型在形体的表示上仍然缺乏完整性。

　　表面模型通常用于构造复杂的曲面物体，构形时常常利用线框功能，先构造一线框图，然后用扫描或旋转等手段变成曲面，当然也可以用系统提供的许多曲面图素来建立各种曲面模型。

　　对于平面多面体，该模型与线框模型相比，多了一个面表记录了边、面间的拓扑关系，但仍旧缺乏面、体间的拓扑关系，无法区别面的哪一侧是体内，哪一侧是体外，依然不是实体模型。图 6-13 中的长方体所对应的顶点表、边表和面表如图 6-14 所示（为了区别标号是哪个面，图 6-13 中从面的大致中心引线标记面号）。

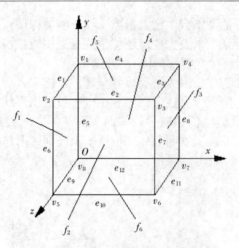

图 6-13　组成长方体的顶点、边和面

顶点	坐标值
v_1	(x_1, y_1, z_1)
v_2	(x_2, y_2, z_2)
v_3	(x_3, y_3, z_3)
v_4	(x_4, y_4, z_4)
v_5	(x_5, y_5, z_5)
v_6	(x_6, y_6, z_6)
v_7	(x_7, y_7, z_7)
v_8	(x_8, y_8, z_8)

边	顶点	
e_1	v_1	v_2
e_2	v_2	v_3
e_3	v_3	v_4
e_4	v_4	v_1
e_5	v_1	v_8
e_6	v_2	v_5
e_7	v_3	v_6
e_8	v_4	v_7
e_9	v_8	v_5
e_{10}	v_5	v_6
e_{11}	v_6	v_7
e_{12}	v_7	v_8

表面 S	边号			
f_1	e_1	e_6	e_9	e_5
f_2	e_2	e_6	e_{10}	e_7
f_3	e_3	e_7	e_{11}	e_8
f_4	e_4	e_5	e_{12}	e_8
f_5	e_1	e_2	e_3	e_4
f_6	e_9	e_{10}	e_{11}	e_{12}

图 6-14　长方体的顶点表、边表和面表

　　表面模型的优点是能实现以下功能：消隐、着色、表面积计算、二曲面求交、数控刀具轨迹生成、有限元网格划分等。此外，擅长于构造复杂的曲面物体，如模具、汽车、飞机等表面。它的缺点是有时产生对物体二义性理解。

　　表面模型系统中常用的曲面图素有平面、直纹面、旋转面、柱状面、贝塞尔曲面、B 样条曲面、孔斯曲面和等距面。

　　需要指出的是，不仅表面模型中常常包括了线框模型的构图图素，而且表面模型还时常与线框模型一起同时存在于同一个 CAD / CAM 系统中。

3) 实体模型

　　实体模型主要是确定了表面的哪一侧存在实体，在表面模型的基础上可用 3 种方法定义。

（1）　如图 6-15 所示，在定义表面的同时，给出实体存在侧的一个点 P。

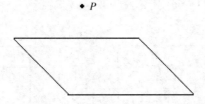

图 6-15　实体存在侧的一个点 P

（2）如图 6-16 所示，直接用表面的外法矢量来指明实体存在的一侧。

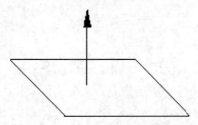

图 6-16　用表面的外法矢量来指明实体存在的一侧

（3）如图 6-17 所示，用有向棱隐含地表示表面的外法矢量方向。

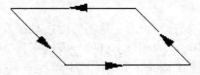

图 6-17　用有向棱隐含地表示表面的外法矢量方向

在定义表面时，常用办法是用有向边的右手法则确定所在面的外法线的方向（即用右手沿着边的顺序方向握住，大拇指所指向的方向则为该面的外法线的方向），用此方法还可以检查形体的一致性。如图 6-18 所示，拓扑关系合法的形体在相邻两个面的公共边界上，棱边的方向正好相反。因此，实体模型和表面模型的主要区别是在定义了表面外环的棱边方向，一般按右手规则为序。

对于平面多面体，例如规定正向指向体外，如图 6-18 所示。

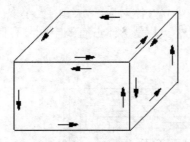

图 6-18　有向边确定外法线方向（面的方向）

实体模型的数据结构不仅记录了全部几何信息，而且记录了全部点、线、面、体的拓扑信息，这是实体模型与线框或表面模型的根本区别。

实体模型的面表如图 6-19 所示。

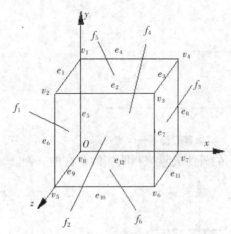

表面 S	边号			
f_1	e_1	e_5	e_9	e_6
f_2	e_2	e_6	e_{10}	e_7
f_3	e_3	e_7	e_{11}	e_8
f_4	e_4	e_8	e_{12}	e_5
f_5	e_1	e_2	e_3	e_4
f_6	e_9	e_{12}	e_{11}	e_{10}

图 6-19　长方体与其对应的面表

实体模型成了设计与制造自动化及集成的基础。依靠机内完整的几何与拓扑信息，所有前面提到的工作，从消隐、剖切、有限元网格划分、直到 NC 刀具轨迹生成都能顺利地实现，而且由于着色、光照及纹理处理等技术的运用使物体有着出色的可视性，使它在 CAD / CAM、计算机艺术、广告、动画等领域有广泛的应用。

6.1.4　实体的分解表示

实体的分解表示也称为空间分割表示，是将形体按某种规则分解为小的、更易于描述的部分，每一小部分又可分为更小的部分，这种分解过程直至每一小部分都能够直接描述为止。分解表示的一种特殊形式是每一个小的部分都是一种固定形状（正方形、立方体等）的单元，形体被分解成这些分布在空间网格位置上的具有邻接关系的固定形状单元的集合，单元的大小决定了单元分解形式的精度。根据基本单元的不同形状，常用数组、四叉树、八叉树和多叉树等表示。常用的空间分割表示方法有 3 种：空间位置枚举表示、八叉树表示、单元分解表示。

1) 空间位置枚举表示

空间位置枚举表示是分解表示中一种比较原始的表示方法。通常，物体的体积总是有限的，选择一个包含物体的立方体作为考虑的空间；将立方体划分为均匀的小立方体，小立方体的边长为 Δ；建立三维数组 $C[i][j][k]$，使得数组中的每一元素 $C[i][j][k]$ 与左下角点坐标为 $(i\cdot\Delta, j\cdot\Delta, k\cdot\Delta)$ 的小立方体对应。数组的大小取决于空间分辨率（Δ）的大小和所感兴趣的立方体空间的大小。凡是形体占有的空间，存储单元中记为 1；其余空间记为 0。如图 6-20 所示。

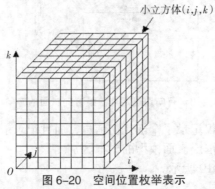

图 6-20　空间位置枚举表示

这种表示方法的优点是简单，可以表示任何物体；容易实现物体间的交、并、差集合计算；容易计算物体的整体性质，如体积等。缺点是物体的非精确表示；占用的存储量太大（比如物体立方体空间划分为 $1024 \times 1024 \times 1024$ 个单位小立方体，则需要 $1024 \times 1024 \times 1024 = 1G$ bits 的存储空间）；物体的边界面没有显式的解析表达式，不适于图形显示；对物体进行几何变换困难，不便于运算等，实际上很少采用。

2）八叉树表示

八叉树法表示是对空间位置枚举表示方法的一种改进。它并不是统一将物体所在的立方体空间均匀划分成边长为 Δ 的小立方体，而是对空间进行自适应划分。其表示形体的过程是这样的，首先对形体定义一个外接立方体，再把它分解成 8 个子立方体，并对立方体依次编号为 0，1，2，…，7（如图 6-21 所示）。

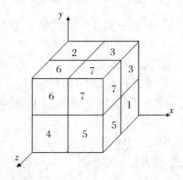

图 6-21　八叉树的结点编码

如果子立方体单元已经一致，即为满（该立方体充满形体）或为空（没有形体在其中），则该子立方体可停止分解；否则，需要对该立方体作进一步分解，再一分为 8 个子立方体。在八叉树中，非叶结点的每个结点都有 8 个分支。如图 6-22 所示，将 7 个子立方体再分为 8 个子立方体。

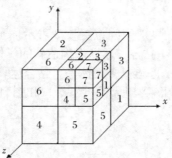

图 6-22　八叉树的自适应分割

八叉树建立过程（如图 6-23 所示）：

（1）八叉树的根结点对应整个物体空间。

（2）如果它完全被物体占据，将该结点标记为 F（Full），算法结束。

（3）如果它内部没有物体，将该结点标记为 E（Empty），算法结束。

（4）如果它被物体部分占据，将该结点标记为 P（Partial），并将它分割成 8 个子立方体，对每一个子立方体进行同样的处理。

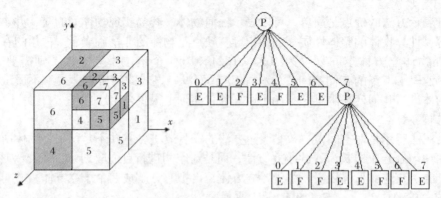

图 6-23　八叉树表示的实例

八叉树表示法有一些优点，近年来受到人们的注意。这些优点主要是：

（1）　可以表示任何物体，数据结构简单。

（2）　简化了形体的集合运算。对形体执行交、并、差运算时，只需同时遍历参加集合运算的两形体相应的八叉树，无须进行复杂的求交运算。

（3）　简化了隐藏线（或面）的消除，因为在八叉树表示中，形体上各元素已按空间位置排成了一定的顺序。

（4）　容易计算物体的整体性质，如体积等。

（5）　较空间位置枚举表示占用的存贮空间少。

（6）　分析算法适合于并行处理。

八叉树表示的缺点也是明显的，主要是：

（1）　虽然较空间位置枚举表示占用的存贮空间少，但仍然相对较多。

（2）　是物体的非精确表示，只能近似表示形体。

（3）　没有边界信息，不易获取形体的边界信息，不适于图形显示。

（4）　对物体进行几何变换困难等。

3）单元分解表示

单元分解表示从另一个角度对空间位置枚举表示作了改进。以不同类型的基本体素（而不是单一的立方体）通过"黏合"运算来构造新的实体。基本体素可以是任何简单实体（与球拓扑同构），如圆柱、圆锥、多面体等。黏合运算使两个实体在边界面上相接触，但它们的内部并不相交。如图 6-24 所示，图（a）和图（b）中两个基本体素组织在一起就可以表示图（c）中的物体。

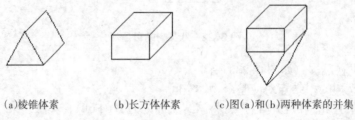

　　（a）棱锥体素　　　　　（b）长方体体素　　　（c）图（a）和（b）两种体素的并集

图 6-24　单元分解表示的实例

只要基本体素的类型足够多，单元分解表示法能表示范围相当广泛的物体。

单元分解表示的优点是：表示简单，基本体素可以按需选择，表示范围较广，可以精确表示物体，容易实现几何变换。其缺点是：同一实体可具有多种表示形式，表示不具有唯一性，不过都无二义性。物体的有效性难以保证，空间位置枚举表示法与八叉树表示法中的物体有效性是自动得到保证。

6.1.5　实体的构造表示

构造表示是按照生成过程来定义形体的方法，构造表示通常有扫描表示、构造实体几何表示和特征表示 3 种。

1）扫描表示

扫描表示（Sweep Representation）是基于一个基体（一般是一个封闭的平面轮廓）沿某一路径运动而产生形体。可见，扫描表示需要两个分量，一个是被运动的基体，另一个是基体运动的路径；如果是变截面的扫描，还要给出截面的变化规律。

根据扫描的路径和方式的不同，可将扫描分为以下 3 种类型。

（1）平移 sweep。

将一个二维区域沿着一个矢量方向（线性路径）推移，得到的物体称为平移 sweep 体，或称拉伸体（如图 6–25 所示）。

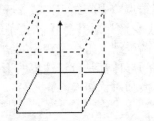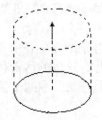

图 6–25　给定矢量方向平移 sweep 构造实体

（2）旋转 sweep。

将一个二维区域绕旋转轴旋转一特定角度（如 360°），得到的物体称为旋转 sweep 体，或回转体（如图 6–26 所示）。

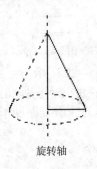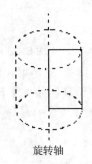

旋转轴　　　　　　　　旋转轴

图 6–26　给定旋转轴旋转 sweep 构造实体

（3）广义 sweep。

将任意剖面沿着任意轨迹扫描指定的距离，扫描路径可以用曲线函数来描述，并且可以沿扫描路径变化剖面的形状和大小，或者当移动该形状通过某空间时变化剖面相对于扫描路径的方向，这样可以得到包括不等截面的平移 sweep 体或非轴对称的旋转 sweep 体在内的广义 sweep 体（如图 6–27 所示）。

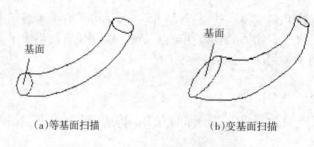

（a）等基面扫描　　　　　　　（b）变基面扫描

图 6-27　广义 sweep 构造实体

扫描表示的优点是：表示简单、直观，适合作图形输入手段。缺点是：对物体作几何变换困难，不能直接获取形体的边界信息，表示形体的覆盖域非常有限。

2）构造实体几何表示

构造实体几何（Constructive Solid Gemetry，CSG）表示是通过对体素定义运算而得到新的形体的一种表示方法，体素可以是立方体、圆柱、圆锥等，也可以是半空间，其运算为变换或正则集合运算并、交、差。

CSG 表示可以看成是一棵有序的二叉树，这棵树就叫 CSG 树，其终端结点（叶子结点）或是体素，或是形体变换参数。非终端结点（中间结点）或是正则的集合运算，或是变换（平移和／或旋转）操作，这种运算或变换只对其邻接着的子结点（子形体）起作用。每棵子树（非变换叶子结点）表示其下两个结点组合及变换的结果，如图 6-28 所示。根结点表示了最终的形体，这里的体素和中间形体都是合法边界的形体。几何变换并不限定为刚体变换，也可以是任意范围的比例变换和对称变换。

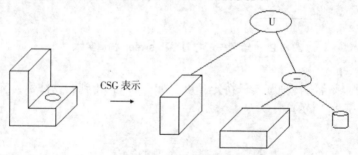

图 6-28　物体的 CSG 树表示

CSG 树是无二义性的，但不是唯一的，如图 6-29 所示为上述统一物体的另一个 CSG 树表示，它的定义域取决于其所用体素以及所允许的几何变换和正则集合运算算子。若体素是正则集，则只要体素叶子是合法的，正则集的性质就保证了任何 CSG 树都是合法的正则集。

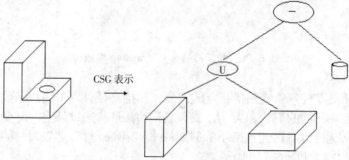

图 6-29　物体的另一种 CSG 树表示

CSG 表示的优点：

(1) 数据结构比较简单、直观，无二义性，数据量比较小，内部数据的管理比较容易。

(2) CSG 表示可方便地转换成边界（Brep）表示。

(3) CSG 方法表示的形体的形状，比较容易修改，可用作图形输入的一种手段。

(4) 容易计算物体的整体性质（如重心、体积等）。

(5) 物体的有效性自动得到保证。

CSG 表示的缺点：

(1) 对形体的表示受体素的种类和对体素操作的种类的限制，也就是说，CSG 方法表示形体的覆盖域有较大的局限性。

(2) 对形体的局部操作不易实现，例如，不能对基本体素的交线倒圆角。

(3) 由于形体的边界几何元素（如点、边、面）是隐含地表示在 CSG 中，故显示与绘制 CSG 表示的形体需要较长的时间，求交计算麻烦。

(4) 表示物体的 CSG 树不唯一。

3）特征表示

20 世纪 80 年代末，出现了参数化、变量化的特征造型技术，并出现了以 Pro/ Engineering 为代表的特征造型系统，在几何造型领域产生了深远的影响。特征技术产生的背景是以 CSG 和 Brep 为代表的几何造型技术已较为成熟，实体造型系统在工业界得到了广泛的应用，同时，用户对实体造型系统也提出了更高的要求。人们并不满足于用点、线、面等基本的几何和拓扑元素来设计形体，原因是多方面的，一是几何建模的效率较低，二是需要用户懂得几何造型的一些基本理论，很显然，用户更希望用他们熟悉的设计特征来建模。

还有一个重要的原因，是实体造型系统需要与应用系统的集成。以机械设计为例，机械零件在实体系统中设计完成以后，需要进行结构、应力分析，需要进行工艺设计、加工和检验等。用户进行工艺设计时，需要的并不是构成形体的点、线、面这些几何和拓扑信息，而是需要高层的机械加工特征信息，诸如光孔、螺孔、环形槽、键槽、滚花等，并根据零件的材料特性、加工特征的形状、精度要求、表面粗糙度要求等，以确定所需要的机床、刀具、加工方法、加工用量等，传统的几何造型系统远不能提供这些信息，以至于 CAD 与 CAPP（计算机辅助工艺过程设计）成为世界性的难题。

由此可以看出，特征是面向应用、面向用户的，基于特征的造型系统如图 6-30 所示。特征模型的表示仍然要通过传统的几何造型系统来实现。不同的应用领域，具有不同的应用特征。一些著名的特征造型系统（如 Pro/Engineering）除提供了一个很大的面向应用的设计特征库外，还允许用户自己定义自己的特征，加入到特征库中，为用户进行产品设计和使 CAD 与其他应用系统的集成提供了极大的方便。

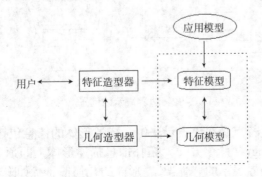

图 6-30　基于特征的造型系统

用一组特征（Feature）参数表示一组类似的物体，特征包括形状特征、材料特征等。不同应用领域的特征都有其特定的含义，例如机械加工中，提到孔，我们就会想到，是光孔，还是螺孔，孔径有多大，孔有多深，孔的精度是多少等。特征的形状常用若干个参数来定义，如图 6-31 所示。长方体的特征用长度 L，宽度 W 和高度 H 来定义；而圆柱和圆锥特征用底面半径 R 和高度 H 来定义。

所以，在几何造型系统中，根据特征的参数我们并不能直接得到特征的几何元素信息，而在对特征及在特征之间进行操作时需要这些信息。特征方法表示形体的覆盖域受限于特征的种类。

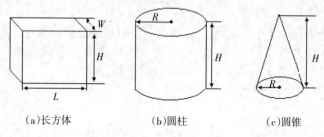

（a）长方体　　　　　　（b）圆柱　　　　　　（c）圆锥

图 6-31　特征形状表示

特征表示的优点是：用户输入形体非常方便，在 CAD/CAM 系统中，通常作为辅助的表示手段。主要缺点是：用户不能根据特征参数直接获取特征的几何元素信息，而在对特征及在特征之间进行操作时需要这些信息，表示形体的覆盖域受限于特征的种类。

上面介绍了构造表示的 3 种表示方法，可以看到，构造表示通常具有不便于直接获取形体几何元素的信息、覆盖域有限等缺点，但是，便于用户输入形体，在 CAD/CAM 系统中，通常作为辅助表示方法。

6.1.6　实体的边界表示

边界表示（Boundary Representation）也称为 BR 表示或 BRep 表示，它是几何造型中最成熟、无二义的表示法。实体的边界通常是由面的并集来表示（如图 6-32 所示），而每个面又由它所在的曲面的定义加上其边界来表示，面的边界是边的并集，而边又是由点来表示的。由平面多边形表面组成的物体，称为平面多面体；由曲面片组成的物体，称为曲面体。实体的边界与实体是一一对应的，定义了实体的边界，该实体就唯一地确定了。

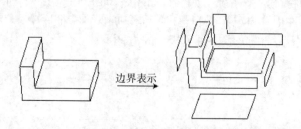

边界表示

图 6-32　边界表示的例子

边界表示的一个重要特点是在该表示法中，描述形体的信息包括几何信息（Geometry）和拓扑信息（Topology）两个方面，拓扑信息描述形体上的顶点、边、面的连接关系，拓扑信息形成物体边界表示的"骨架"，形体的几何信息犹如附着在"骨架"上的肌肉。例如，形体的某个表面位于某一个曲面上，定义这一曲面方程的数据就是几何信息。此外，边的形状、顶点在三维空间中的位置（点的坐标）等都是几何信息，一般说来，几何信息描述形体的大小、尺寸、位置、形状等。

在边界表示法中，边界表示按照体—面—环—边—点的层次，详细记录了构成形体的所有几何元素的几何信息及其相互连接的拓扑关系。在进行各种运算和操作中，就可以直接取得这些信息。

1）边界表示的数据结构

最简单的边界表示方法是将多面体表示成构成其边界的一列多边形，每个多边形又由一列顶点坐标来表示。为反映多边形的朝向，将其顶点统一按逆时针（或顺时针）排列，即前面的多边形表示。这样必须保存所有多边形的每个顶点会浪费存储空间。假如只保存每个多边形各顶点的序号（索引值），而将所有顶点存放于一个数组中可避免这种浪费。在这种表示中，边的信息是隐含的，即多边形顶点序列中相邻两个顶点构成其一条边。也就是说，这种数据结构中所包含的多面体边界的拓扑信息不完整，使得对多面体的操作效率不高。例如，需遍历包含某条边的所有多边形才能确定哪两个多边形共享该边。

边界表示的数据结构必须同时正确、完整地表示出边界的几何信息和拓扑信息。多面体的拓扑关系可用 9 种不同的形式描述：

$v \rightarrow \{v\}$，$v \rightarrow \{e\}$，$v \rightarrow \{f\}$，$e \rightarrow \{v\}$，$e \rightarrow \{e\}$，$e \rightarrow \{f\}$，$f \rightarrow \{v\}$，$f \rightarrow \{e\}$，$f \rightarrow \{f\}$

其中，"→"表示数据结构中包含从左端元素指向右端元素的指针，表明可从左端元素直接找到右端元素。

每一种关系都可由其他关系通过适当的运算得到。表示法中究竟采用哪种拓扑关系或关系的组合取决于边界表示所需支持的各种运算及存储空间的限制。例如：若边界表示要支持从边查找共享该边多边形的运算，则数据结构中最好包括拓扑关系 $e \rightarrow \{f\}$。数据结构中保存的拓扑关系越多，对多面体的操作越方便，但所占用的存储空间也越大。要根据实际情况妥善选择拓扑关系，求得多方面的合理折中，提高系统的整体效率。

在实体造型技术的研究中，有不少边界表示的数据结构相继提出，比较著名的有半边数据结构、翼边数据结构、辐射边数据结构等。

（1）半边数据结构。

半边数据结构是边界表示的一种较为典型的数据结构。在构成多面体的三要素（顶点、边与面）中，以边为核心。为方便表达拓扑关系，它将一条边表示成拓扑意义上相反的两条"半边"，所以称为半边数据结构或翼边数据结构（如图 6-33 所示）。

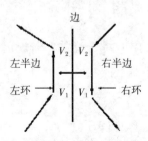

图 6-33　半边数据结构

采用半边数据结构，多面体的边界表示的为层次结构。以半边数据结构为基础的多面体的边界表示中包含了多种拓扑关系，可以方便地查找各元素之间的连接关系。这种表示中存储的信息量大，需要较多的存储空间，但却获得了较快的处理速度。

①多面体的数据结构。

多面体的数据结构表示：

```
struct solid{
        Id solidno;        /* 多面体序号 */
        Face *sfaces;      /* 指向多面体面 */
        Edge *sedges;      /* 指向多面体边 */
        Vertex *sverts;    /* 指向多面体顶点 */
        Solid *nexts;      /* 指向后一个多面体 */
        Solid *prevs;      /* 指向前一个多面体 */
        };
```

多面体是整个数据结构最上层的结点，在任何时候，都可以通过连接各结点的双向指针遍历（查找）构成多面体边界的面、边、顶点等元素。系统中也许会同时存在多个体，它们通过指针 pervs 与 nexts 连接起来。

② 面的结构。

面结构表示了多面体表面的一个平面多边形。

面的数据结构表示：

```
struct face{ Id faceno;   /* 面的序号 */
        Solid *fsolid;    /* 指向面所属多面体 */
        Loop *floops;     /* 指向构成面的环 */
        Vector feq;       /* 平面方程 */
        Face *nextf;      /* 指向后一个面 */
        Face *prevf;      /* 指向前一个面 */
        };
```

多边形所在平面的方程为：$feq[0] \cdot x + feq[1] \cdot y + feq[2] \cdot z + feq[3] = 0$，它的边界由一系列环构成，floops 指向其外环。

③环的结构。

环的数据结构表示：

```
struct face{ HalfEdge *ledge;  /* 指向构成环的半边 */
        Face *lface;           /* 指向该环所属的面 */
        Loop *nextl;           /* 指向后一个环 */
        Loop *prevl;           /* 指向前一个环 */
        };
```

一个环由多条半边组成，环的走向是一定的，若规定一个面的外环为逆时针走向，则其内环为顺时针走向，反之亦然。

④边的结构。

边的数据结构表示：

```
struct edge{ Id edgeno;        /* 面的序号 */
        HalfEdge *he1;         /* 指向左半边 */
        HalfEdge *he2;         /* 指向右半边 */
        Edge *nexte;           /* 指向后一条边 */
        Edge *preve;           /* 指向前一条边 */
        };
```

一条边分为拓扑意义上方向相反的两条边。在多面体边界表示中保存边的信息是为了方便对多面体以线框形式进行显示处理。

⑤半边的数据结构。

半边的数据结构表示：

```
struct halfedge{ Edge *edge;        /* 指向半边的父边 */
                Vertex *vtx;        /* 指向半边的起始点 */
                Loop *wloop;        /* 指向半边所属环 */
                HalfEdge *nxt;      /* 指向后一条半边 */
                HalfEdge *prv;      /* 指向前一条半边 */
                };
```

半边是整个数据结构的核心，首尾相连的半边组成一个环，通过指针 edge 可访问与该半边同属一条边的另一条边。

⑥顶点结构。

顶点的数据结构表示：

```
struct vertex{
                Id vertexno;        /* 顶点的序号 */
                HalfEdge *vedge;    /* 指向以该顶点为起点的半边 */
                Vector vcoord;      /* 顶点坐标 */
                Vertex *nxt;        /* 指向后一条半边 */
                Vertex *prv;        /* 指向前一条半边 */
                }
```

顶点是构成多面体的最基本元素，它包括了多面体的所有几何信息，即顶点坐标。

（2）翼边数据结构。

翼边数据结构是在 1972 年，由美国斯坦福大学 Baumgart 作为多面体的表示模式而被提出来的，它是基于边表示的数据结构，如图 6-34 所示。它用指针记录了每一边的两个邻面（即左外环和右外环）、两个顶点、两侧各自相邻的两个邻边（即左上边、左下边、右上边和右下边），用这一数据结构表示多面体模型是完备的，但它不能表示带有精确曲面边界的实体。

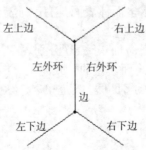

图 6-34　翼边数据结构

（3）辐射边数据结构。

为了表示非正则形体，1986 年，Weiler 提出了辐射边（Radial Edge）数据结构，如图 6-35 所示。辐射边结构的形体模型由几何信息（Geometry）和拓扑信息（Topology）两部分组成。几何信息有面（Face）、环（Loop）、边（Edge）和点（Vertex），拓扑信息有模型（Model）、区域（Region）、外壳（Shell）、面引用（Face Use）、环引用（Loop Use）、边引用（Edge Use）和点引用（Vertex Use）。这里点是三维空间的一个位置，边可以是直线边或曲线边，边的端点可以重合。环是由首尾相接的一些边组成，而且最后一条边的终点与第一条边的起点重合；环也可以是一个孤立点。外壳是一些点、边、环、面的集合；外壳所含的面集有可能围成封闭的三维区域，从而构成一个实体；外壳还可以表示任意的一张曲面或若干个曲面构成的面组；外壳还可以是一条边或一个孤立点。外壳中的环和边有时被称为"线框环"和"线框边"，这是因为它们可以用于表示形体的线框图。区域由一组外壳组成，而模型由区域组成。

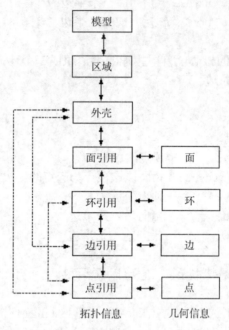

图 6-35　辐射边数据结构

2）欧拉公式

平面多面体指表面由平面多边形构成的三维体。其表面上的每条边被偶数个多边形共享。为排除非实体的多面体，要求多面体表面具有二维流形性质，即：多面体上的每条边只严格属于两个多边形。

设表面 s 由一个平面模型给出，且 v、e、f 分别表示其顶点、边和面的个数，那么 $v-e+f$ 是一个常数，它与 s 划分形成平面模型的方式无关。该常数称为 Euler 特征。

简单多面体是指与球拓扑同构的多面体，即它可以连续变换成一个球。其满足欧拉公式：

$v-e+f=2$

其中，v，e，f 分别是多面体的顶点数、边数和面数（如图 6-36 所示）。

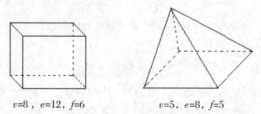

$v=8$，$e=12$，$f=6$　　　　　$v=5$，$e=8$，$f=5$

图 6-36　满足欧拉公式的简单多面体

　　欧拉公式是一个多面体为简单多面体的必要条件，而不是充分条件。如果一个多面体不满足欧拉公式，则它一定不是简单多面体；但满足欧拉公式的多面体不一定是简单多面体。

　　带悬挂面的立方体同样满足欧拉公式，但它却不是简单多面体，也不是一个实体（如图 6-37 所示）。由此例可以看出，为了检验一个具有多边形表面的体是不是简单多面体，除要验证欧拉公式外，还得附加一些条件。如：每条边连接两个顶点；每条边只被两个面共享；每个顶点至少被 3 条边共享。

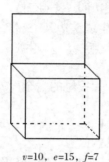

$v=10$，$e=15$，$f=7$

图 6-37　满足欧拉公式的带悬面的立方体

　　非简单多面体满足下面的广义欧拉公式：

$v-e+f=2(s-h)+r$

　　其中：v、e、f 含义与前面一样；r 为多面体表面上孔的个数；h 为贯穿多面体的孔洞的个数；s 为相互分离的多面体数（如图 6-38 所示）。

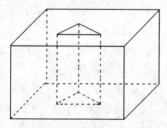

$v=14$，$e=21$，$f=9$，$r=2$，$s=1$，$h=1$

图 6-38　满足广义欧拉公式的非简单多面体

　　与前述一样，广义欧拉公式仍然是检查一个具有多边形表面的体是否为实体的必要条件。欧拉公式同样适用于表面由曲面片组成的多面体（如图 6-39 所示）。

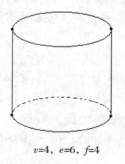

$v=4$，$e=6$，$f=4$

图 6-39　满足欧拉公式的曲面体

最为常用的几种欧拉操作有：

(1) mvsf (v, f)，生成含有一个点的面，并且构成一个新的体。

(2) kvsf，删除一个体，该体仅含有一个点的面。

(3) mev (v_1, v_2, e)，生成一个新的点 v_2，连接该点到已有的点 v_1，构成一条新的边。

(4) kev (e, v)，删除一条边 e 和该边的一个端点 v。

(5) mef (v_1, v_2, f_1, f_2, e)，连接面 f_1 上的两个点 v_1、v_2，生成一条新的边 e，并产生一个新的面。

(6) kef (e)，删除一条边 e 和该边的一个邻面 f。

(7) kemr (e)，删除一条边 e，生成该边某一邻面上的一个新的内环。

(8) mekr (v_1, v_2, e)，连接两个点 v_1、v_2，生成一条新的边 e，并删除掉 v_1 和 v_2 所在面上的一个内环。

(9) kfmrh (f_1, f_2)，删除与面 f_1 相接触的一个面 f_2，生成面 f_1 上的一个内环，并形成体上的一个通孔。

(10) mfkrh (f_1, f_2)，删除面 f_1 上的一个内环，生成一个新的面 f_2，由此也删除了体上的一个通孔。

为了方便对形体的修改，还定义了两个辅助的操作：

(1) semv (e_1, v, e_2)，将边 e_1 分割成两段，生成一个新的点 v 和一条新的边 e_2。

(2) jekv (e_1, e_2)，合并两条相邻的边 e_1、e_2，删除它们的公共端点。

以上 10 种欧拉操作和两个辅助操作，每两个一组，构成了 6 组互为可逆的操作。

可以证明：欧拉操作是有效的，即用欧拉操作对形体操作的结果在物理上是可实现的；欧拉操作是完备的，即任何形体都可用有限步骤的欧拉操作构造出来。

3) Brep 表示的优缺点

Brep 表示的优点是：

(1) 表示形体的点、边、面等几何元素是显式表示的，使得绘制 Brep 表示的形体的速度较快，而且比较容易确定几何元素间的连接关系。

(2) 容易支持对物体的各种局部操作，比如进行倒角，我们不必修改形体的整体数据结构，而只需提取被倒角的边和与它相邻两面的有关信息，然后，施加倒角运算就可以了。

(3) 便于在数据结构上附加各种非几何信息，如精度、表面粗糙度等。

Brep 表示的缺点是：

(1) 数据结构复杂，需要大量的存储空间，维护内部数据结构的程序比较复杂。

(2) Brep 表示不一定对应一个有效形体，通常运用欧拉操作来保证 Brep 表示形体的有效性、正则性等。

由于 Brep 表示覆盖域大，原则上能表示所有的形体，而且易于支持形体的特征表示等，Brep 表示已成为当前 CAD/CAM 系统的主要表示方法。

6.1.7 求交运算

通常，在几何造型系统中，用到包括点、线、面 3 类几何元素，主要有 3D 点，3D 直线段、二次曲线（包括圆弧和整圆、椭圆弧和椭圆、抛物线段、双曲线段）、Beziér 曲线（有理和非有理）、B 样条曲线、NURBS 曲线，平面、二次曲面（包括球面、圆柱面、圆锥 / 台面、双曲面、抛物面、椭球面和椭圆柱面）、Beziér 曲面（有理和非有理）、B 样条曲面、NURBS 曲面等 25 种类型。

如果我们研究每两种几何形体的求交运算，所涉及的求交函数多达几百种。一种好的方法是，将几何元素进行归类，利用同一元素之间的共性来研究求交算法。同时对每一类元素，在具体求交算法中要考虑它们的特性，以提高算法的效率，发挥混合表示方法的优势，求交方法就可分为了点点、点线、点面、线线、线面、面面 6 种。涉及点的 3 种求交比较简单，计算两个点是否相交，实际上是判断两个点是否重合，判断点和线（或面）是否相交，实际上是判断点是否在线（或面）上。

我们主要研究线线、线面和面面 3 种求交运算。线和面又可分别归为二次曲线、自由曲线和二次曲面、自由曲面。因此，线与线的求交有二次曲线与二次曲线、二次曲线与自由曲线及自由曲线与自由曲线求交 3 种。线与面的求交有二次曲线与二次曲面、二次曲线与自由曲面、自由曲线与二次曲面及自由曲线与自由曲面求交 4 种。面与面的求交有二次曲面与二次曲面、二次曲面与自由曲面及自由曲面与自由曲面求交 3 种。在这些求交过程中有些较为简单，有些比较复杂，我们对一些具有代表性的求交过程讨论如下：

1) 线与线的求交计算

（1）二次曲线与二次曲线的求交。

二次曲线在非退化的情况下，也称为圆锥曲线（椭圆、双曲线和抛物线）。由于圆锥曲线在其标准（局部）坐标系下具有标准的隐式方程和参数方程的形式，因而，这种求交策略是将坐标系变换到该圆锥曲线的局部坐标系下，一个圆锥曲线用隐式方程的形式表示，而另一圆锥曲线采用参数方程的形式，代入即可获得有关参数的四次方程，四次代数方程具有精确的求根公式，因而可计算出二者的交点。

（2）二次曲线与 NURBS 曲线求交。

自由曲线（Beziér 曲线、B 样条曲线和 NURBS 曲线）可用 NURBS 方法统一表示。二次曲线与 NURBS 曲线求交，可将 NURBS 曲线的参数方程代入圆锥曲线的隐式方程，得到参数的一元高次方程，然后，使用一元高次方程的求根方法解出交点参数，或把圆锥曲线也表示为参数形式，转化为两个 NURBS 曲线的求交问题。

（3）NURBS 曲线与 NURBS 曲线求交。

解决这类求交问题，通常采用离散法求初始交点，迭代求精确解的办法，具体求解步骤如下：

①初始化。依据离散精度，将 NURBS 曲线形成对应的二叉树表示，叶子结点是对应于该曲线的某一离散子线段及其包围盒，非叶子结点是对应于该段 NURBS 曲线的包围盒。

②求初始交点。遍历两曲线的二叉树，若其叶子结点的包围盒相交，则将两者的数据（曲线段中点的参数值，二者坐标的平均值）存入初始交点队列。

③将初始交点迭代求精确交点。迭代方程可形象地用图 6–40 表示。

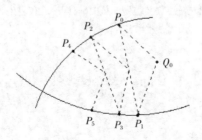

图 6–40　NURBS 曲线与 NURBS 曲线迭代求交过程示意图

计算过程为：设初始交点为 $(Q_0,\ s_0,\ t_0)$，其中 Q_0 是初始点的空间坐标，s_0、t_0 则分别为两 NURBS 曲线的初始交点参数值，将 Q_0 投影至两曲线上，得 $(P_0,\ s_0)$ 与 $(P_1,\ t_1)$ 两点，可得另一更精确的初始点 $\left(\dfrac{P_0+P_1}{2},\ s_1,\ t_1\right)$，依次可得 P_0，P_2，$\cdots$，P_{2n}，$\cdots$ 和 P_1，P_3，$\cdots$，P_{2n+1}，$\cdots$，直到 P_{2n} 与 P_{2n+1} 两点间的距离小于 e 为止。

2）线与面的求交计算

与自由曲线的表示类似，自由曲面（Beziér 曲面、B 样条曲面和 NURBS 曲面）可用 NURBS 方法统一表示。二次曲线与 NURBS 曲面的求交计算通常转化为 NURBS 曲线与 NURBS 曲面的求交计算的问题。

二次曲线与二次曲面的求交计算，可以把二次曲线的参数形式代入二次曲面的隐式方程，得到关于参数的四次方程，然后用四次方程的求根公式，计算出交点的参数。

NURBS 曲线与二次曲面的求交计算，可以把 NURBS 曲线的参数形式代入二次曲面的隐式方程，得到关于参数的高次方程，然后，用高次方程的求根方法求解。

下面重点介绍 NURBS 曲线与 NURBS 曲面的求交计算，计算过程叙述如下：

（1）初始化。

依据离散精度，将 NURBS 曲线离散成二叉树的形式，将 NURBS 曲面离散成四叉树的形式。四叉树的叶子结点是 NURBS 曲面的子曲面片，并存储其包围盒的坐标，非叶子结点记录对应子面片的包围盒。

（2）求初始交点。

遍历该二叉树和四叉树，如果曲线二叉树叶子结点的包围盒与曲面四叉树的叶子结点的包围盒有交点，则将子曲线段中点的参数值、子曲面片的中心点的坐标值与参数值作为初始交点，记录入初始交点点列中去。

（3）对初始交点进行迭代，形成精确交点。

可用牛顿迭代法求解精确交点。设 NURBS 曲线为 $C(t)$，NURBS 曲面为 $S(u,\ v)$，则在交点处应满足：

$C(t)-S(u,\ v)=0$

设：$f(u,\ v,\ t)=C(t)-S(u,\ v)$

则问题转化为求函数 $f(u,\ v,\ t)$ 的根。

（有错）？

因为：$df=\dfrac{dC(t)}{dt}dt-\dfrac{\partial S(u,\ v)}{\partial u}du-\dfrac{\partial S(u,\ v)}{\partial v}dv$

两边同时叉乘 $\dfrac{\partial S(u,\ v)}{\partial u}$ 得：

$\dfrac{\partial S(u,\ v)}{\partial u}\cdot df=\dfrac{\partial S(u,\ v)}{\partial u}\cdot\dfrac{dC(t)}{dt}dt-\dfrac{\partial S(u,\ v)}{\partial u}\cdot\dfrac{\partial S(u,\ v)}{\partial u}du-\dfrac{\partial S(u,\ v)}{\partial u}\cdot\dfrac{\partial S(u,\ v)}{\partial v}dv$

由于：$\dfrac{\partial S(u,\ v)}{\partial u}\cdot\dfrac{\partial S(u,\ v)}{\partial u}=0$

所以：$\dfrac{\partial S(u,\ v)}{\partial u}\cdot df=\dfrac{\partial S(u,\ v)}{\partial u}\cdot\dfrac{dC(t)}{dt}dt-\dfrac{\partial S(u,\ v)}{\partial u}\cdot\dfrac{\partial S(u,\ v)}{\partial v}dv$

两边再点乘 $\dfrac{dC}{dt}$ 得：

$\dfrac{dC}{dt}\cdot\dfrac{\partial S(u,\ v)}{\partial u}\cdot df=\dfrac{dC}{dt}\cdot\left(\dfrac{\partial S(u,\ v)}{\partial u}\times\dfrac{dC(t)}{dt}\right)dt-\dfrac{dC}{dt}\cdot\dfrac{\partial S(u,\ v)}{\partial u}\cdot\dfrac{\partial S(u,\ v)}{\partial v}dv$

由于 $\dfrac{dC}{dt}$ 垂直于 $\dfrac{\partial S(u,\ v)}{\partial u} \cdot \dfrac{dC(t)}{dt}$,

即：$\dfrac{dC}{dt} \cdot \left(\dfrac{\partial S(u,\ v)}{\partial u} \cdot \dfrac{dC(t)}{dt} \right) = 0$

所以：$\dfrac{dC}{dt} \cdot \left(\dfrac{\partial S(u,\ v)}{\partial u} \cdot df \right) = -\dfrac{dC}{dt} \cdot \left(\dfrac{\partial S(u,\ v)}{\partial u} \cdot \dfrac{\partial S(u,\ v)}{\partial v} \right) dv$

类似可得到：

$\dfrac{dC}{dt} \cdot \left(\dfrac{\partial S(u,\ v)}{\partial v} \cdot df \right) = -\dfrac{dC}{dt} \cdot \left(\dfrac{\partial S(u,\ v)}{\partial v} \cdot \dfrac{\partial S(u,\ v)}{\partial u} \right) du$

$\dfrac{\partial S(u,\ v)}{\partial u} \cdot \left(\dfrac{\partial S(u,\ v)}{\partial v} \cdot df \right) = \dfrac{\partial S(u,\ v)}{\partial u} \cdot \left(\dfrac{\partial S(u,\ v)}{\partial v} \cdot \dfrac{dC}{dt} \right) dt$

令：$D = \dfrac{dC(t)}{dt} \cdot \left(\dfrac{\partial S(u,\ v)}{\partial u} \cdot \dfrac{\partial S(u,\ v)}{\partial v} \right)$,

则可建立迭代方程为：

$t_{i+1} = t_i - \left[\dfrac{\partial S(u,\ v)}{\partial u} \left(\dfrac{\partial S(u,\ v)}{\partial v} \cdot df \right) \right] / D\ (t_i,\ u_i,\ v_i)$

$u_{i+1} = u_i + \left[\dfrac{dC}{dt} \left(\dfrac{\partial S(u,\ v)}{\partial v} \cdot df \right) \right] / D\ (t_i,\ u_i,\ v_i)$

$v_{i+1} = v_i + \left[\dfrac{dC}{dt} \left(\dfrac{\partial S(u,\ v)}{\partial u} \cdot df \right) \right] / D\ (t_i,\ u_i,\ v_i)$

设初始值为 $(t_0,\ u_0,\ v_0)$,一般迭代 3~5 次,便可达到要求的精度。

3) 曲面与曲面的求交

在几何元素之间的求交算法中,曲面与曲面之间的求交是最为复杂的一种,比其他元素的求交要复杂得多,根据近年来人们在研究求交方法中所取得的成果,综述一下求交的几种方法,有兴趣了解更详细情况的读者,请参考其他有关参考资料。曲面与曲面求交的基本方法主要有代数方法、几何方法、离散方法和跟踪方法 4 种,下面分别作一个简单的介绍。

（1）代数方法。

代数方法是利用代数运算,特别是求解代数方程的方法求出曲面的交线。对于一些简单的曲面求交,如平面和平面、平面和二次曲面,可以直接通过曲面方程求解计算交线,对于某些复杂的情况,则需要进行分析和化简运算后求解。

根据表示曲面的方程的形式可以将曲面分为隐式表示和参数表示两种类型。隐式表示的曲面的形式为 $f(x,\ y,\ z) = 0$,参数表示的曲面的形式为 $r = r(u,\ v)$。所以,根据参与求交的两曲面的表示形式的不同,可以把求交分为 3 种情况。

对于隐式表示和参数表示的曲面求交,通过把参数方程代入隐式方程的方法,可以将交线表示为 $g(u,\ v) = 0$ 的形式。此时得到的交线方程是平面代数曲线方程,可根据平面代数曲线理论的方法求解交线。求解的过程是先构造特征初始点（边界点、转折点和奇异点）,这可用数值方法求解方程组得到,特征点把交线分成若干单调段,从特征初始点出发可求出每一单调段。

对于两个曲面都是参数表示的情形,只需要将其中之一隐式化,然后用前面的方法求解。而参数多项式或有理多项式曲面的隐式化通过消元来实现。Sederberg、Goldman 等人借用经典代数方法将参数曲线、曲面隐式化。但是，参数曲面经隐式化后将变得十分复杂，使得该方法在实际应用时仅适合于低次曲线、曲面，对于一般情形还只是理论上的探讨而已。

如果两个曲面都是隐式曲面，一种方法是将其中一个曲面参数化，也可用第一种情况来求解。但是，一般情况下这种参数化很困难，对于某些情况可以采用另外的方法计算参数化的曲面。Levin 在研究两个二次曲面求交时，通过构造二次曲面族的方法，在二次曲面族中计算出一直纹面作为可参数化曲面。这样可转化为通过直纹面上一系列直母线与二次曲面求交来求解交线。Sarraga 在造型系统 GMsolid 中，以此为基础具体实现了圆柱面、圆锥面和球面之间的求交。

代数法还有一个严重的弱点是对误差很敏感，这是因为代数法经常需要判别某些量是否大于零、等于零或小于零，而在计算机中的浮点数近似表示的误差常常会使这种判别出现错误，而且这种误差会随着运算步骤的增多而不断扩大。

(2) 几何方法。

几何方法求交是利用几何的方法，对参与求交的曲面的形状大小、相互位置以及方向等进行计算和判断，识别出交线的形状和类型，从而可精确求出交线。对于一些交线退化或相切的情形，交线往往是点、直线或圆锥曲线，用几何方法求交可以更加迅速和可靠。

几何求交适应性不是很广，一般仅用于平面以及二次曲面等简单曲面的求交。Miller 在研究自然曲面（球面、圆柱面和圆锥面）求交时，使用几何方法穷举出交线的各种情况。Piegl 利用几何作图的方法，对二次曲面求交的各种情况进行分类，然后分别予以处理，取得了较为满意的结果。金通洗在研究锥面和柱面求交时，引进几何参数，十分直观、简捷地求出整个交线。

(3) 离散方法。

离散方法求交是利用分割的方法，将曲面不断离散成较小的曲面片，直到每一子曲面片均可用比较简单的面片，如四边形或三角形平面片来逼近，然后用这些简单面片求交得一系列交线段，连接这些交线段即得到精确交线的近似结果。离散求交一般包括下面的过程：用包围盒作分离性检查排除无交区域；根据平坦性检查判断是否终止离散过程；连接求出的交线段作为求交结果。

由于 Beziér 曲面、B 样条曲面具有离散性质，使得它们最适合于离散法求交。汪国昭首先给出了 Beziér 曲面离散层数的公式，可用检查曲面的离散层数来代替平坦性检查，后来 Filp 将之推广到一般 C2 连续的参数曲面。

然而离散求出的交线逼近精度不高。如果要求的精度较高，需要增加离散层数，这将大大增加了数据储存量和计算量。此外，对于处于不同离散层数的相邻子曲面片，由它们产生的交线段可能会出现裂缝。为此，彭群生在考虑求两个 B 样条曲面的交线时，采用四叉树结构来描述曲面的离散情况，采用深度优先遍历来尽早发现交线段，然后根据交线的相关性，相继地求出交点。

针对一般的参数曲面，Houghton 给出了一个不依赖于曲面类型的矩形域上的 C^1 连续曲面的求交方法。

(4) 跟踪方法。

跟踪方法求交是通过先求出初始交点，然后从已知的初始交点出发，相继跟踪计算出下一交点，从而求出整条交线的方法。

跟踪法的本质是构造交线满足的微分方程组，先求出满足方程组的某个初值解，通过数值求解微分方程组的方法来计算整个交线。Wang 利用分析微分方程组的方法还讨论了参数曲面的偏移曲面的求交。

跟踪方法在计算相继交点的时候，利用了曲面的局部微分性质，一般采用数值迭代的方法求解，使得计算效率较高。

跟踪法求交中要考虑的主要问题包括：如何求出初始交点，并保证每一交线分支都有初始交点被求出；如何计算奇异情况下的跟踪方向以及合理选取跟踪的前进步长；如何处理相切的情况。Sinha 和 Sederberg 等人提出所谓环检查的方法确保没有交线分支的遗漏。Cheng 利用平面向量场的技术求出所有交线。

以上几种方法是曲面求交中常采用的几种基本方法。在实际应用中，往往根据具体应用的需要，采用这些方法的结合来实现求交，如在跟踪法中的初始交点常采用离散法求得。

6.1.8　实体造型系统简介

在早期开发的实体造型系统中，值得提及的是剑桥大学的 BUILD-1 系统，5 年以后又出现了 BUILD-2 系统，但都没有公开使用，更遗憾的是，系统的研究小组在 1980 年也解散了。研究小组的一部分人组建了 Shape Data 公司，并开发出实体造型系统 Romulus，Romulus 孕育了最著名的两个实体造型系统开发环境：Parasolid 和 ACIS。

Parasolid 和 ACIS 均采用精确的边界表示，且混合使用 NURBS 和解析曲面。Parasolid 和 ACIS 并不是面向最终用户的应用系统，而是"几何引擎"，作为应用系统的核心。用户可用它们作为平台，开发自己的应用系统。当今许多流行的商用 CAD/CAM 软件，如 Unigraphics、Solidedge、Solidwork、MDT 等，都是在 Parasolid 或 ACIS 的基础上开发出来的。Parasolid 和 ACIS 是两个最有代表性的几何造型系统的开发平台，下面我们简要介绍一下这两个系统。

1）Parasolid 系统

Parasolid 是用 C 语言开发的，其前身是 Romulus。为了在实体造型系统中支持精确的曲面表示，1985 年，Shape Data 公司开始了 Parasolid 的开发。

Parasolid 有较强的造型功能，但是，只能支持正则实体造型。主要功能包括：

（1）Parasolid 采用自由曲面和解析曲面的混合表示，共提供了 10 种标准的曲面类型和 7 种标准的曲线类型，并且是完全集成的，应用程序操作模型时，无须关心它们的几何结构。9 种曲面类型分别是：平面、圆柱、圆锥、圆环、球、精确过渡面、扫描面、旋转面和 NURBS 面。7 种曲线类型分别是：直线、圆、椭圆、曲面与曲面的交线、NURBS 曲线、曲面的裁剪线和等参数线。

（2）Parasolid 可用简单的方法生成复杂的实体，实体之间可有多种方式的操作。Parasolid 实体创建方法包括：块创建、圆柱创建、球创建、圆环创建、棱柱创建、扫描轮廓创建、旋转轮廓创建、缝合裁剪曲面创建及 Brep 模型创建。

（3）对于早期的实体造型系统，需要用户理解与造型技术密切相关的全局和局部操作的概念。当前，用户可用自己理解的工程特征进行设计，即实体模型根据工程特征建立。Parasolid 提供了特征的创建和编辑功能，特征可以是一组拓扑面、边、顶点，或几何曲面、曲线、点，或它们的组合。

（4）为了能够将实体模型转化为产品定义模型，Parasolid 能够提供非拓扑和非几何数据，称为属性（Attributes），如加工容差、表面粗糙度、表面反射率、实体透明度和实体密度等。属性包括系统定义的属性和用户定义的属性两种，且依附于模型实体（Entities）。

（5）Parasolid 支持局部操作，由于完全集成了几何实体（Entities），所以对任何模型进行局部操作时，无须关心模型的几何结构。Parasolid 的局部操作包括：改变面几何、变换面几何、使面成锥形、摆动面、扫描面及删除面。提供了多半径、变半径的过渡功能。

Parasolid 创建的模型实体（Entities）包括 3 种：拓扑、几何和相关数据，它们之间的关系如图 6-41 所示。

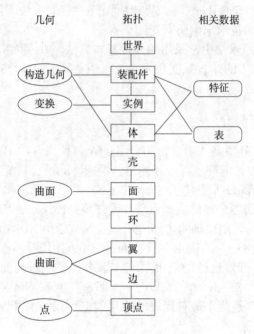

图 6-41　核心模型的实体

（1）拓扑实体（Entities）。

拓扑实体（Entities）包括构造模型结构的所有实体，共有 10 种，它们分别是：

①体（Body）：Parasolid 模型通常包括一个或多个体（Bodies），体包括顶点（Vertices）、边（Edges）、翼（Fins）、环（Loops）、面（Faces）、壳（Shells）。

②壳（Shell）：壳是实体（Solid）和空气之间封闭的边界，每一个壳是面（Faces）、边（Edges）和顶点（Vertices）的集合。

③面（Face）、边（Edge）和顶点（Vetex）：面（Faces）、边（Edges）和顶点（Vertices）通常有几何实体，分别对应曲面（Surfaces）、曲线（Curves）和点（Points）。

④翼（Fin）：翼（Fins）表示一条边的一侧，可能依附有一条曲线，每一条边有一个左翼和一个右翼。

⑤环（Loop）：环属于面（Faces），环是由一个面上封闭的翼组成的。

⑥装配件（Assembly）和实例（Instance）：一个装配件是一个对其他装配件或体的指针的集合。每一个指针（被称为一个实例）有一个变换与之相关，以控制被引用的零件相对于装配件中的其他零件的位置和方向。

⑦世界（World）：世界是一个独特的实体（Entity），它包含模型中的所有的体（Bodies）和装配件（Assemblies）。

（2）几何实体（Entities）。

几何实体（Entities）有 4 种：变换（Transformation）、点（Point）、曲线（Curve）和

曲面（Surface）。

①点（Point）：点（Points）主要依附于顶点（Vertices），它们也依附于体（Bodies）和装配件（Assemblies）作为构造点（Construction Points）。

②曲线（Curve）：曲线（Curves）主要依附于面（Faces），但也依附于体（Bodies）和装配件（Assemblies）作为构造几何元素（Construction Geometry）。

③曲面（Surface）：曲面（Surfaces）主要依附于模型的边（Edges）或翼（Fins），但也依附于体（Bodies）和装配件（Assemblies）作为构造几何元素（Construction Geometry）。

④变换（Transform）：变换（Transform）表示几何操作：平移、修剪等，主要依附于实例。

（3）相关的数据实体（Entities）。

相关的数据实体（Entities）允许附加的数据能被操作或依附于模型，共有 3 种：

①特征（Feature）：特征（Features）是实体（Entities）的集合，依附于体（Bodies）和装配件（Assemblies）。

②表（List）：表（Lists）提供了结构化数据的方法，它们一般独立使用，也可依附于体（Bodies）和装配件（Assemblies）。表有 3 种：整数表（Integer）、实数表（Real）和标志表（Tag）。

③属性（Attribute）：属性（Attributes）是用于附着信息到实体（Entities）的数据结构。

Parasolid 的界面：

如图 6-42 所示，Parasolid 有两个界面，一个在造型器顶部，称为核心界面（KI）。通过 KI，用户可以造型、操作对象和控制造型器。另一个在造型器下部，它包括 3 个部分：Frustrum、GO（Graphics Output）和 FG（Foreign Geometry）。

函数集（Frustrum）：Frustrum 是用户写的函数集，当数据被存储、提取，或进行内存分配时，它们被核心调用。

图形输出（GO）：图形输出（GO）函数也是被用户写的。不过与 Frustrum 不同，从这些函数输出的通常不是数据文件，而是要求核心（Kernel）绘图的指令。

外部几何（FG）：Parasolid 称外部定义的曲线、曲面为外部几何（FG）。FG 功能允许Parasolid 通过 FG 模块界面访问用户定义的曲线、曲面，使得用户可以使用 Parasolid 造型出的曲线、曲面及标准的 Parasolid 曲线、曲面类型（参见 Parasolid 功能介绍）。

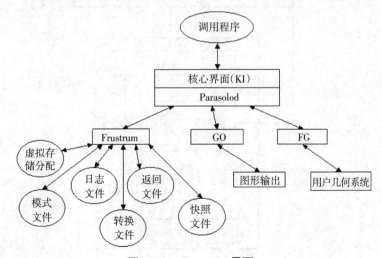

图 6-42　Parasolid 界面

2) ACIS 系统

ACIS 是由美国 Spatial Technology 公司推出的，Spatial Technology 公司成立于 1986 年，并于 1990 年首次推出 ACIS。ACIS 最早的开发人员来自美国 Three Space 公司，而 Three Space 公司的的创办人来自于 Shape Data 公司，因此 ACIS 必然继承了 Romulus 的核心技术。

ACIS 的重要特点是支持线框、曲面、实体统一表示的非正则形体造型技术，能够处理非流形形体。

（1）ACIS 的结构。

ACIS 产品采用了组件技术，其核心是几何造型器（Geometric Modeler），还包括一些可与核心集成的组件，称为外壳（Husk）。核心只提供一些基本的几何造型功能，其他高级功能在外壳中提供，外壳可以是 Spatial Technology 公司提供的，如高级渲染（Advanced Rendering）外壳、三维工具箱（3D Toolkit）外壳等，也可以是用户开发的。ACIS 核心结构如图 6-43 所示，与 ACIS 核心集成的外壳如图 6-44 所示。

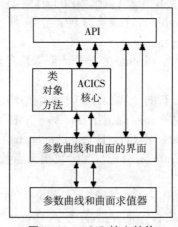

图 6-43　ACIS 核心结构

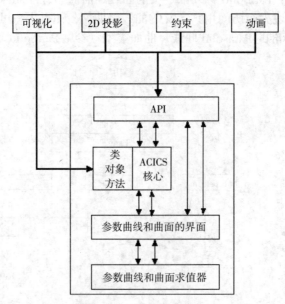

图 6-44　与 ACIS 核心集均衡的外壳

（2）ACIS 的模型表示。

ACIS 模型表示由各种属性（Attributes）、几何（Geometries）和拓扑（Topologies）组成。ACIS 是用 C++ 开发的，用 C++ 类的层次实现了概念模型。

几何是指模型的物理描述，如点（Point）、曲线（Curve）、曲面（Surface）、直线（Straight）椭圆（Ellipse）等；拓扑是指各种几何实体在空间的关联，如体（Body）、线（Wire）、块（Lump）、壳（Shell）、子壳（Subshell）、面（Face）、环（Loop）、环边（Coedge）、边（Edge）和顶点（Vertex）等；属性依附于模型实体。更详细的说明请参见 ACIS 有关文档。

ACIS 核心提供了一个几何总线，以连接其他的外壳与应用程序，如图 6-45 所示。

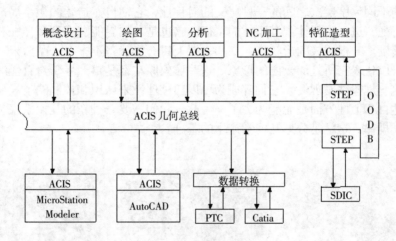

图 6-45　ACIS 几何总线

（3）ACIS 的界面。

ACIS 与应用程序的界面包括：

①API 函数。

API（Application Procedural Interface）函数是一个函数集，应用程序通过调用这些函数可以操作模型。API 函数融入了变量错误检查、日志处理和中继模型管理。

②属性。

ACIS 属性（Attributes）机制向开发者提供了具体的应用程序数据关联到 ACIS 几何或拓扑实体（Entity）的方法。属性与模型数据一起存储或恢复。开发者也能利用现存的属性机制，为特定的应用导出新的属性类。

③类。

类（Classes）界面是定义 ACIS 几何和拓扑模型及其他 ACIS 特征的 C++ 类的集合，开发者可以直接利用这些类和方法，为特定的应用导出新的类和方法。

④宏。

预处理器宏（Macros）用于简化通常的编码任务。这些任务包括从实体（Entity）和属性（Attrib）类派生出新的、具体的应用类，定义 API 函数和处理日志。

6.2 分形几何造型简介

6.2.1 分形几何造型的基本理论

1) 分形造型理论的提出

无论人们通过怎样的方式把欧几里得几何学的形体与自然界关联起来，欧氏几何在表达自然的本性时总是会遇到一个难题：即它无法表现自然在不同尺度层次上的无穷无尽的细节。欧氏几何形体在局部放大后呈现为直线或光滑的曲线，而自然界的形体（如山脉、河流、云朵等）则在局部放大后仍呈现出与整体特征相关的丰富的细节（如图 6-46 所示），这种细节特征与整体特征的相关性就是我们现在所说的自相似性。自相似性是隐含在自然界的不同尺度层次之间的一种广义的对称性，它使自然造化的微小局部能够体现较大局部的特征，进而也能体现其整体的特征。它也是自然界能够实现多样性和秩序性的有机统一的基础。一根树枝的形状看起来和一棵大树的形状差不多；一朵白云在放大若干倍以后，也可以代表它所处的云团的形象。这些形象原本都是自然界千奇百怪的形状，但在自相似性这一规律被发现后，它们都成为可以通过理性来认识和控制的了。显然，欧氏几何学在表达自相似性方面是无能为力了，为此，我们需要一种新的几何学来更明确地揭示自然的这一规律。这就是分形几何学产生的基础。

图 6-46　细节丰富的自然图像

1906 年，瑞典数学家 H.Von Koch 在研究构造连续而不可微函数时，提出 Koch 曲线。从一条直线段开始，将线段中间的三分之一部分用一个等边三角形的两边代替，在新的图形中，又将图中每一直线段中间的三分之一部分都用一个等边三角形的两条边代替，再次形成新的图形，如此迭代；将一个等边三角形的三边都三等分，在中间那一段上再凸起一个小正三角形，这样一直下去。理论上可以证明这种不断构造的雪花周长无穷，但面积为有限（趋于定值），如图 6-47 所示。

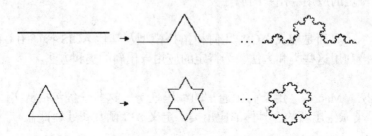

图 6-47　分数维造型的两种 Koch 曲线

这样的曲线在数学上是不可微的，欧氏几何对这种图形的描述显得无能为力。

20 世纪 60 年代，现代分形理论的奠基人 B.B.曼德布罗特（B.B.Mandelbrot）将雪花与海岸线、山水、树木等自然景物联系起来，并于 1967 年在英国《科学》杂志发表"英国的海岸线有多长？统计自相似性与分数维数"，提出分形的概念。曼德布罗特注意到 Koch 雪花与海岸线的共同特点：它们都有细节的无穷回归，测量尺度的减少都会得到更多的细节。换句话说，就是将其中一部分放大会得到与原来部分基本一样的形态，这就是曼德布罗特发现的复杂现象的自相似性。

为了定量地刻画这种自相似性，他引入了分数维（Fractal）概念，这是与欧氏几何中整数维相对应的。分形用于指具有多重自相似的对象，它可以是自然存在的，也可以是人造的。分形物体的细节变化用分形维数（分数维）来描述，它是物体粗糙性或细碎性的度量。

分形可以分为自相似、自仿射和不变分形集 3 类：

（1）自相似分形的组成部分是整个对象的收缩形式。从初始形状开始，对整个形体应用缩放参数 s 来构造对象的子部件。对于子部件，同样使用相同的缩放参数 s，或者对对象的不同收缩部分使用不同的缩放因子。如果对收缩部分使用随机变量，则将分形称为统计自相似，其各部分具有相同的统计性质。统计自相似分形一般用于模拟树等植物。

（2）自仿射分形的组成部分由不同坐标方向上的不同缩放参数 s_x、s_y、s_z 形成。也可以引入随机变量，从而获得随机仿射分形。岩层、水和云是使用随机仿射分形构造方法的典型例子。

（3）不变分形集由非线性变换形成。这类分形包括自平方分形，如 Mandelbrot 集（在复数空间中使用平方函数而形成）；自逆分形则由自逆过程形成。

在欧氏几何中，把空间看成三维的，把平面看成二维的，而把直线看成一维的，推广后认为点是零维的。通常习惯于整数维数、指拓扑维数，只能取整数，表示描述一个对象所需的独立变量的个数。

曼德布罗特把那些 Hausdorff 维数不是整数的集合称为分形，又修改为强调具有自相似性的集合为分形，至今无统一定义，比较合理、普遍被人接受的定义。可以通过列出分形的特征来定义分形：（定义具有如下性质的集合 F 为分形）

（1）F 具有精细的结构，有任意小比例的细节。

（2）F 是如此地不规则，以至于它的整体与局部都不能用传统的几何语言来描述。

（3）F 通常有某种自相似的性质，这种自相似性可以是近似的或者是统计意义下的。

（4）一般地，F 的某种定义之下的分形维数大于它的拓扑维数。

（5）在大多数令人感兴趣的情形下，F 通常能以非常简单的方法定义，由迭代过程产生。

2）分形的维数

分形维数指的是度量维数，是从测量的角度定义的。从测量的角度看，维数是可变的。如从测量的角度重新理解维数概念。假设分形维数使用 D 进行描述。生成分形对象的一种方法是建立一个使用选定的 D 值的交互过程。另一个方法是从构造对象的特性来确定分形维数，尽管一般情况下分形维数的计算较为困难。可以应用拓扑学中维数概念的定义来计算 D。

自相似分形的分形维数表达式根据单个缩放因子 s 进行构造，类似于欧氏对象的细分。如图 6-48、图 6-49 和图 6-50 所示分别表达了缩放因子 s 与单位线段、正方形和立

方体的再分数目 n 之间的关系。当 $s=\dfrac{1}{2}$ 时，单位线段分成两个相同长度的部分。同样，图中的单位正方形分成 4 个相等的部分。单位立方体分成 8 个相同体积的部分。对于每一个对象，子部分数目与缩放因子的关系是：

$$n \cdot s^{D_E}=1$$

类似于欧氏对象，自相似对象的分形维数 D 由下列方程得到：

$$n \cdot s^D=1$$

求解有关分形相似维数 D 的表达式，可以有：

$$D=\frac{n \cdot s^D=1}{\ln\left(\dfrac{1}{s}\right)}$$

对于不同部分由不同缩放因子构造而成的自相似分形，自相似维数可以由下列关系式得到：

$$\sum_{k=1}^{n} s_k{}^{D}=1$$

其中，s_k 是第 k 个子部分的缩放因子。应用缩放因子 $s=\dfrac{1}{2}$。

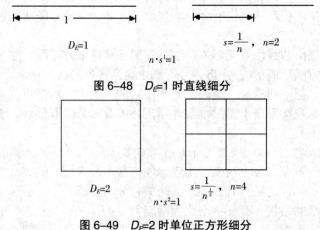

图 6-48　$D_E=1$ 时直线细分

图 6-49　$D_E=2$ 时单位正方形细分

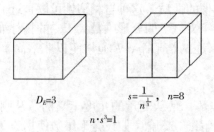

图 6-50　$D_E=3$ 时单位正方体细分

在上面 3 个图中，考虑了简单对象（线段、正方形、立方体）的细分。如果形体较为复杂，比如曲线和曲面对象，确定子部分的结构和性质会更困难。对于一般的对象形状，可以利用拓扑覆盖方法，该方法使用简单形状来逼近对象的子部分。例如，细分曲线可以使用直线段进行逼近；细分样条曲面可以使用小正方形或矩形进行逼近。其他覆盖形状，如球、球面、圆柱面也可用已经分成很多小部分的对象来逼近。覆盖方法常用于数学中通过对一组更小的对象的特征求和来确定几何性质，如复杂对象的长度、面积、体积，也可以使用覆盖方法来确定某些对象的分形维数 D。

6.2.2 分形图形的产生

1) 迭代函数系统（简称 IFS）

Iterated Function System（简称 IFS），该模型以迭代函数系统理论作为其数学模型。一个 n 维空间的迭代函数系统由两部分组成，一部分是一个 n 维空间到自身的线形映射的有穷集合 $M = \{M_1, M_2, \cdots, M_n\}$；一部分是一个概率集合 $P = \{P_1, P_2, \cdots, P_n\}$。每个 P_i 是与 M_i 相联系的，$\sum P_i = 1$。

迭代函数系统是以下述方式工作的：取空间中任一点 Z_0，以 P_i 概率选取变换 M_i，作变换 $Z_i = M_i(Z_0)$，再以 P_i 的概率选取变换 M_i，对 Z_1 做变换 $Z_2 = M_i(Z_1)$，以此下去，得到一个无数点集。该模型方法就是要选取合适的映射集合、概率集合及初始点，使得生成的无数点集能模拟某种景物。如果选取的仿射变换特征值的模小于 1，则该系统有唯一的有界闭集，称为迭代函数系统的吸引子。直观地说，吸引子就是迭代生成点的聚集处。点逼近吸引子的速度取决于特征值大小。

利用 IFS 可以迭代地生成任意精度的图形效果，如图 6-51 所示。

图 6-51 IFS 生成的树

2) 粒子系统

Reeves 与 1983 年提出的粒子系统（Particle Systems）方法是一种很有影响的模拟不规则物体的方法，它用于模拟自然景物或模拟其他非规则形状物体。它是一个随机模型，用大量的粒子图元来描述景物，粒子会随时间推移发生位置和形态变化。每个粒子的位置、取向及动力学性质都是由一组预先定义的随机过程来说明的。与传统的图形学方法完全不同，这种方法充分体现了不规则物体的动态性和随机性，从而能够很好地模拟火、云、水等自然景象。

粒子系统的基本思想是采用许多形状简单的微小粒子作为基本元素来表示不规则模糊物体。这些粒子都有各自的生命周期，在系统中都要经历"产生"、"运动和生长"及"消亡" 3 个阶段。粒子系统就是一个有"生命"的系统，因此这一方法尤其擅长描述随时间变化的物体。

模拟动态自然景物的过程：

（1）生成新的粒子，分别赋予不同的属性以及生命周期。

(2) 将新粒子加到系统中。

(3) 删去系统中老的已经死亡（超过生命周期）的粒子。

(4) 根据粒子的动态属性，按适当的运动模型或规则，对余下的存活粒子的运动进行控制（Transformation）；粒子运动的模拟方式：随机过程模拟、运动路径模拟、力学模拟。

(5) 根据粒子属性绘制当前系统中存活的所有粒子。

最初引入是为了模拟火焰，跳动的火焰被看做是一个喷出许多粒子的火山（如图 6-52 所示）。每个粒子都有一组随机取值的属性。1985 年，Reeves 和 Blau 进一步发展了粒子系统，并维妙维肖地模拟了小草随风摇曳的景象，模拟动态模糊自然景物，后来也广泛应用于电视电影的特技制作。

图 6-52 粒子系统模拟放烟花场景

6.3 本章小结

本章主要介绍了实体几何造型和分形几何造型两类造型方法。规则形体在计算机内的表示中分别介绍了表示形体的坐标系，实体的定义，表示形体的线框模型、表面模型和实体模型，实体的分解表示，实体的构造表示，实体的边界表示，求交运算和实体造型系统。在分形几何造型中分别介绍了分形几何造型的基本理论和分形图形的产生。

6.4 本章习题

(1) 简述常用的几种坐标系的关系。

(2) 实体有哪几种基本的几何元素？

(3) 什么是正则形体？

(4) 什么是有效实体？

(5) 描述线框模型、表面模型和实体模型的区别与联系。

(6) 在实体的分解表示中，有哪几种表示方法？它们各自的优缺点是什么？

(7) 描述实体的分解表示的基本方法。

(8) 简述实体的构造表示的 3 种方法。

(9) 欧拉公式是检查实体有效性的充要条件吗？试举例说明。

(10) 列举 NURBS 曲线与 NURBS 曲面的求交计算的基本过程。

(11) 描述曲面与曲面求交的基本方法。

(12) 描述两个最有代表性的几何造型系统的开发平台 Parasolid 和 ACIS 的基本功能。

(13) 什么是分形维数？

(14) 描述粒子系统的基本思想。

第 7 章 计算机动画基础

计算机动画是伴随着计算机硬件和图形算法的高速发展而形成的计算图形学的一个分支，它综合利用计算机科学、艺术、数学、物理学和其他相关学科的知识在计算机上生成连续的画面以代替传统动画，获得各种传统方法难以达到的效果。给人们提供了一个充分展示个人想象力和艺术才能的新天地。在《侏罗纪公园》、《玩具总动员》和《汽车总动员》等优秀电影中，我们可以充分领略到计算机动画的高超魅力。计算机动画不仅可应用于电影特技、商业广告、电视片头、动画片、游艺场所，还可应用于计算机辅助教育、军事、飞行模拟。早期，计算机曾用于自动控制动画机械设备，动画师通过输入指令控制各部件的协调工作，减轻了人工调整摄影机位置和校正动画设置台的劳动强度。20 世纪 60 年代，随着计算机图形学和 CAD 技术的飞速发展，计算机才真正用于画面的生成。

7.1 动画的基本概念与类型

7.1.1 动画的基本概念

动画是运动中的艺术，动画与运动是分不开的，正如动画大师 John Halas 所讲的"运动是动画的要素"。因此，对动画的公认定义是：动画是一门通过在连续多格的胶片上拍摄一系列单个画面，从而产生运动视觉的技术，这种视觉是通过将胶片以一定的速率放映的形式而体现出来的。更简洁地，动画是一种动态生成一系列相关画面的处理方法，其中的每一帧与前一帧略有不同。当我们观看电影、电视或动画片时，画面中的人物和场景是连续、流畅和自然的。但当我们仔细观看一段电影或动画胶片时，看到的画面却一点也不连续。只有以一定的速率把胶片投影到银幕上才能有运动的视觉效果，这种现象是由视觉残留造成的。动画和电影利用的正是人眼这一视觉残留特性。实际生活和工作中，在快速翻书时也可以看到动画效果。实验证明，如果动画或电影的画面刷新率为每秒 24 帧左右，也即每秒放映 24 幅画面，则人眼看到的是连续的画面效果。从技术角度给动画下一个定义，可以这么认为：动画是用一定的速度放映一系列动作前后关联的画面，从而使原本静止的景物成为活动影像的技术。

这个定义包含以下两个要点。

（1）动画中的表演者是原本并不运动的静态物体，通过动画制作技术才使得无生命的物体运动起来。这是动画影片有别于普通电影的地方，也是动画的生命力所在。通过动画制作技术，不仅可以使静态物体活动起来，逼真地模仿现实世界中的真实动作，而且可以创作出现实世界中不可能出现的动作，冲破现实世界的束缚，通过并不存在的虚拟动作来表现人们的感情和思想。

（2）动画所表现的是景物的活动影像，它是用静止的景物创造出"运动"的视觉效果。为了让角色的动作连贯，必须按照"动作"的顺序来设计一系列内容相关的画面。拍摄动画片时，用摄像机将内容前后关联的静止图画一幅幅拍摄下来，然后按照一定的速度放映，才能在屏幕上产生动画的效果。显然，在动画片的制作中，研究物体是怎样运动的，关心前一幅画面与下一幅画面动作之间的衔接，要远大于对单张画面如何表现作品主题的思考，这也是动画和漫画的重要区别。

计算机动画是指用绘制程序生成一系列的景物画面，其中当前帧画面是对前一帧画面的部分修改。计算机动画所生成的是一个虚拟的世界，虽然画面中的物体并不需要像真实世界中那样真正去建造，但要满足动画师随心所欲地创造虚幻世界的需求，计算机动画必须很好地完成造型、运动控制和绘制 3 个环节。每个环节都有众多的方法，但具体的方法需要针对动画的对象和需要实现的效果来选用，而且这 3 个环节相互联系，彼此影响，总体上物体的表示方法决定着后面的运动控制和绘制方法，而动画效果对运动控制和绘制的要求反过来制约着物体的表示方法，比如要完成模拟弹性体运动的动画，要求运动控制采用包含弹性应变的动力学模型以逼真地模拟弹性效果，而要运用这一运动控制方法又要求对物体的表示中包含弹性系数等描述弹性运动必需的参数。因此，造型、运动控制和绘制3 个环节中的方法往往是配套使用，而不同动画的难点也不同，其中如何对复杂物体进行建模、如何在物体运动过程中控制并保持物体的体积、如何实现大规模场景的快速绘制是其中的难点和热点问题。

7.1.2 动画的类型

动画问世一个多世纪以来，经过不断的创造发明，已从最原始的手工绘图发展到目前的计算机动画。今天，动画的形式早已突破了绘画创作手法和平面表现形式，形成了各式各样品种繁多的动画。动画的分类可以从不同的角度来考虑，从制作技术和手段分类，可以把动画分成以手工制作为主的传统动画和以计算机制作为主的计算机动画；从空间视觉角度分类，可以把动画分成平面的二维动画和立体的三维动画；按照制作动画所使用的材料分类，又有笔绘、剪纸、沙画、油彩、布偶、泥偶、木偶和实物动画等许多片种。下面，按传统动画和计算机动画两大类来介绍各种动画的基本情况。

1) 传统动画的类型

从是否使用计算机进行制作的角度来看，从 19 世纪 80 年代一直到 20 世纪 80 年代出品的动画都可以归于传统动画的范畴。这一时期的动画作品，不管是绘制在纸张上或玻璃上的平面动画，还是用黏土捏就的偶动画，主要是通过动画师手工劳动完成的。最早出现的传统动画形式是笔绘动画，动画师用各种画笔在纸张、玻璃、黑板和胶片等材料上绘图制作动画。但渐渐地，动画师们已不满足于只用绘图来展现他们的艺术才华，剪影、折纸、沙堆、雕塑甚至日常生活用品都成了他们创作的载体，出现了丰富多彩的动画片种。

(1) 笔绘动画。

笔绘动画是出现最早、品种最多的平面动画，有水彩动画、粉彩动画、水墨动画、素描动画、蜡笔动画和碳笔动画等。画家用来作画的铅笔、钢笔、毛笔以及蜡笔和粉笔等都可以用来制作动画。1906 年美国人布莱克顿制作的世界上第一部拍摄在胶片上的动画片《滑稽面孔的幽默相》，就是用白粉笔在黑板上创作出来的。

(2) 挖剪动画。

挖剪类动画大致可分为剪纸片和剪影片两种，通过对平面或片状的材料进行挖剪或镂刻形成线条，完成动画角色的造型。剪纸片和剪影片拍摄时的用光方法有所不同。剪纸片色彩丰富，人物场景细腻具体，拍摄时一般为正面用光，观众可以看清动画角色的颜色和材质。而剪影片的人物场景依赖线条轮廓勾勒而成，造型粗犷简练，拍摄时一般采用背面打光的方法，形成黑色的影像。

(3) 偶动画。

偶动画属于立体动画，常见的有木偶、泥偶以及布偶等。制作偶动画可以使用的材料十分丰富，木头、绢布、黏土、胶泥、塑料、纸片、绳索、金属、食物和各种生活用品都可以激发起动画师创作的艺术灵感，让他们充分利用各种材料的属性来达到令人称奇的视觉效果。任何可以展现在镜头前的物体，甚至人本身，在动画艺术家的巧手安排下，被赋予新的形象、新的生命。

(4) 沙动画和油彩动画。

沙动画和油彩动画是用沙子或油彩在光滑的表面（如玻璃）上制作的动画。油彩动画的画面可以是彩色的，而沙动画通常为单色，在玻璃下面打上背光，或在玻璃上方用光，通过涂抹油彩或用沙子勾勒线条的方式来绘制画面。沙动画和油彩动画采用渐进式修改画面、逐格制作、逐格拍摄的方式完成，动画师每勾勒修改好一幅画面，就拍摄一格胶片，作品直接在摄像机下完成，很适合个人创作。

(5) 胶片动画。

胶片动画是直接在电影胶片上采取刮擦或绘画手段来创造动态影像的动画。由于直接在胶片上形成画面，制作完成后无须再用摄像机进行拍摄，所以胶片动画也称为无摄像机动画。以此种方式创作的动画造型比较粗糙，但线条流畅、色彩鲜明亮丽，给人以清新洒脱、充满活力的视觉效果。制作胶片动画所使用的电影胶片一般有两种，一种是透明的白胶片，可以用墨水或颜料在上面描绘，形成色彩明亮的影像。另一种是深色胶片，可以直接对胶片上的涂层刮擦形成线条，如果再对胶片上色，刮痕就能产生色彩。

(6) 实物动画。

实物动画直接利用现实生活中已有固定形态的物体来表现动画形象，或者对现成的物体稍作加工，赋予其超出物体本身形态的生命特征。很多物品可以用来制作实物动画，通过动画师巧妙的艺术构思和艰辛细致的制作拍摄，普通物品变成了令人惊叹的生灵万物，体现出独特的艺术魅力。

(7) 针幕动画。

用钢针制成的针幕动画是很有特色的一种动画。动画师需要特制一块幕板，上面嵌有百万枚钢针，当从某个角度打下光束时，幕板上高低不一的钢针形成不同层次的阴影，呈现出各种造型的画面。

(8) 实验动画。

随着新材料、新技术的不断问世，新的动画形式不断涌现，一些作品的创作理念、技术手法突破了传统动画常见的模式，人们一下子难以对它们归类，就将其暂且归于"实验动画"一类，直到人们逐渐熟悉、接受，形成某种动画类型。例如我们熟悉的沙动画、油彩动画和胶片动画等，刚出现时的身份便是"实验动画"。

2) 计算机动画的类型

随着计算机越来越广泛地应用到各行各业，计算机动画同样也越来越深入各个领域。计算机动画具有非常多的分类方式，其中有些分类标准不是十分严格，通常计算机动画从下述几个角度进行分类：

(1) 根据计算机在动画制作过程中所扮演角色的重要性，可以划分为仅以计算机作为辅助工具和主要以计算机为主的两类计算机动画。前者主要以传统的方式生成动画，计算机只是用来加速这一过程或为其提供某些便利，例如，生成某些特效。因此，前者也称为计算机辅助动画。按照计算机动画与现实客观世界的接近程度，计算机动画追求的目标主要可以分成为两类，其中一类是追求逼真度，即追求真实性，让计算机表示的模型及其运动模式更加逼近真实的客观世界，例如，计算机仿真。另一类是追求非真实性，尤其是艺术性或娱乐性，例如，让计算机设计的角色具有卡通特点等。

（2）从动画速度上可以将计算机动画分为逐帧动画与实时动画。实时动画是指计算机对输入的数据进行快速处理，并随即将画面显示出来，两幅画面间的时间间隔至少应在0.05秒之内，以使人产生连续变动的感觉。在计算机动画的许多应用中，都需要动画能实时完成，如飞行模拟、计算机游戏等在操纵某些器件时，要求计算机能实时地反映出画面的变动。要产生实时动画，物体运动规律的控制和物体的绘制都必须在短时间内完成，这对三维复杂场景的真实感绘制来说，采用传统的方法无法达到这一要求，要达到实时效果，必须采用一些特殊的方法，目前有许多人正致力于这方面的研究。除了算法的快慢外，实时动画的响应时间还与许多因素有关，如主机的 CPU 速度，是否配有图形加速卡，景物空间的复杂程度，生成画面的大小、分辨率高低、真实感程度等。逐帧动画是指以一定的时间间隔逐帧生成画面，将其存放于磁盘等介质，并生成 AVI 或 MPEG 等动画文件，然后连续地播放出来形成动画效果。目前对复杂场景一般采用逐帧生成画面的方法，有时生成一帧要十几分钟乃至几个小时。逐帧动画要求制作者有一定的经验，因为任何非实时显示的画面给人的节奏感将与实际播放时的感觉截然不同，会由于错觉产生意想不到的效果，这时只好重新调整时间间隔和运动控制，以获得满意的效果。动画对象从动画过程上说，计算机动画总是先有对象，根据对象在计算机中的不同表示及动画所需要的效果采用不同的方法，可见从动画对象分类能对动画方法的选取和改进起一定的指导作用。

（3）从动画对象的角度，我们从总体上将计算机动画分为图形动画和图像动画，图形动画是指对象在计算机中的表示为图形的动画；图像动画是指对象为图像的动画。图形动画又可分为二维图形动画和三维图形动画（简称为三维动画）。相比较而言，三维动画要复杂得多，我们可根据对象为固态、液态和气态再将其细分，对象的不同形态将决定不同的造型、运动控制和绘制方法。而图像动画是用图像来表示要变动的对象，从而省去了造型这一步，但由于缺少了对象的图形结构，也就增加了运动控制的难度。三维计算机动画通常是直接在计算机中构造三维模型并控制三维模型运动而生成的动画。三维模型运动控制方式主要可以分为基于运动学的方式、基于运动捕捉的方式和基于动力学的方式。基于运动学的方式直接给出模型的位置、速度和加速度等全部或部分信息，并由计算机计算剩余的信息；对于基于运动捕捉的方式，通常是在演员的身上放置传感器或各种标志，然后通过捕捉演员的运动方式控制在计算机中的模型的运动方式；基于动力学的方式主要通过给定力和扭矩并依据动力学方程计算模型的位置、速度和加速度等数据。利用动力学方程等求解动画场景或角色模型的运动轨迹常常需要计算机耗费大量的时间。如何使得计算更快、效果更好、模型设计和运动控制更为方便一直是计算机动画算法设计和编程追求的目标。

（4）动画方法计算机动画从 20 世纪 60 年代开始发展到现在，产生了许多分支，在各分支都已有了一些代表性的成果，主要有关键帧方法、弹性体动画、人体动画和关节动画、过程动画等。

7.1.3　动画片制作过程

制作一部完整的动画片大体上需要 3 个阶段：前期筹备阶段、中期制作阶段和后期制作阶段。在前期筹备阶段，首先需要提出初步的创意。创意是关于动画片的一些基本设想，包括创作的目的，如何吸引观众，以及如何进行市场运作等。然后一般需要依据创意写出故事提要。故事提要是简明扼要介绍故事主要情节的文字。接着需要将故事提要扩充成为文学剧本。文学剧本对故事情节进行详细文字描述。文学剧本还需要进一步改编成为分镜头剧本。分镜头剧本和文学剧本通常都可以称为脚本或台本，都属于文字剧本，是制作动画片的基础。分镜头剧本又称为故事板，是将文学剧本分割为一系列场景和一系列可供拍摄镜头的一种剧本。每一个场景构成了分镜头剧本的一个片段，它一般被限定在由一组角色（如人物）在某一个地点内的活动。在每一个场景中可以拍摄多个镜头。在电影或电视的拍摄过程中，一个镜头指的是摄像机从开机到结束拍摄这段时间内，摄像机不间断地拍摄下来的一组画面。在动画中，一个镜头可以指的是在同一个场景中一组连续的画面。分镜头剧本主要包含如下的内容，即它需要：

（1）描述组成各个场景的前景、后景和角色等内容。

（2）对每个镜头依次编号，标明镜头长度，写出各个镜头画面内容、台词、音响效果、音乐及光照要求等基本设想。

（3）说明镜头之间的连接和转换方式。

分镜头剧本从整体上体现出导演对剧本的理解和构思，是动画制作的指南。在前期筹备阶段还需要进行美术设计。美术设计是体现动画效果的重要因素，包括造型设计和场景设计。造型设计是对动画角色及其服装和道具等的设计，用来体现角色的年龄、性别和性格等特点。场景设计指的是设计包括动画前景、中景和背景在内的整个环境，用来反映动画所发生的地点、年代、季节、社会背景和氛围等。在美术设计之后，通常将造型设计和场景设计成果按照镜头整理成为镜头设计稿，通常简称为设计稿。设计稿是根据镜头对在动画片中出现的各种角色的造型、动作、色彩、背景等作出设计的结果，包含标明镜头的编号、秒数、拍摄要求等详细内容。有时，还在前期筹备阶段设计主题曲和插曲等音乐，以及进行一些配音等工作，这些工作称为先期音乐和对白制作。先期音乐和对白制作的优点是可以根据音乐和对白确定动画的节奏以及镜头或场景的长度，从而方便动作与音乐和对白的配合。这样做往往有一定的难度，不过效果好，在电影动画片中经常使用。

在中期制作阶段主要是完成画面制作，包括原画创作、中间插画制作、画面测试、描线和上色。原画创作是由动画设计师绘制出动画的一些关键画面，例如，绘制动作的起始画面。这些关键画面通常称为原画或关键帧。中间插画制作是在相邻原画之间补充画面，将原画连贯起来，例如，使得前后动作连贯起来。这些补充的画面称为中间插画。画面测试是将各个画面输入动画测试台进行检测，测试动作等是否连贯自然。如果连贯不自然，则可能还需要调整原画或中间插画。描线是将画面通过手工描绘或照相制版等方法复制在胶片上。上色是使胶片画面色彩鲜艳，又称为着色。

后期制作阶段首先进行校对检查。这时检查各种衔接是否自然、是否存在细节失误等。接着拍摄进行，即动画摄影师把一系列画面通过拍摄依次记录在胶片上。然后进行剪辑，即删除多余的画面，连接前后镜头或场景，或者根据不同的需要剪辑成为不同的版本。最后进行对白、配音和字幕等的制作，从而完成动画片的制作过程。

7.2　计算机动画的关键技术

在计算机动画中的 3 个步骤——造型、变动规律的控制和绘制中，造型和绘制是计算机图形学的基本内容，在前几章已分别有所介绍，这里主要介绍计算机动画中的运动控制方法。由于动画描述的是物体的动态变化过程，要达到好的动画效果，物体的运动控制非常重要，它是计算机动画的核心。根据物体的运动控制方法可把计算机动画分为两类：关键帧动画法和代数动画法。本节将对计算机动画主要技术进行介绍。

7.2.1 关键帧技术

关键帧动画法首先输入几幅具有关键意义的图像（或图形），然后根据某种规律对图像（或图形）进行插值，得到中间图像（或图形），插值方法根据动画效果的具体要求而定，主要解决关键帧间各图像（或图形）要素的对应关系以及插值路径问题。

关键帧方法

关键帧技术直接源于传统的动画制作。出现在动画片中的一段连续画面实际上是由一系列静止的画面来表现的，制作过程中并不需要逐帧绘制，只需从这些静止画面中选出少数几帧加以绘制。被选出的画面一般都出现在动作变化的转折点处，对这段连续动作起着关键的控制作用，因此称为关键帧（Key Frame）。绘制出关键帧之后，再根据关键帧插画出中间画面，就完成了动画制作。早期计算机动画模仿传统的动画生成方法，由计算机对关键帧进行插值，因此称作关键帧动画。

传统的动画制作工序中有两个步骤：关键画面的生成和对关键画面插值生成中间画面。使用计算机来完成中间画面的生成这一步骤即是最早的关键帧。随着计算机动画技术的不断发展，关键帧动画的使用范围及具体方法也在不断地扩展和提高，并成为计算机动画中一个较大的分支。关键帧方法本质上是物体运动控制的一种方法，它根据动画设计者提供的一组关键帧，通过插值自动生成中间画面。关键帧动画有一定的适用范围，要求两个关键帧之间有一定的相似性，否则，产生的中间画面可能会毫无意义。在动画对象上，从图像到二维图形、三维图形都可采用关键帧方法，目前使用非常广泛的 Morphing 技术也可以说是关键帧方法的一种。尽管关键帧方法的动画对象多种多样，但使用关键帧方法时都需解决两个问题：

（1）关键帧中物体要素之间的对应问题。

（2）对应要素之间的插值方法。

关键帧技术通过对刚体物体的运动参数插值实现对动画的运动控制，如物体的位置、方向、颜色等的变化，也可以对多个运动参数进行组合插值。主要方法包括：关键帧插值法、运动轨迹法和运动动力学法。

关键帧插值法是通过确定刚体运动的各个关键状态，并在每一关键状态下设置一个时间因子（如帧数），由系统插值生成每组中间帧并求出每帧的各种数据和状态。插值方法也可分为线性插值与曲线插值两种。

例如，匀速运动的模拟：假定需在时间段 $t_1 \sim t_2$ 之间插入 $n(n=5)$ 帧，初始关键帧与最终关键帧之间的时间段被分为 $(n+1)$ 个子段，其时间间隔为 $\Delta t = \frac{t_2 - t_1}{n+1}$，则任一插值帧的时刻为：$t_{Bj} = t_1 + j\Delta t (j=1, 2, \cdots, n)$，并确定出坐标位置和颜色值及其他物理参数。

再如，加速 / 减速运动的模拟：为模拟正向加速度，使帧间的时间间隔增加，可使用下列三角加速函数来得到增加的间隔：$1 - \cos\theta \left(0 < \theta < \frac{\pi}{2} \right)$。对于插值帧来说，第 j 个插值帧的时刻可由下式得到：

$$t_{Bj} = t_1 + \Delta t \left[1 - \cos\left(\frac{j\pi}{2(n+1)} \right) \right] (j=1, 2, \cdots, n)$$

同理，为模拟减速，使用三角减速函数来得到减少的间隔：$\sin\theta \left(0 < \theta < \frac{\pi}{2} \right)$，则第 j 个

插值帧的时间位置被定义成：$t_{Bj}=t_1+\Delta t\sin\left(\dfrac{j\pi}{2(n+1)}\right)$（$j=1$，$2$，$\cdots$，$n$）。

另外，具体的运动过程常混合包含加速和减速，可以通过先增加插值时间间隔后减少时间间隔的方法来模拟混合增减速度，所使用的时间变化函数是：

$$\frac{(1-\cos\theta)}{2}\left(0<\theta<\frac{\pi}{2}\right)$$

第 j 个插值帧的时刻为：$t_{Bj}=t_1+\Delta t\left\{\dfrac{1}{2}\left[1-\cos\left(\dfrac{j\pi}{n+1}\right)\right]\right\}$（$j=1$，$2$，$\cdots$，$n$）。

运动轨迹法是基于运动学描述，通过指定物体的空间运动路径来确定物体的运动，并在物体的运动过程中允许对物体实施各种几何变换（如缩放、旋转），但不引入运动的力。例如，使用校正的衰减正弦曲线来指定球的弹跳轨迹：$y(x)=A^{|\sin(\omega x+\theta)|}e^{-kx}$，其中，$A$ 为初始振幅，w 为角度频率，θ 是相位角，k 为衰减常数。

运动动力学法是基于具体的物理模型，运动过程由描述物理定律的力学公式来得到。例如，描述重力、摩擦力的牛顿定律；描述流体的 Euler 或 Navier–Stokes 公式及描述电磁力的 Maxwell 公式等。该方法与运动学描述不同，除了给出运动的参数（如位置、速度、加速度）外，它还要求对产生速度与加速度的力加以描述。该方法综合考虑了物体的质量、惯性、摩擦力、引力、碰撞力等诸多物理因素。

近年来，很多新的数学方法被应用到这一技术中，以实现各种条件下的插值算法，例如，用查找表记录参数点弧长以加快计算的速度、通过约束移动点对路径和速度的插值进行规范以减少运动的不连续性、对样条曲线进行插值以实现局部控制、用三次样条函数把运动轨迹参数中的时间和空间参数结合起来以获得对运动路径细节的控制等。

7.2.2 柔性运动

相对于关键帧动画中的刚体运动，柔体的运动一般指的是柔体的各种变形运动。在物体拓扑关系不变的条件下，通过设置物体形变的几个状态，给出相应的各时间帧，物体便会沿着给出的轨迹进行线性或非线性的变形。柔性运动动画包括两种：形变（Deformation）动画和变形（Morphing）动画。

1）形变动画

柔体的形变一般是根据造型来进行。形变中常用到的两种造型表示结构是多边形曲面和参数曲面。形变技术有两种：非线性全局形变法和自由形状形变法。

非线性全局变形法基于巴尔变换的思路，即使用一个变换的参数记号，它是一个位置函数的变换，可应用于需变换的物体。巴尔使用如下公式定义变形：$(X，Y，Z)=F(x，y，z)$，其中 $(x，y，z)$ 是未形变之前物体的顶点位置，$(X，Y，Z)$ 是形变后的顶点位置。例如，使用这种记号来表达标准化的缩放变换：$(X，Y，Z)=(s_x X，s_y Y，s_z Z)$，其中 $(s_x，s_y，s_z)$ 是 3 个轴上的缩放变换系数。巴尔定义的变换有 3 种：挤压、扭转和弯曲。

扭转变换：$(X，Y，Z)=(x\cos\theta-y\sin\theta，x\sin\theta+y\cos\theta，z)$，表示绕 z 轴通过 θ 角的旋转的变换；如果允许旋转的量作为 z 的函数，则物体将被扭转，即使用 $\theta=f(z)$ 所做的变换，其中规定了每一单位长度上沿 z 轴的扭转率。弯曲变换：假定沿 y 轴弯曲区（$y_{\min}\leq y\leq y_{\max}$）弯曲的曲率半径为 k，且弯曲中心在 $y=y_0$，弯曲角 $\theta=k(y'-y_0)$，其中：

$$y'=\begin{cases} y_{min}; & y<y_{min} \\ y; & y_{min}\leqslant y\leqslant y_{max} \\ y_{max}; & y>y_{max} \end{cases}$$

变换为：

$$X=x$$

$$Y=\begin{cases} -\sin\theta\ (z-k)+y_0; & y_{min}\leqslant y\leqslant y_{max} \\ -\sin\theta\ (z-k)+y_0+\cos\theta(y-y_{min}); & y<y_{min} \\ -\sin\theta\ (z-k)+y_0+\cos\theta(y-y_{max}); & y>y_{max} \end{cases}$$

$$Z=\begin{cases} \cos\theta(z-k)+k; & y_{min}\leqslant y\leqslant y_{max} \\ \cos\theta(z-k)+k+\sin\theta\ (y-y_{min}); & y<y_{min} \\ \cos\theta(z-k)+k+\sin\theta\ (y-y_{max}); & y>y_{max} \end{cases}$$

另一种物体形变技术称为自由格式形变 FFD（Free Form Deformation），它是一种不将巴尔变换局限于特殊变换的更灵活的普遍适用的变形方法，该方法的特点是直接代替被变形的物体，物体被包含在变形的立体之中。FFD 方法兼顾算法效率与变形的可控性，现已成为应用最为广泛的一种变形方法。1976 年，Vince 实现了 Warp 3D 功能，能够对三维物体进行空间仿射变换，通过改变变形函数的参数就可以使物体变形。在此基础上，Seder-berg 和 Parry 于 1986 年提出的 FFD 方法是一种与物体表示无关的间接变形技术。这种方法引入了一种基于 B 样条的中间变形体，通过对此变形体的变形，使包围在其中的物体按非线性变换进行变形。

2) 变形动画

计算机动画中另一类重要的运动控制方式是变形技术，变形可以是二维或三维的。基于图像的 Morph 是一种常用的二维动画技术。

巴尔定义的变换仅仅是空间的函数，把这一函数推广为时间的函数，根据适当的时间和位置来修改变换的参数，就得到变形动画。基本做法是把动画分为两种分量的变换：①一组变换的组合：完成变形所要求的规范；②时间与空间的函数：按适当的时间及位置来修改变换参数。

图像间的插值变形称为 Morph，图像本身的变形称为 Warp。对图像作 Warp，首先需要定义图像的特征结构，然后按特征结构变形图像；两幅图像间的 Morph 方法是首先分别按特征结构对两幅原图像 Warp 操作，然后从不同的方向渐隐渐显地得到两个图像系列，最后合成得到 Morph 结果。图像的特征结构是指由点或结构矢量构成的对图像的框架描述结构。Morph 技术在电影特技处理中得到了广泛应用。

三维物体的变形分两类：拓扑结构发生变化的变形及拓扑结构不发生变化的变形。其中，三维 Morph 变形是指任意两个三维物体之间的插值转换渐变，主要内容是对三维物体进行处理以建立两者之间的对应关系，并构造三维 Morph 的插值路径。三维 Morph 处理的对象是三维几何体，也可以附加物体的物理特性描述。

7.2.3 基于物理特征的动画

基于物理模型的动画技术结合了计算机图形学中现有的建模、绘制和动画技术，并将其统一成为一个整体。运用这项技术，设计者只要明确物体运动的物理参数或者约束条件就能生成动画，更适合对自然现象的模拟。该技术已成为一种具有潜在优势的三维造型和运动模拟技术。设计者无须关心物体运动只需确定物体运动所需的一些物理属性及一些约束关系，如质量、外力等真实性。该技术计算复杂度很高，经过近几年的发展已能逼真地模拟各种自然物理现象。

给定物理特性后，物体的运动就可以计算出来；通过改变物理特性就可以对物体的运动加以控制。但是，物体所具有的物理参量往往无法直接指定，因为人们对许多物理特性的量值并没有直接的概念。必须解决对物理特性表示的控制问题，好的控制方法在计算机动画以及机器人运动控制和虚拟现实等相关应用领域中都起着至关重要的作用。现有的方法多数是控制微分方程的初始值，利用能量约束条件，用反向动力学求解约束力，通过几何约束来建立模型，及结合运动学控制等方法，实现对物理模型的控制。此外，还有很多基于弹性力学、塑性力学、热学和几何光学等理论的方法，结合不同的几何模型和约束条件模拟了各种物体的变形和运动。

R. Barzel 和 A. H. Barr 的方法使用动态约束作为一种运动控制方法，可以根据物体在运动时所受的几何约束求解出物体所受的作用力，并求出物体在满足这些几何约束下的运动，即用户只需指定物体所受的几何约束就可以控制物体运动。Paul M. Isaacs 和 Michael F. Cohen 提出了一种综合运动控制方法，物体根据环境要求需要完成某个行为（运动）时，可以选择相应的行为函数（物体的状态与完成指定行为所需要的力或加速度之间的对应关系），由行为函数给出物体完成指定行为所需的力；也可以根据当前所受的运动约束，由运动力学逆问题求解出物体所受的力；还可以直接用关键帧方法指定物体的运动。Witkin A.和 Kass M.提出了一种时空约束方法，用户只需要告诉物体要做什么运动，例如"从 A 处跳跃到 B 处"，然后指定物体运动的方式，如"能量守恒"，系统就可以自动实现物体所需完成的运动，并获得较好的真实感。

物理模型中的物体在运动过程中很有可能会发生碰撞、接触及其他形式的相互作用。基于物理模型的动画系统必须能够检测物体之间的这种相互作用，并做出适当响应，否则就会出现物体之间相互穿透和彼此重叠等不真实的现象。在物理模型中检测运动物体是否相互碰撞的过程称为碰撞检测。一种直接的检测算法是，计算出环境中所有物体在下一时间点上的位置、方向等运动状态后并不立刻将物体真正移动到新的状态，而是先检测是否有物体在新的状态下与其他物体重叠，从而判定是否发生了碰撞。这种方法在确定 $t_0 \sim t_1$ 的时间片内是否发生碰撞时，是在 $t_0 < t_0 + \Delta t_1 < t_0 + \Delta t_2 < \cdots < t_0 + \Delta t_n < i_1$ 这一系列离散的时间点上考虑问题，因此称为离散方法（Discrete Methods）或静态方法（Static Methods）。这种方法的问题是，只检测离散时间点上可能发生的碰撞，若物体运动速度相当快或时间点间隔太长时，一个物体有可能完全穿越另一个物体，算法将无法检测到这类碰撞。为解决这一问题，可以限制物体运动速度或减小计算物体运动的时间步长；也可以使用连续碰撞检测算法（Continuum Mthods），或称动态方法（Dynamic Methods），检测物体从当前状态运动到下一状态所滑过的四维空间（包括时间轴）与其他物体同时所滑过的四维空间是否发生了重叠。

碰撞检测算法效率的关键是检测物体在某一时间点上是否与其他物体重叠。当环境中物体用多边形表示时，检测重叠可以通过检测两个物体顶点、边以及面之间的几何关系来实现。Moore M.和 Wilhelms J.提出了两种检测方法：一种方法直接计算两个物体顶点、边以及面之间的几何位置关系，另一种方法则使用点积来判断一个点是否进入到了另一个物体的内部。这些算法对每个物体的时间复杂性为 $O(n^2)$，其中 n 为物体的顶点数目；如果环境中有 m 个物体，则总时间复杂性是 $O(m^2 n^2)$。

有两类方法可以减少这种时间复杂性。一方面可以减少 $O(m^2)$，即减少需要做精确碰撞检测的物体数量。这类方法包括八叉树方法和包围盒方法等。Jonathan D. Cohen 等人提出的平滑光顺法（Sweep and Prune）是对包围盒方法的改进，每个物体的包围盒为长方体，长方体的面与坐标轴平行，然后将长方体投影到每个坐标轴上，得到一个区间；分别对 3 个坐标轴上所有物体的投影区间排序，只有当两个物体在 3 个坐标轴上的投影同时重叠时才有可能在空间发生碰撞。Martin Held 等人提出的基于网格（Mesh-based）的方法也属这类方法：将整个空间划分为四面体网格，在每个网格单元中记录占据此四面体空间的所有物体，当物体在运动时进入已有其他物体占据的网格单元时才对这些物体进行碰撞检查。

检测到物体之间的碰撞后，系统需要做出正确的响应，如修改物体的运动状态、确定物体的损坏和变形等，称为碰撞响应。为改变物体运动状态，可以在两个物体要发生碰撞时引入一个假想力，将两个物体推开，从而避免发生物体之间相互穿透的现象；由于物体因碰撞而产生的损坏与变形难以通过物理特性计算生成，通常人为地制作一些视觉效果来表现。目前还没有准确描述物体损坏过程的有效方法，物理学中的变形固体力学对损坏过程中的行为和性质研究也很少，这是基于物理模型的动画技术要实现的一个重要目标。

引入假想力的方法有基于约束的方法（Constrains-based Methods）、补偿方法（Penalty Methods）和分析方法（Analytical Methods）等。其中，基于约束的方法不直接设置物体之间在碰撞时相互之间的作用力大小，而是将这种碰撞看做一种对物体运动的约束，然后建立一组约束方程，用数值方法求解这些约束方程就得到了每个物体所受约束力的大小和方向，最后将约束力添加到每个物体所受合力中去，从而确定物体新的运动状态。但是，在实际问题中大量出现的是不完全约束，因此无法根据约束条件建立方程，而只能建立不等式组。不考虑摩擦碰撞时，这些不等式都是线性的，可以用线性规划方法求解；但若考虑摩擦碰撞不等式组就有可能变成二次的，计算量将成指数增加，难以用计算机实现。为此，Baraff 提出了一种分析方法，使用启发式搜索来求解这样的问题。

除基于约束的方法外，补偿方法是在两个相互碰撞的物体之间添加一个假想的弹力，这个力的大小与物体之间穿透的深度成正比，方向是将两个物体推开的方向；分析方法则是直接根据动量守恒、能量守恒和摩擦定律等力学定理计算物体之间相互碰撞时的作用力。

7.2.4 造型动画技术

代数动画法又被动画专家 Thalmann 称为造型动画法，它针对计算机造型的物体，通过数学模型或物理定律来控制物体的运动，具体可以分为运动学模型、动力学模型和逆向模型。

1）运动学模型

运动学模型就是通过直接给出物体的运动速度或运动轨迹，来控制物体的运动规律。最简单的，可以通过确定每一时刻物体上的点在空间世界坐标系中的位置来实现，当物体只有运动而没有变形（即刚体运动）时，物体上的点的相对位置保持不变，它的运动可以用一个统一的函数来表示：

$$\begin{cases} x=x(t) \\ y=y(t) \\ z=z(t) \end{cases}$$

采用这一方法，当物体存在变形时，需要给出物体上每一个点的对于时间的函数，如果通过人工给出既不可能达到真实的效果，也不现实，这就需要总结其物理规律，通过别的形式来控制物体的运动和变形，如给出物体运动的微分方程，通过解方程得到某一时刻物体上的点的位置，或给出物体上的点的速度、加速度，等等。

2) 动力学模型

由于人工选取物体的位置、速度等具有明显的人工痕迹，且常会给人不自然的感觉，因此物体运动的动力学模型越来越受到人们的重视。动力学模型即根据物体的物理属性及其所受外力情况对物体各部分进行受力分析，再由牛顿第二定律或相应的物理定律得出物体各部分的加速度，以控制物体的运动。与此相对应的，物体的造型必须采用基于物理模型的造型方法。

最简单的，考虑一个球在空中的运动，如果采用运动学方法，可以规定一条运动轨迹，用参数曲线表示轨迹，通过曲线参数与时间 t 的关系控制球运动的快慢，但如果要真实地模拟球在空中的运动，则必须采用动力学方法：首先在造型时，不仅要给出球的大小、位置等几何信息，还必须给出球的质量 m。在控制球的运动时，首先给出球在各个时刻 t_i 所受的外力 F_i，设球在 t_0 时刻的初始速度为 v_0，由牛顿第二定律：

$$F_i = ma_i$$

计算出球的加速度 a_i 后，再得出球在各时刻的位置与速度。球所受的外力根据场景或运动效果的需要设置，当所受外力简单时，如只受重力作用，可先计算出其运动轨迹（抛物线），当所受外力复杂时，则基本只能采用上述离散方法。

3) 逆向模型

前面介绍了控制物体运动和变形的运动学方法和动力学方法，它们有着各自的优越性，但也存在着各自的不足：

运动学方法计算速度快，人工控制能力较强，但要找出能反映物体真实运动方式的规律较难，因而在物体运动的真实性方面有所欠缺。动力学方法由于是通过物体的受力分析得出物体的运动规律，在反映物体运动和变形的真实性方面有了一定的保障，但动力学方法往往只能针对一些简单物体，当物体复杂时，建模比较困难，计算量也大，单纯的动力学方法最大的缺陷是人工控制能力差，而在计算机动画中，单个物体的运动规律或者在运动过程中多个物体之间往往有着一定的约束关系，而满足这些约束的力则很难显式地给出，这就需要采用逆向模型（运用较多的是逆向动力学模型）。逆向动力学模型就是根据对物体运动规律的约束或者运动过程中物体之间的相互约束计算出物体所受的力，物体在这些力的作用下产生的运动将会满足前面所给定的约束，这样，既能使物体的运动有着较强的真实性，同时又能使其满足约束条件。

美国的 Barzel 和 Barr 等人曾考虑多种类型的约束，研制了一个逆向动力学的系统。系统包括 3 个库：体元库：各种刚体的集合，如球、柱、环以及一些形状更复杂的体元，它们作为物体的基本组成单元。造型时除了给出它们的半径、长度等集合参数外，还需给出物体的密度以及动力学方法所需的各物理量，如转动惯量等。外力库：各种类型的外力，如重力、弹力、摩擦力等，在给物体加外力时，可对各外力指定相应的参数，如摩擦系数、弹性系数等。约束库：各种类型的几何约束，如方向约束、定点约束等。

主要介绍其约束类型及处理约束的方法，约束类型基本为以下几种：

(1) 定点约束：将物体上的一点固定于用户指定的空间某点（这个空间点固定不动），物体可以绕着这一点转动，如图 7-1 (a) 所示。

(2) 点点约束：两物体于某点处相连，在两个物体的运动过程中，将始终保持该处相连，如图 7-1 (b) 所示。

(3) 点线约束：在运动过程中，物体上某点沿某一用户指定的路径运动，类似于运动学方法中的运动控制，如图 7-1 (c) 所示。

(4) 方向约束：使物体在运动过程中的方向满足某一条件，如图 7-1 (d) 所示。

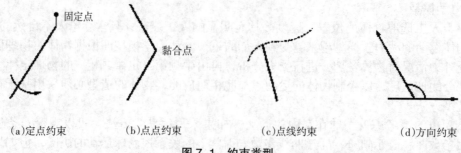

(a)定点约束　　　　　(b)点点约束　　　　　(c)点线约束　　　　　(d)方向约束

图 7-1　约束类型

系统中控制物体运动的基本思想也首先假定在各约束处存在着约束力，物体在外力和约束力的合力作用下运动，根据牛顿运动定律等可以得到各运动要素，如加速度、角加速度与各约束力之间的关系，再根据约束条件得到约束力应满足的方程，解这些方程即可得到各约束力的值。具体步骤为：

（1）定义约束相应的数学量。

（2）建立约束－力方程：物体在从这些约束－力方程中解出的力作用下运动时，运动必将满足约束。

（3）将针对各约束建立的约束－力方程组合成一个多维的约束－力方程组。

（4）解这一方程组得到待定的约束力。

逆向动力学方法的关键在于约束－力方程的建立及约束－力方程组的求解。

约束－力方程的建立必须针对各种不同的约束，如在定点约束中，约束力必须通过固定点，且约束力和外力产生的合力使物体绕固定点转动。在 Barzel 等人的系统中，除了给定的约束外，用户还可自行增加不同类型的约束，但对这些增加的约束，用户必须给出其约束－力方程。

约束－力方程组的求解存在 3 种情况：

（1）当方程组中方程个数与未知数个数相同，且约束设置合理时，方程具有唯一解，此时只需简单地求解即可。

（2）当方程组中的方程个数比未知数个数多时，方程组无解，此时必须根据实际情况减少约束个数，或者采用类似于最小二乘法的方法求解（采用这一方法求解必须是方程组中所有约束都无须精确满足时）。

（3）当方程组中方程个数比未知数个数少时，有无数个解可以满足方程组，这时较好的方法是给出一优化原则求出其最优解。

与单纯的运动学方法或动力学方法相比，逆向模型由于既能保证物体运动的真实性，又可通过由用户加约束的方法使物体的运动满足某些用户指定的要求，因此较受欢迎，这一方法的主要缺点是模型复杂，计算量大，且用户对系统中待定的约束力和约束方程需有较多的专业知识，以便选择较为理想的求解方法。

7.2.5　其他动画技术

目前常用的动画技术还有运动捕捉技术、过程动画技术等。

1）运动捕捉技术

运动捕捉技术 MC（Motion Capture）综合运用计算机图形学、电子、计算机视觉等技术，在运动物体的关键部位设置跟踪器，由 MC 系统捕捉跟踪再经计算机处理后，提供给用户可以在动画制作中应用的数据。当数据准备就绪可以用数据驱动三维模型，生成动画，然后在计算机产生的镜头中调整物体。运动捕捉后的数据可以直接调入三维动画中驱动三维模型，也可以作为"中间人"进行编辑。

2）过程动画技术

过程动画是指动画中物体的运动或变形用一个过程来描述。物体运动受自然法则或者内在规律控制。最简单的过程动画是用一个数学模型去控形状和运动。常用的过程动画技术为过程纹理、粒子系统、L 系统等。

粒子集最初是由 Reeves 在他的一篇论文中提出来的。Reeves 描述了一个粒子集动画中一帧画面产生的 5 个步骤：

（1）产生新粒子引入当前系统。

（2）每个新粒子被赋予特定属性值。

（3）将死亡的任何粒子分离出去。

（4）将存活的粒子按动画要求移位。

（5）将当前粒子成像。

瑞罗德（Reynold）在粒子系统基础上模拟鸟和鱼的群组现象，把群集物看成是一个模糊对象。Reynold 方法不同于 Reeves 方法主要反映在两点：①粒子不独立，但彼此交互；②个体粒子不是点光，在空间具有特定方向和特征。Reynold 描述的群组活动的 3 条活动规则：①避免冲突：避免与附近的群组成员冲突；②速度匹配：企图与附近的群组速度匹配；③群组集中：企图停留在紧靠群组成员之处。

1980 年 Rosenberg 提出使用 L 系统并用文法来描述植物的生长运动，L 系统是建立在生物学家 Aristid Lindemnayer 于 20 世纪 60 年代末提出的描述植物生长的一种数学模型基础上。该模型强调植物的拓扑结构，中心概念是复制。通过使用复制规则连续地替换简单初始物体的各部分来产生复杂物体。

分形动画则是建立在分形造型基础上。在具体应用时，把分形划分为确定性分形和随机分形两种。确定性分形是指由确定过程迭代而产生的，其中包括：线性的确定性分形。如 Von Koch 雪花曲线、Sierpinski 地毯、Peanon 曲线及大部分迭代函数系（IFS）；非线性的确定性分形，如 Mandelbrot 集、Julia 集和四元数分形（Quartic Fractals）等。随机分形指那些需要随机输入（至少是伪随机数）作为产生算法的一部分的分形。可表现云、山、河流、海浪、流沙等的运动。

7.2.6　提高计算机动画效果的基本手法

迪斯尼公司对其长期动画制作的经验进行了一些总结，形成一些提高计算机动画效果的基本手法，并用于该公司的动画课程。这些提高计算机动画效果的基本手法实际上都来自于传统的动画制作，即对提高计算机动画效果仍然通用的传统动画制作基本手法。一般认为，这些基本手法应当成为计算机动画制作的基本常识。它们分别是：

（1）挤压与拉伸（Squash and Stretch）。

（2）时间分配（Timing）。

（3）预备动作（Anticipation）。

（4）场景布局（Staging）。

（5）惯性动作与交迭动作（Follow Through and Overlapping Action）。

（6）连续动作与重点动作（Straight Ahead Action and Pose-To-Pose Action）。

(7) 慢进和慢出（Slow In and Out）。

(8) 弧形运动（Arcs）。

(9) 夸张（Exaggeration）。

(10) 附属动作（Secondary Action）。

(11) 吸引力（Appeal）。

下面分别介绍这些基本手法。

一般认为，挤压与拉伸手法是其中最重要的手法。除了完全刚性的物体，各种物体在运动的过程中一般都会发生一定的变形。如图 7-2 所示，当球与地面发生碰撞时，球会被压扁；当球在碰撞之后离开地面的时候，球会出现拉长现象。

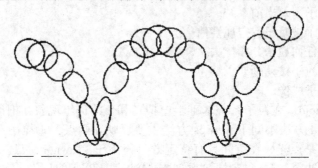

图 7-2　弹性球的挤压与拉伸示例

挤压与拉伸手法还可以用来提高运动在视觉上的连续性。如图 7-3 (a) 所示，当物体做慢速运动时，物体在相邻帧的图像中是互相重叠的。这时，物体运动的动画效果在视觉上是连续的。如图 7-3 (b) 所示，当物体的运动速度快到一定程度时，物体在相邻帧的图像中是不互相重叠的。这时，物体运动的动画效果在视觉上是跳跃着运动的，即不连续。如果采用传统拍摄的方式，则这时运动物体在胶片上显示的是一种模糊影像；而且运动的速度越快，则在胶片上物体影像的模糊程度就越严重。这样在播放的时候，物体运动在视觉上是连续的。这种现象在动画领域中称为运动模糊。如何产生这种运动模糊的效果是计算机动画的一个难题。其中一种解决方法就是通过挤压与拉伸手法将物体压扁或者拉长，使得运动的物体在相邻帧的图像中互相重叠，如图 7-3 (c) 所示。这样，物体运动的动画效果在视觉上一般就变得连续了。

(a)慢速运动　　　　　　　(b)快速运动(不连续)　　　　　　　(c)快速运动(连续)

7-3　运动在视觉上的连续性

时间分配手法在动画中是非常基本的。各个动作的节奏控制在一定程度上决定了观众能否很好地理解动作本身。观众需要有足够的时间来观看动作的前期准备、动作本身和动作产生的效果。如果节奏太快，则观众可能会来不及注意或理解该动作；如果节奏太慢，则常常无法吸引观众的注意力。适当的时间分配手法还可以用来反映物体的重量和体积大小、人物的精神和表情状况、动作的含义以及动作产生的原因等。重的物体比轻的物体不容易加速或减速。如果人的动作很敏捷，则表示他的精神状态很好；如果人的动作很迟缓，则表示他可能很累。急促的动作可以用来表示紧张或者兴奋，缓和的动作可以用来表示镇静或者放松。将不同的时间分配给相似的动作一般会产生不同的含义。例如，一个人的头从左边转到右边。如果转动的速度很慢，则他可能在寻找某种东西；如果转动的速度稍快一些，则他可能想说"不"；如果转动的速度相当快，则他的头可能刚刚被一个篮球击中。

一个完整的动作包括动作的准备、进行和终止 3 个阶段。预备动作手法就是为动作作准备。首先，它可以让动作的进行更加符合物理规律，使得动作更加自然，容易理解。例如，在做"跳"这个动作之前，应当安排"蹲"这个预备动作；否则，双腿直立实际上很难做出"跳"这个动作。如果不设计"蹲"这个预备动作，而直接进行"跳"这个动作，则动作将非常生硬不自然。这样通过预备动作可以帮助观众理解将要进行的动作本身。其次，预备动作还可以用来吸引观众的注意力，引导他们关注将要进行的动作或者注意屏幕的正确位置。例如，在进行"抓住某个物体"这个动作之前，可以安排将手抬起并伸向该物体的预备动作，从而引导观众将视线转向该物体。预备动作持续的时间长短要根据具体的情况而定。如果将要进行的动作持续的时间很长，则预备动作一般很短；如果将要进行的动作持续的时间非常短，则预备动作一般需要长一些，从而保证观众不容易忽略将要进行的动作。例如，目前卡通片在表现"飞快地跑"这一动作时，常常会在预备动作中摆出抬腿并弯曲双臂的姿势。预备动作还可以用来反映物体的重量和体积大小等信息。例如，如果需要搬动一个很重的物体，则在预备动作中需要站到正确的位置并且适当弯曲自己的身体。

场景布局手法是利用场景将动画所要表达的意思完整准确地表现出来的手法，从而使得动作可以被观众所理解，个性能够被识别，表情能够被看清楚，情绪能够带动观众等。因此，场景布局应当能够引导观众在正确的时机关注到屏幕的正确位置。在场景布局中应当控制好角色或动作出现的先后顺序和时机，从而引导观众将焦点从一个角色或动作转移到另一个角色或动作。最理想的场景布局是在每个时刻只存在一个角色或动作。如果同时存在多个角色或动作，则应当注意对比度，使得需要关注的焦点能够在场景中突出出来。否则，杂乱的没有重点的角色或动作只会分散观众的注意力，让观众无所适从。很多种方法可以突出场景的焦点。例如，在一组相对静止的角色或动作中，单个运动的角色或动作容易吸引观众的目光；在一组运动的角色或动作中，单个相对静止的角色或动作容易吸引观众的目光。用色彩或灰度值突出焦点也是常用的方法，例如，尽可能清晰显示焦点角色或动作，同时稍微模糊显示场景的其余部分。另外，还可以让场景中其他角色的目光都投向需要关注的焦点角色或动作。总而言之，场景布局手法就是设计好每个镜头以及它们之间的衔接，使得每个镜头及其含义尽可能清楚地呈现给观众。

惯性动作手法用在动作的最后一个阶段，即动作终止阶段。动作很少会突然完全停止，一般会在惯性作用下继续运动一段时间。例如，标准的投篮动作在球投出去之后，手臂仍然会继续向斜上方运动。在动作终止阶段还应当注意运动的主体及其附属物之间的运动差异。例如，在跳伞运动中，人是运动主体，伞是附属物。在人到达地面之后，伞会继续往下落。这时，人和伞的运动方式是不一致的。在动作终止阶段，运动主体和各种附属物的惯性动作由于受各自组成的材料、质量、体积以及相互之间的作用等影响，一般具有不同的运动形式。交迭动作手法可以使得动画更加生动或者更加紧凑，从而更能吸引观众注意力。交迭动作手法一方面表现在多个动作交迭出现，互相协调配合。例如，在一个动作完全终止之前安排下一动作开始，前后两个动作之间互相交迭。交迭应当在动作的各个阶段保持连贯性。交迭动作手法另一方面表现在动作的省略。例如每隔 1 帧或 2 帧去掉 1

帧，这样可以让角色或动作显得更加敏捷。一般没有必要让完整的一系列动作全部展现出来，可以省略其中部分动作，由观众通过想象自动去填充这些省略的动作。例如，一个人在大街上走，他不用走到门口，他可以直接进入房间；他刚刚把菜倒入锅里，这时可以省略接下来的整个做菜过程，他可以直接坐到桌前吃饭。

连续动作与重点动作手法是实现动画的两种基本方法。连续动作手法指的是按顺序逐帧制作动画。这样在设计下一帧动画时可以利用前一帧的信息，例如角色所在位置和姿势等。重点动作手法实际上就是采用关键帧技术实现动画。首先需要对动画进行规划，确定其中关键的姿势（关键帧）以及时间分配等信息。然后设计其中的关键帧，最后填充相邻两个关键帧之间的所有中间帧。如果关键帧比较复杂，可以考虑将关键帧分成树状的层次结构，例如背景和各个角色等。然后，按照每个层次构造相应的中间帧；最后再进行合成，完成最终的中间帧。填充中间帧的方法还可以直接采用连续动作手法，即从一个关键帧开始逐帧绘制，直到下一个关键帧。

慢进和慢出手法主要用来确定相邻两个关键帧之间的中间帧分配，确定中间帧内部各个角色或动作的具体位置信息等，而且要求动作在启动时是逐渐加速，在停止时是逐渐减速。从数学上讲，就是希望达到运动的 2 阶或 3 阶连续性。在现实生活中，很少有物体在运动中能够突然完全静止。乍动或乍停一个动作都会给人突兀的感觉。这样，在相邻两个关键帧之间，通常不能在空间上均匀地分配中间帧。目前，慢进和慢出手法通常是通过样条等自由曲线进行插值。如图 7-4 所示给出了球在空中运动的动画示例，球心的位置采用二次多项式曲线表示。在刚开始，在帧和帧之间球的位置间距较小；随后，在帧和帧之间球的位置间距逐渐加大。这种表示方法符合在重力作用下球的物理规律，即在重力作用下球下落的速度越来越快，在相同时间间隔内运动的距离越来越大。

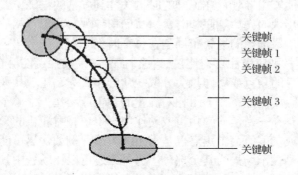

图 7-4　慢进和慢出手法

弧形运动手法认为物体在现实生活中通常沿着曲线运动，而不是直线运动；在动画中采用曲线运动轨迹通常可以使得动作更加平滑，而不会像采用直线轨迹那样僵硬。目前通常采用样条曲线来表示物体的运动轨迹曲线。不过，动作越快，动作的运动轨迹曲线越平，越接近于直线。

夸张手法不是任意改变物体形状或者只是使动作更不真实，而是让所要表达的特征更加明显，例如，让伤心的角色更加伤心，让明亮的物体闪闪发光，从而更好地帮助观众理解其含义。夸张手法可以通过改变动画角色的形状、动作、表情、颜色和声音等实现。通常在夸张的时候不会完全改变角色或物体，而会保持角色或物体的部分原有特征使得观众能够认出该角色或物体。

附属动作手法通常是给主动作添加附属动作，用来增加动画的趣味性和真实性等特性。

主动作是动画的焦点动作，附属动作只是用来点缀主动作。因此，制作附属动作应当注意不要让附属动作盖过主动作，例如，不要让附属动作过于剧烈。好的附属动作可以起到画龙点睛的效果。例如，在主动作之外可以设计一些附属动作来渲染主动作所处的环境氛围。

吸引力手法就是设计出观众所喜欢看到的东西。为了增加动画魅力，需要精心设计动画。粗制滥造的动画很难有吸引力。过于复杂的设计或过于晦涩的动画常常无法拥有吸引力。太多的对称和过于频繁的重复同样也无法吸引观众。自然的和富有个性的角色或动作、独特优美的造型或姿势可以让观众耳目一新，为动画增添吸引力。

计算机动画设计通常都会存在一定的目标。无论采用什么手法，在进行计算机动画设计时都不要忘记既定的动画设计目标。所有的手法、技术和理论都应当为其服务。计算机动画的设计通常都要求能够展现出清晰的概念和思想，并且能够产生娱乐效应。计算机动画的算法应当为实现计算机动画设计提供服务，降低计算机动画设计的难度。计算机动画的算法所提供的交互手段首先就应当简单和方便。

7.3 计算机动画制作基础理论

7.3.1 二维计算机动画的制作基础理论

使用计算机制作二维动画，前期制作阶段及中期前段的声音记录、填写摄制表、人物造型、场景设计以及构图工作，与手工制作方式是一样的，从中期制作阶段的原画创作开始，分为"计算机辅助制作"和"全计算机制作"两种情况。

1) 计算机辅助制作方式

目前大型的二维计算机动画片的制作通常都采用"计算机辅助制作"的方式，其原画创作和描绘中间画工作仍靠手工完成，然后将原画和中间画输入计算机，由计算机完成描线上色及其余的制作。有了计算机的帮助，就无须赛璐珞片了，只要用扫描仪将原画和动画线稿输入到计算机中，先清理修饰线条，再进行上色处理。事先手工绘制的背景也用扫描仪输入到计算机中，并可以拼接成大幅的画面。在制作现场并没有摄像机，后期的拍摄工作，全部以计算机"合成"背景、原画和中间画的方式来完成。

用计算机辅助制作动画完成上色和摄影等作业，可以省却很多经费及人力。利用软件可以直接对显示器窗口中的画面添各种颜色，一涂再涂修改画面，节省了赛璐珞片和颜料的支出，而且颜色的种类可以任意选择，不受限制并能够很容易地保持色彩的前后一致，还可以直接在计算机中进行拍摄，节省了胶片的费用。当然，计算机制作动画片带来的好处远不止这些，例如自动化、智能化的上色操作，大大加快了制作的速度并容易保证上色的质量，联机后的图片库数据共享等，这些都是手工制作所无法想象的。

理论上来讲，任何绘图软件都可以用做动画上色工具，但实际上用做动画上色的还是一些专门的二维动画制作软件，最流行的是 Animo，TOONZ，RETAS! PRO 等著名软件。它们除了上色之外，还有合成、特效、配音以及拍摄等强大功能，依靠这些功能模块可以方便地完成原动画手稿创作之后其余的全部动画制作和拍摄任务。

2) 全计算机制作方式

所谓"全计算机制作"就是直接在计算机中进行原画创作，由计算机生成中间画并完成其余的制作，而"原画创作"之前的各道工序与传统动画的制作方式基本相同。

采用 Flash 动画软件创作网络动画作品，制作人员直接在计算机中画出关键画，中间过渡的动画由计算机自动生成，这就属于二维动画的 "全计算机制作" 方式。还有诸如 Autodesk 公司的 Animator，Toon Boom 公司的 Studio 和 Animate 等，都是功能齐全的适用于全计算机制作的二维动画制作软件。这类软件不仅具有完整的绘图功能、动画生成功能（即利用关键帧画面自动生成一系列的中间画）、画面编辑功能等，还包含了录音、配音、音效和声音编辑以及影像合成编辑等组合式工具。而且软件的绘画工具有别于普通绘图软件，可以配置具有压力感应的绘图板，使绘图者像在普通的画图板上那样随心所欲地作画，线条粗细、笔触轻重都能够准确充分地表现出来，尽管是计算机动画，仍然可以让观众领略到类似手绘动画的线条笔触变化。

7.3.2　三维计算机动画的制作基础理论

三维计算机动画制作前期阶段也包括策划及剧本创作，中期前段的场景设计及人物造型等同样是必不可少的，但角色和场景的具体制作，以及动画后期制作阶段的画面合成、配音、编辑和特技处理等，全部在计算机上完成。从这个意义上来说，也有人把三维计算机动画叫做 "全计算机制作" 动画。

用计算机制作动画影片角色和场景的工作基本上包括建模、赋材质和贴图、加灯光与摄像机、动画效果设置以及场景渲染等步骤。

所谓 "建模"，就是利用动画系统提供的基本几何体或线条、曲面等来创建物体的几何模型。世间万物，形状千姿百态，建模的手法也是多种多样，建模是三维计算机动画的第一个步骤，也是最花费制作人员精力和时间的工序。

所谓 "赋材质"，就是赋予物体几何模型以某种材料的材质属性，比如颜色、光亮度和透明度等参数，使之呈现出某种材料（如木头、石材、塑料和金属等）所应该表现出来的颜色和质感，以此造成物体是由某种材料 "做成" 的感觉。"贴图" 是有纹理或图案的图像，可被 "贴" 在物体表面。物体被赋予材质并贴图后，外表具有了逼真的材质和纹理效果。

在场景中放置虚拟灯光后可模拟真实世界的明暗和色彩，产生光照和阴影效果。动画制作系统能够提供各种灯光，用户选择不同类型的光源，调节光源的位置、强度和颜色等各种参数，可以方便地营造出所需要的环境光线效果。此外，在场景中放置虚拟摄像机，可以产生摄像机视图，模拟真实摄像机拍摄时从镜头中看到的画面，从而制作出如同用真实摄像机拍摄到的画面。

所谓 "动画效果设置"，就是让场景中的物体模型活动起来，使它在场景中活灵活现、多姿多彩地进行表演。让物体模型活动起来的动画技术有许多，最基本的是关键帧动画技术。软件操作者只需要设置关键帧画面，由计算机自动插值生成中间画，便可得到动画的效果。

"渲染" 是动画制作最后阶段的工作，完成了建模、赋材质和贴图、加灯光与摄像机以及动画效果设置各道工序后，需要通过计算机的 "渲染" 来生成动态的影像文件或图像序列，并经过特效、配音和后期编辑等处理得到所需要的动画作品。其实 "渲染" 之前的各道工序只是建立动画的场景文件，即设定动画场景中角色的几何模型参数、材质属性参数、灯光参数、摄像机参数和动的关键值等，需要计算机系统将这些设定参数代入相关的计算机图形算法和动画算法进行运算，才能真正生成动画序列。渲染的过程就是进行大量复杂运算的过程，复杂场景的渲染需要很多时间，渲染时间的长短很能考验计算机硬件的性能。

7.4　计算机动画的应用

　　计算机图形学起源于 20 世纪 60 年代。当时，美国的贝尔实验室开始研究在计算机屏幕上以图像形式对宇宙进行仿真。随后，美国的许多艺术家和科学家尝试 CG（Computer Graphic）计算机图形的实验，完成了数以百计的作品。但由于当时的计算机硬件和软件性能所限，制作一个作品相当艰辛，CG 图形还不能得到推广应用。20 世纪 70 年代后期到 20 世纪 80 年代初期，微型计算机的诞生，使计算机图形学得到实际应用，开始在电视电影的特技场面中应用，还被用于电视节目片头的制作以及事件的再现（如灾难性事故的再现）。20 世纪 80 年代后期，随着图形处理硬件和软件两方面技术的飞速发展，计算机图形学进入实用化的年代，涉足的领域日益广泛，包括广告设计、服装设计、建筑装潢、环境虚拟、科研仿真、影视制作、印刷出版以及教育培训等。普通百姓最能够感受到的计算机图形学技术的影响莫过于计算机动画对影视制作的参与，从好莱坞大片到每天国内外电视屏幕上的电视片头和广告，观众们越来越多地领略到了计算机动画所创造的神奇视觉效果。有了计算机动画这一高科技的工具，艺术家们可以将奇幻的艺术灵感变为现实，富于创意的设计可以不受现实环境的限制，制作出全新的、梦幻般的精彩画面，带给观众无比强烈的视觉冲击力。在电视作品的制作中，使用计算机动画技术最多的是电视广告。计算机动画制作出的精美神奇的视觉效果，为电视广告增添了一种奇妙无比、超越时空的夸张浪漫色彩，既让人感到计算机造型和表现能力的惊人之处，又使人自然地接受了商品的推销意图。利用计算机动画技术进行科学研究中的仿真，将科学计算过程以及计算结果转换为几何图形或图像信息，并在屏幕上显示出来，为科研人员提供直观分析和交互处理的手段，可以大大提高科研工作和经费投入的效率。一些复杂的科学研究和工程设计，比如航天、航空、水利工程以及大型建筑设计等，资金投入量大，一旦有失误，所产生的损失往往是难以弥补的，如果能够在工程正式立项开工之前，利用计算机动画技术进行模拟分析、仿真，预示工程结果，将可有效地避免设计误区，保证工程质量。计算机动画技术在普通行业的产品设计中也大有用武之地。工业产品设计中使用计算机动画技术所提供的电子虚拟设计环境，可以对产品进行功能仿真、性能实验，并将最终产品内部细节和外形在屏幕上显示出来，同时还可以改变产品所处的环境（如光照条件），进行各种角度的观察。目前室内装潢设计和服装设计等行业已经普遍使用了计算机动画技术。用户在房屋装修之前就可以看到完工后的效果图，服装在没有剪裁之前就已经穿在了电子模特儿的身上，设计师不再只能依靠自己的想象力来预测设计效果，在设计过程中就可以实时地看到自己的设计成果，以便及时改进。虚拟现实是利用计算机动画技术模拟产生的一个三维虚拟环境系统。人们凭借系统提供的视觉、听觉甚至触觉设备，"身临其境"地置身于所模拟的环境中，随心所欲地活动，就像在真实世界中一样。第一个使用计算机动画技术的虚拟现实商品是飞行模拟器，类似的技术现在已被应用于各种技能训练中。飞行模拟器在室内就能训练飞行员，模拟起飞、飞行和着陆动作，飞行员在模拟器里操纵各种手柄，观察各种仪器，透过模拟的飞机舷窗能看到机场跑道、地平线以及其他在真正飞行时看到的景物。各种操作手柄所提供的模拟触觉，让操作者感觉真的在操纵一架飞机。对于虚拟人的研究，为计算机图形学和动画技术广泛应用于医学、国防、航空、航天、体育、建筑、汽车、影视及服装等人类活动相关领域开辟了一个新的天地。虚拟人的研究具有重大的社会应用价值，继美国和韩国之后，我国在 2003 年也完成了"虚拟人数据集"的建立，欧洲一些国家及日本等也纷纷启动了这个研究项目。有了这种虚拟的人体，研究者可以借助计算机操控，代替真人做各种科学实验，例如人的骨头究竟能承受多重的外力，可以用虚拟人代替真人模仿撞击实验。将来人类不但可以使用别人的身体制成虚拟人，还可以看到虚拟的自己。通过三维计算机图形处理，人们可以在计算机上清楚地看见自己的身体，可以穿越表皮，深入到内脏、血管、神经、骨骼和肌肉，每个人都可以拥有自己的身体数据库，真正了解自己身体的状况。在教学领域，借助计算机动画进行直观演示和形象教学，可以取得非常好的教学效果。有些基本概念、原理和方法需要给学生以感性上的认识，但实际教学中可能无法用实物来演示，而使用计算机动画，可以将天地万物，大到宇宙形成，小到分子结构，以及复杂的化学反应、物理定律等形象生动地表示出来。计算机动画在电子游戏、会展业、文化娱乐以及文化传播等领域有着广泛应用。基于 PC 的三维游戏一直为青少年所喜爱，其制作离不开三维计算机动画技术。3DWeb 技术把三维动画世界带入了互联网，为人们通过网络了解真实的三维立体世界提供了技术平台。网上用户使用浏览器观察 3DWeb 的立体场景，可以尽情游览世界各地的名胜古迹，仔细欣赏艺术珍品。例如从 2003 年起我国利用三维计算机图形和动画技术进行的 "数字化莫高窟" 工作，通过网络虚拟漫游，使得无缘来敦煌的人们也可以了解具有 1600 年历史的敦煌石窟艺术。游客可以在计算机上选择洞窟自由地欣赏千年的艺术珍品，可以在不同的位置、向不同的方向观看，也可以放大某个局部仔细研究，没有时间空间的限制，也不必在黑暗中观看模糊的壁画。由于采用模仿自然光的灯光效果，所以游客在观看时光线十分柔和，基本上与自然光线下的观看效果一样。游客不入洞窟就能够身临其境地欣赏到丰富、清晰、全面的敦煌艺术珍品，同时也为石窟的保护起到了积极作用，使敦煌壁画的保护与旅游开放的矛盾得以缓解。

7.5 计算机动画的最新发展

在过去的几十年里，计算机动画一直是图形学中的研究热点。在全球图形学的盛会 Siggraph 上，几乎每年都有计算机动画的专题。目前，计算机动画已经形成了一个巨大的产业，并有进一步壮大的趋势。其中，人脸动画和表演动画成为这一领域最令人振奋和引人瞩目的两个崭新技术。

7.5.1 人脸动画

人脸动画最显著的应用是影视制作。在《真实的谎言》、《终结者 II》、《玩具总动员》等电影的制作中都无不体现了人脸造型和动画技术的魅力。动画师总在不断寻求更具发展潜力的动画系统，希望利用最新的学术研究成果来修改和扩展当前的动画制作系统。人脸造型就是使用图形建模工具，建立或者直接从真实环境中获取人脸的三维模型。由于人脸形状的复杂性和多样性，通过手工方法建立模型需要具备相应的生理学和图形学知识，并且需要较多的时间和精力，所以，目前的发展趋势是使用专用的设备或通过计算机视觉的方法自动获得人脸的三维模型以及表面的颜色信息。

人脸动画一直是计算机图形学中的一个难题，涉及人脸面部多个器官的协调运动，而且由于人脸肌肉结构复杂，导致表情非常丰富，在现有的技术水平下，唯有表演驱动的人脸动画技术能实现真实感三维人脸动画合成的目的。

1) 人脸形状获取

为了获得面部几何形态，通常有两种主要的输入途径：三维输入和二维输入。最近也有人提出从人类学的定义构造一个具备人脸各种特征的通用模型，并施加一定的约束，产生满足要求的特定人脸模型。

（1）三维输入：几何建模器（Geometric Modelers）是最传统的面部造型工具。通过标准的计算机图形技术可以进行人脸面部大多数器官的几何建模，并且可以设计任意的面部模型。但由于面部结构的复杂性，该设计过程需要较多的时间和设计技巧。使用三维扫描仪（3D Scanner）和编码光距离传感器（Coded Light Range Sensor）是获得人脸几何形状最直接的方法，这两种方法都是依据三角测量学原理。CT（计算机 X 射线断层扫描）和MRI（磁共振成像术）通常用于医学领域，这些方法不仅能够获取人脸的表面信息，而且还可以得到诸如骨骼和肌肉的内部结构。这些附加结构对于更加精细的人脸建模和动画以及在手术模拟等医学应用中非常有用。

（2）二维输入：基于立体图像的照相测量术可以获得面部形状。先从不同的视点获取物体的两幅图像，运用图像处理技术得到两幅图像中的匹配点，通过三角几何学测量这些点的三维坐标。由于自动搜寻匹配点是一个难题，所以有时需要在脸部描绘网格。如果向面部投射一个规则的结构光（如线阵或方形网格），那么就可以直接从一幅二维图像中得到面部的三维形状。

（3）人体测量学：基于人类学知识而不用图像可以辅助构造不同的人脸模型。这种方法分两步构造一张新的人脸：第一步，依据人体测量学统计数据产生对人脸形状的一组几何约束尺度集；第二步，用一个约束优化技术构造满足几何约束的曲面。尽管该方法能快速创建出令人称道的人脸几何的变化，但不能在颜色、皱纹、表情和头发方面得到真实的再现。

2）模型重构和特定人脸适配

利用距离扫描仪、数字化探针或立体视差能测量得到人脸模型取样点的三维坐标，但获得的几何模型因为没有人脸结构信息，通常不适于脸部动画。而且从各种途径获得的三维数据通常是庞大的散乱点集合，所以，为了能够用于动画制作，往往需要对其进行几何构形，将得到的数据精简到最少，这样才有利于生成有效的动画。

人脸面部特征通常以相同的次序排列，人脸形态变化了，但基本结构不会变化。因此，自然的想法是建立人脸的一般网格模型，在这个模型中带有必需的结构和动画信息。然后将该模型适配到特定人脸的几何网格，创建出个性化的动画模型。当一般模型网格比取样数据网格的多边形少时，处理过程也包括了对取样数据的简化。

（1）插值方法：假设大多数人脸的形状都可以由一个拓扑原型变化得来，那么，通过调整一个一般模型的构造参数可以建立不同的面部模型。但是，这种参数模型仅仅局限于那些构造参数已知的情况，并且对特定人脸参数的调整非常困难。在离散数据的多变量插值问题方面，径向基函数（Radial Basis Function，RBF）插值方法是一个行之有效的工具，所以也适用于类似人脸这样高维曲面的近似或平滑插值。现有的许多方法使用了基于 RBF的插值技术，将一般人脸网格变化到特定人脸的形状。这种方法的优点在于，通过插值可以得到丢失的数据点，所以源网格和目标网格不需要相同数目的结点；如果选择了合适的匹配点，数学上可以保证能够将源网格变形到目标网格。

（2）深度图像分析方法：将三维深度数据通过柱面投影映射到二维平面，可以降低处理和分析难度。Lee、Terzopoulos 和 Waters 等人给出了一个基于激光扫描的深度和反射数据自动构造个性化人头模型的方法。他们在一般网格适配之前使用了深度图像分析的方法，自动标记人脸特征点，包括眼睛轮廓、鼻子轮廓、嘴轮廓和下巴轮廓。

（3）计算机视觉方法：根据计算机视觉原理，通过分析目标物体两幅图像或多幅图像序列，恢复其三维形状，这就是所谓的从运动恢复形状（Shape From Motion）或从运动恢复结构（Structure From Motion）技术。在这方面值得一提的是 Pighin 等人提出的高度真实感人脸建模技术。首先，在多幅图像中手工定义一些相互对应的特征点，并使用计算机视觉技术恢复摄像机参数（如位置、方向、焦距等）和特征点的坐标；然后，由这些特征点的坐标值计算出径向基插值函数的系数，并对一般网格进行变形；最后，通过使用更多对应特征点，将一般网格微调到与真实人脸非常接近的形状。Pighin 等人用了 13 个特征点完成初始的变形，而在最后的调整中附加了 99 个特征点，故需要很多人 - 机交互工作。

3）人脸变形技术

通过三维重构的特定人脸模型网格仍然有较多的顶点和多边形，只有建立了合理的变形机制才能对它们进行有效的控制。

（1）物理肌肉模型：Waters 在人脸肌肉模型领域做出了开创性的工作，他提出了一个极其成功的人脸肌肉模型。在该方法中，人脸用多边形网格表示，并用十几条肌肉向量来控制其变形，用基于线性肌和轮匝肌模型产生了生气、害怕、惊奇、高兴等情绪动画。然而，按照生理学正确设置肌肉向量的位置是一项令人生畏的工作，至今还没有一个自动的方法将肌肉向量放置到一般或特定的人脸网格中去。但该模型具有紧凑的表示形式并且独立于人脸的网格结构，所以得到了广泛的应用。

（2）弹性网格肌肉：一些研究者认为，力通过肌肉弧的传递作用于弹性网格，从而产生脸部表情，所以他们将人脸模型表示成定义在特定人脸区域上的各功能块的集合，由数十个局部肌肉块组成，并通过弹性网格相互连接，通过施加肌肉力对弹性网格进行变形，从而创建各种动作单元。

（3）模拟肌肉（伪肌肉）：按照人类生理学的描述，基于物理的肌肉造型能产生真实感的结果，但只有通过精确的造型和参数调节才能模拟特定的人脸结构。模拟肌肉（伪肌肉）提供了一个可供选择的方法。

（4）体变形（Volume Morphing）：上述的肌肉模型涉及对人脸肌肉物理特性的模拟，计算复杂且耗时，大多不能用于实时应用。人脸面部运动时，多数运动都集中在某些区域，所以在基于表演驱动的面部动画系统中可以使用局部体变形方法。

4）动画控制的表演驱动技术

通过手工进行人脸模型的精细调整以获得生动的表情动画固然可行，但这是一项极其乏味的工作，必须是熟练的动画师才能完成。可以设想，如果三维角色面部的一些特征点运动与真实运动相吻合，那么，动画效果必然令人信服。这就驱使人们研究基于表演驱动的面部动画控制方法，其根本思想就是使用各种手段跟踪表演者面部特征点的二维或三维运动轨迹，并使其控制三维面部网格的变形，最终生成动画序列。如何定义面部特征点和如何跟踪特征点是这种技术的关键问题。

（1）FACS 和 MPEG-4 系统。

美国心理学家 Paul Ekman 和 Friesen 较早地对脸部肌肉群的运动及其对表情的控制作用作了深入研究，开发了面部动作编码系统（Facial Action Coding System，FACS）来描述面部表情。他们根据人脸的解剖学特点，将其划分成若干既相互独立又相互联系的运动单元（AU），并分析了这些运动单元的运动特征及其所控制的主要区域以及与之相关的表情，并给出了大量的照片说明。许多人脸动画系统都基于 FACS。

MPEG-4 是一种基于内容的通用的多媒体编码标准，它将多媒体数据分为各种视频和音频对象，针对不同的对象使用不同的编码方法。"人脸对象"是 MPEG-4 中定义的一类较特殊的对象，因为图像中最典型的物体就是人本身，而最受观众关注的部分就是人脸。人脸对象主要包括两类参数：脸部定义参数（Face Definition Parameters，FDP）和脸部动画参数（Face Animation Parameter，FAP）。FDP 参数包括特征点坐标、纹理坐标、网格的标度、面部纹理、动画定义表等脸部的特征参数。与静态的 FDP 参数相对应的是动态的 FAP 参数，它分为 10 组，分别描述人面部的 68 种基本运动和 7 种基本表情。FAP 是一个完整的脸部基本运动的集合，它是基于对人脸细微运动的研究，与脸部肌肉运动密切相关，所以用 FAP 可以描述自然的脸部表情，当然也可以创作出夸张的非自然所能达到的表情。

（2）表演驱动方法。

从连续视频图像序列中提取的信息可作为动画系统的控制输入。这些信息对应于人脸模型中向量肌肉的收缩或者 FACS 动作单元。面部变形或者肌肉参数的自动提取非常困难，这是当前计算机视觉研究的重要部分。

通过跟踪表演者面部的各个特征点并将图像纹理映射到多边形模型上，仅仅需要很少的计算消耗且不需分析就可以得到实时的面部动画。表演驱动的方法可以创建生动的脸部动画，其中动画受控于被跟踪的人。实时的视频处理允许交互动画，演员可以随时观察他们的情绪和表情。通常将被跟踪的二维或三维特征运动进行滤波或变形，从而产生驱动特定动画系统的运动数据。运动数据能被直接用于产生脸部动画，或经过分析转化为面部动作编码系统（FACS）的动作单元（AU）而产生脸部表情。

精确跟踪特征点或边界对于获得一致而生动的动画至关重要。最初，人们使用在人脸或嘴唇上做一些彩色标识的方法，辅助跟踪人脸的表情或从录像序列识别说话人。如果将反射球粘贴在人脸上，那么光学运动跟踪系统自然也可以跟踪人脸的运动。这在三维动画制作的商业软件中得到了广泛的应用。然而，在人脸上做标记很冒昧，有时也很不切实际。而且，对标记的依赖性限制了从标记位置获取几何信息的范围。研究者试图不通过做标记的方法直接从视频序列恢复人脸运动，由此产生了时空相关度量规范化和光流场跟踪的方法。它们能自然地跟踪特征，避免了在人脸上做标识的尴尬。

人脸上的器官都有比较显著的形状和色彩特征。如眉毛是黑色、嘴唇是红色，这些都可以作为特征分析和跟踪的依据。如果一个算法能够准确区分和跟踪这些特征点，那么面部运动就能够被动画系统理解，并能用于动画变形。

基于自动控制理论，MIT 媒体实验室的 Essa 等人使用光流测量技术从图像中提取面部动作参数。他们比较了使用光流场进行表演驱动动画的方法和基于 FACS 系统的方法的优缺点。FACS 的缺点是：AU 是纯粹的局部模式，而实际的脸部运动几乎都不是局部发生的；FACS 提供了空间运动的描述而没有时间分量的描述。

可以将人脸建模和表演动画合成过程分为如下 3 个步骤：第一步，通过三维扫描技术或者计算机视觉技术获取特定人脸的几何模型，并适配到用于动画的一般人脸模型；第二步，基于各种肌肉模型和变形方法操作重建的人脸模型产生人脸模型运动；第三步，直接跟踪视频序列中真实人脸产生各种控制参数。

人脸建模和动画技术是一个跨学科、富有挑战性的前沿课题。虽然国内外研究人员在某些方面获得了一定的成绩并出现了一些实用化的系统，但是离用户的要求仍有较大距离。

7.5.2　表演动画

1）表演动画的优越性

表演动画从根本上改变了现有影视动画制作的方法，缩短了制作时间，降低了成本，而且效果更逼真、生动。

在早期的动画制作中，制作者必须根据剧情要求将画面逐帧画出，其工作量非常巨大。引入计算机动画技术后，制作者首先利用计算机设计角色造型，按照剧情确定关键帧；然后，动画师调整关键帧中角色造型的姿势，并根据关键帧，利用动画软件生成图像序列。比起手工绘制动画，这无疑是一个巨大的进步，但对于一个复杂的动画作品来说，要对关键帧中每个造型的姿态特别是表情进行细致的调整，这仍然是一个相当麻烦和困难的工作，它不但要求动画师必须具有丰富的经验和高度的技巧，而且其效率低、易出错、不直观，难以达到生动、自然的效果，已成为动画制作过程中的瓶颈。

表演动画（Performance Animation）技术的诞生彻底改变了这一局面。它综合运用计算机图形学、电子、机械、光学、计算机视觉、计算机动画等技术，捕捉表演者的动作甚至表情，用这些动作或表情数据直接驱动动画形象模型。表演动画技术的出现给影视特技制作、动画技术带来了革命性的变化，将从根本上改变现有的影视动画制作乃至特技制作的方法。动画师不需要再在计算机屏幕上反复摆弄模型的姿态，一点点地调整模型的表情，而只需要通过人的直观动作表演就能轻易完成任务。它将极大地提高动画制作的效率，缩短制作时间，降低制作成本。许多成功的应用表明，采用表演动画技术的制作成本甚至不到传统方法的十分之一，且动画制作过程更为直观，效果更为生动逼真。

三维动画特技制作包含了数字模型构建、动画生成、场景合成三大环节，而三维扫描、表演动画、虚拟演播室等新技术，恰恰给这三大环节都带来了全新的技术突破。综合运用这些新技术，可望获得魔幻般的特技效果，彻底改变动画制作的面貌。可以想象，先用三维扫描技术对一个 2 岁的小孩进行扫描，形成一个数字化人物模型，然后将一个武林高手的动作捕捉下来，用以驱动小孩模型的运动，观众将会看到 2 岁小孩表演绝世武功的场面。甚至还可以用演员的表演驱动动物的模型，拍摄真正的动物王国故事。利用表演动画技术还可以实现网上或电视中的虚拟主持人。

表演动画的出现，是动画制作技术的一次革命，这一技术将从根本上改变现有的影视动画制作乃至特技制作方法，极大地缩短动画制作的时间，降低成本，使动画制作过程更为直观，效果更为生动逼真，甚至能使影片中的人物、动物等做出不可能做出的动作，达到惊人的特技效果。

与传统动画制作技术相比，表演动画有许多独特的优越性：

（1）动画质量高：在传统技术中，角色的动作都是由动画师调整的，在很多情况下，如男性和女性行走姿态的细微区别、顶尖舞蹈家的艺术表演、体育运动、表情的变化等，手工调整很难达到非常逼真自然的程度。而表演动画则直接对演员、运动员和舞蹈家的动作进行捕捉，以真实的动作和表情去驱动角色模型，使最终生成的动画画面真实自然，其效果远远优于传统技术。

（2）灵活的控制：制作人员可以在几分钟之内看到所捕捉到的动作，而且具有非常大的灵活性，如果制作人员想改变一下所捕捉到的动作，可以利用标准的动画工具，如反向运动学、皮肤变形等，对这个动作作进一步的修改、编辑。制作人员也可以给动作增加各种变化。

（3）制作速度快，并节省开支：将原先对角色姿态的手工调整变为直观的表演，极大地提高了动画制作的速度，可以在很短的时间内制作出复杂的动画。在短时间内就可以看到所设计的结果，特别是复杂的动作设计，从而有效地节约制作成本。

（4）积累数字图像素材：一旦动作被捕捉，坐标就可以被映射到任意具有不同年龄、大小、种族、服饰的人物身上。所有动作可以通过创建动作数据库进行存储，一次表演的动作存于素材库中，可被多次修改使用，甚至可以将一些过去影片中的经典动作提取出来，用以驱动新的角色模型。

（5）特殊效果：表演动画系统在提供真实动作的同时，还具备表演动作与角色模型分离的特性，通过改变动作与角色模型的对应关系，可以得到一些匪夷所思的特殊效果，如以老虎动作驱动一只猴子、以人的动作驱动小狗的三维模型。

2）表演动画的关键技术

在系统中，有表演者和"角色模型"。制作者利用三维构型软件制作数字化的"角色模型"，如卡通形象，或者利用三维扫描技术获得人物或动物的立体彩色数字模型，形成所谓的"虚拟演员"。而表演者则负责根据剧情做出各种动作和表情，运动捕捉系统则将这些动作和表情捕捉记录下来，然后在三维动画软件中，以这些动作和表情"驱动"角色模型，角色模型就能做出与表演者一样的动作和表情，并生成最终所见的动画序列。

一个完整的表演动画系统包含两大关键技术：运动捕捉和动画驱动。

运动捕捉是表演动画系统的基础，它实时地检测、记录表演者的肢体在三维空间的运动轨迹，捕捉表演者的动作，并将其转化为数字化的"抽象运动"，以便动画软件能用它"驱动"角色模型，使模型做出与表演者一样的动作。实际上，运动捕捉的对象不仅仅是表演者的动作，还可以包括表情、物体的运动、相机灯光的运动等。从原理上讲，目前常用的运动捕捉技术主要有机械式、声学式、电磁式和光学式，其中以电磁式和光学式最为常见。各种技术均有自己的优缺点和适用场合。

利用运动捕捉技术得到真实运动的记录后，以动作驱动模型最终生成动画序列，这同样是一项复杂的工作。动画系统必须根据动作数据，生成符合生理约束和运动学常识的、在视觉效果上连贯自然的动画序列，并考虑光照、相机位置等产生的影响。在需要时，必须达到一些特殊的效果。根据剧情的要求，还可能需对捕捉到的运动数据进行编辑和修改，甚至将其重新定位到与表演者完全不同的另一类模型。这些涉及角色的动力学模型和运动控制、图形学、运动编辑、角色造型等技术，是表演动画系统的又一关键点。

（1）关键技术之一：关节动画技术。

使用关节骨架来表示人类或者其他骨架动物的身体结构是表演动画技术中最主要的思想，所涉及的技术就是关节动画技术。这是一项非常复杂的工作，其中许多运动控制手段至今尚未解决。近年来，在动画制作系统中，使用骨架控制三维动画角色已非常流行。在这些系统中，角色的骨架定义为一系列骨件，而包裹这些骨件的"皮肤"则是一个顶点网。每个顶点的位置因受到一个或多个骨件运动的影响而变化。因此，只要定义好角色模型的骨架动作就可以实现栩栩如生的动画了。被定义为皮肤顶点的运动则以数学公式的方式生成。

使用关节骨架系统，动画师可以非常容易地设置和控制三维角色关节旋转点动画，其只需要专注于角色骨架的动画，而系统可以自动建立一张几何"皮肤"（表示这个角色的外观），并将其附着在骨架上。从本质上讲，关节动画系统是分层的，故可以使用有效的方法控制动画角色。实现骨架动画的算法主要有动力学方法和运动学方法。

①动力学（Dynamics）方法。

基于运动学的系统通常缺乏直观的动力学真实性，动画效果看上去与重力或者惯性等最基本的物理事实不相符合。只有那些受外力和力矩影响的物体运动才可能是真实的。我们可以使用外力、力矩、对物体的约束以及物体的质量特性建立方程。这些力和力矩可以是各种形式的：来自于关节链的力矩，来自于铰接点的外力，与其他物体接触或者手臂扭曲的外部影响力。

在动画控制中引入动力学有以下优点：可以呈现出自然现象的真实感；动画师可以不

必依据实体的物理特性来描述运动；肢体可以自动对内部和外部环境的约束如重力场、碰撞、外力和力矩产生反应。然而也有一些严重的缺点：有时参数难以调整，因为没有任何先验知识的指导；使用数值方法求解复杂关节骨架的运动方程需要大量的时间；基于动力学的运动太过正规。

②运动学（Kinematics）方法。

在表演动画系统中，动画角色的骨架由一些与肢体相对应的骨件组成，关节是两个骨件结合的地方，两个骨件之间的角度称为关节角，一个关节最多可以有 3 种角度：弯曲角、绕曲角和扭曲角。在已知关节链中每个关节的角度和关节长度的情况下，求解各个关节相对于固定坐标系的位置和方向，这种方法称为正运动学（Forward Kinematics）。虽然在机器人学中对类似运动的控制进行了大量的研究，但对于一个缺乏经验的动画师来说，通过设置各个关节的角度来产生逼真的运动是非常困难的。

反运动学（Inverse Kinematics）与正运动学相反，它是在给定链杆末端的位置和方向后，计算出各关节的位置与方向。反运动学是角色动画中的一个巨大突破，为角色动画提供了一种目标导向的方法。通过反运动学算法，动画师可以仅使用单个把柄控制整个关节链。例如一个手臂，它的把柄可以是手臂末端的手掌。当然，也可以使用外部数据来驱动这些控制点。换句话说，动画师通过反运动学能够设计一个骨架结构，并用运动捕捉系统采集的数据来驱动。典型的数据由三维空间中运动的点集构成，它们代表了每帧图像中表演者身上传感器的位置。即使是一个传感器数量有限的运动捕捉系统，通过反运动学也可以生成复杂结构的动画。然而，如果我们直接使用这些数据驱动控制点或者把柄，就会很快发现，动画模型的动作与真实演员的动作并不相近。事实上，演员真实的骨架结构相当复杂，且不容易通过数学来描述，而更复杂的是皮肤的影响和下层肌肉效果相结合的结果。解决问题的一个方法是将数据集与控制点松散地联系起来。我们可以让数据集影响控制点，但在反运动学求解过程中，对骨架结构运动施加约束和限制。即便是三维数据相当精确，数据所表达的与我们试图建立的复杂物体模型之间仍然存在着基本的差别。

（2）关键技术之二：运动编辑技术。

既然运动捕捉技术可以为我们提供完美的肢体运动轨迹，那么，为什么还要对其进行编辑？实际上，运动编辑不仅可以修补运动捕捉结果中的问题，还可以给动画师带来极大的便利。其主要功用包括：

①完善和整理：修改捕捉的数据，使之可以精确反映表演运动，并精确重建运动。

②数据复用：捕捉的运动数据只是对某一事件精确的记录，如果我们希望复用这些数据，而只有一些细微的不同，如不同的角色或不同的动作，那么，就必须编辑数据。

③真实性的不完整：真实的运动并不是完美的。例如，表演者身上 marker 的位置不正确、反复运动并不是循环的，经常需要编辑捕捉数据使其满足某些标准。同时，必须对定制的动画进行调整，消除人为迹象，以便在时间和空间上与计算机生成的环境精确匹配，或者克服动作捕捉工作室的空间约束。

④建立不可能的运动：由于数据记录的是真实世界中肢体的运动，如果制作不可能的动作则需要对其作一些修改。况且我们往往希望动画角色的动作有一种动画风格，而不是真实感风格，这时同样需要编辑。

⑤改变意图：在动画制作过程中可能对原来的设想作出改变，运动编辑提供了后期调整的可能性。

⑥次要运动：动作数据仅仅表示角色骨架总的运动，这时，还必须使用不同的工具，将角色服装或软组织运动等这些次要的运动添加进去。由于运动编辑大多涉及对已有的主

要数据的修改，所以，需要不断增加工具建立和操作次要运动。因此，对捕捉数据具有编辑能力是极为重要的。运动编辑并不仅局限于运动捕捉，也可以应用于其他运动生成技术，如关键帧动画和仿真动画等。为了实用性，整个编辑过程必须比通过草稿生成动画的过程要容易，并且能保留原有动画的品质和逼真度。最近，许多运动控制方面的研究都在致力于开发各种编辑工具，以便能从预先捕捉的动作片段生成令人信服的动画。从现有的运动编辑技术来看，可以分为 3 种类别的操作：(a)一元操作：涉及操作的运动只有一个，目的是修改动作的特性，如运动滤波、运动变形。(b)二元操作：涉及的动作为两个，目的是建立一个更长的动画，如运动串接。(c)多元操作：涉及两个或更多的动作，混合不同的动作风格或特性，如运动混合。

运动编辑技术主要包括以下 3 种：

①运动重定向（Motion Retargeting）：为了能够重用动作捕捉数据，动画师常常要对其进行调整，以适合不同的角色。如将一个角色的动作重新赋予另外一个角色，或者转换到不同的环境中，以补偿几何形状的变化。Wisconsin Madison 大学的 Michael Gleicher 教授提出了一种运动重定向的新概念，它能把一个角色的动画赋予另一个具有相同关节结构但具有不同关节长度的角色，并保持原有动画的质量，因而非常适合运动捕捉动画重用的处理。

Popovi 提出了考虑动力学因素在内的运动重定向方法，并且提出了把某一角色的运动映射到另一个完全不同关节结构的运动重定向方法，这使运动捕捉数据的重用性得到了进一步加强。整个变换过程分成 4 个部分：(a)角色简化：建立一个抽象的角色模型，能够包含捕捉数据必需的最少的自由度，并将输入数据映射到这个简化的模型上。(b)时空动作适配：求解最能反映简化角色动作的时空优化问题。(c)时空编辑：改变时空动作的参数，引入新的姿态约束，改变角色运动、目标函数等。(d)动作重建：将时空编辑中引入的动作变化重新映射到原有的动作上，生成最后的动画。

②运动变换（Motion Transforming）：Bruderlin 和 Williams 最先提出"运动信号处理"的概念。Litwinowicz 的 Inkwell 系统使用了各种滤波方法生成了动作的特技效果。Perlin 的"跳舞者"系统证明将几种运动混合起来生成有趣的人体动画是合适的，而且如果在运动轨迹上加入噪音会使效果更加真实。为了克服运动捕捉方法缺乏灵活性的缺点，Witkin 通过混合动画曲线来编辑捕捉数据，从而使建立可重用的运动库、运动过渡、运动时间的整体缩放等成为可能。Bruderlin 提出了运动的多分辨率信号处理方法，可很好地应用于运动捕捉数据的编辑和重用。Unuma 通过对运动数据进行 Fourier 级数展开和抽取性情参数，提出了用情绪控制运动角色的方法。

③运动变形（Motion Warping）：Lee 等人提出了一种分层的交互编辑运动数据的方法，基于多分辨率 B 样条曲线逼近。该方法能改造已有的运动数据，使运动满足一系列约束。同时，他们也为逼近技术提出了一种有效的反运动学算法，可计算出每个肢体关节角度，大大减轻了类人关节动画中数值优化计算的负担。

（3）关键技术之三：角色造型技术。

在制作角色动画过程中，三维几何造型和变形是一个重要而困难的问题。许多研究者在如何实现三维角色形状的再现和变形上作了极大的努力。一般来说，我们可以将它们的模型分为两个类别：曲面模型和层次模型。

曲面模型在概念上非常简单，它包含了一副骨架和外面的蒙皮。许多多边形平面片或样条曲面片构成了整个模型的蒙皮。这种模型存在的问题，一是需要输入大量的点，而这项工作通常是非常单调乏味的；另一个问题是难于控制关节处曲面的真实过渡形态，很容易产生奇异的和不规则的形状。

层次模型由骨架层、中间层（模拟肌肉、骨骼、脂肪组织等的物理行为）和皮肤层构成。由于人体的外观表现极大地受内部肌肉结构的影响，所以，层次模型是真实感角色动画最有前景的技术。考虑到运动学方程可有效地用来驱动骨架，因而，骨架层只起运动控制的作用，皮肤层才是可见的表面几何，而肌肉层是一个中间介质，它控制着由于骨架运动引起的肌肉收缩和伸张，进而产生皮肤表面的变形。分层方法的主要优点是：一旦建立了分层结构的动画角色模型，仅对骨架操作就可以生成逼真的动画。

基于三层模型的肌肉模型涉及复杂的运动学计算和有限元分析计算，故计算量非常巨大，所以，有研究者提出采用自由变形技术（Free Form Deformation，FFD）来驱动皮肤表面几何的变形。20世纪80年代初，出现了一种被称为元球（Metaball）的全新造型技术。元球造型是一种隐曲面造型技术，采用具有等势场值的点集来定义曲面。使用元球造型可以模拟骨骼、肌肉和脂肪组织总的行为。这种方法简单直观，与隐式曲面、参数曲面和多边形曲面结合使用可以产生非常真实健壮的人体变形。

3）几种典型的表演动画系统

早期的试验性表演动画系统在20年前就已经出现了，至今已有长足的发展，不过，最重要的发展还是在近两年。表演动画系统从专用系统和IRIX工作站向基于NT的PC机的过渡，使其产品化系统的价格变得比以往任何时候都要低廉，从而开辟了一个更加广阔的市场。目前，许多著名的影业公司和工作室都在使用各种新产品进行动画制作。

（1）SynaFlex表演动画系统。

2000年面世的最激动人心的新产品之一就是由SynaPix公司出品的SynaFlex系统。这是一套极富创造力的三维分析、动作设计与合成系统。它利用视频流分析（Visual Stream Analysis，VSA）过程，将实况动作图像序列转化成三维图形，并在SynaFlex虚拟剧院（Virtual Theater）重建的场景中显现。

虚拟剧院的交互动作设计使由Maya软件生成的动画人物与重建场景能够完全按照导演的要求相互影响。由基本场景调度开始，SynaFlex艺术家通过移动一个替身穿过虚拟剧院来设置人物的基本路径，并用Maya上的SynaFlex插件来生成摄像机和替身的路径；接下来，Maya动画师就可用这两种路径实现实际人或物的运动；然后，SynaFlex艺术家用SynaFlex插件将完成的Maya动画放置在虚拟剧院中，直接在真的三维工作区间中获取动画和场景的关系，并采用特定的灯光效果，使计算机生成的对象和实际对象的外观显得自然而和谐。

要实现从二维到三维天衣无缝的转化，主要依靠这套先进系统利用软件和专用硬件的某种组合，对各种视频画面进行取样和比较，从而调出同一个场景的多个微小区别。通过对这种信息进行分析，能精确计算出每个元素与摄像机之间的距离，这将不得不提到以色列3DV Systems公司推出的ZCAM。

ZCAM引入了三维成像中一种革新的概念，采用专利测距技术——平行延伸感觉（Parallel Range Sensing，PRS）技术，从而使ZCAM景深摄像机得以同时捕捉色彩（RGB）和景深（Z）——每个像素到相机的距离，使摄像机可以记录某个场景中各个元素的三维相关坐标，并能获得物体与屏幕上各个独立像素之间的距离。

ZCAM景深摄像机能把对象从它的背景实时分离出来，它使用的是景深键（Depth Keying）而非色键（Chroma Keying）。其景深识别和跟踪都是实时完成的，能够实时成像而不需要蓝幕合成——前景元素能被从任何背景中提取，并在另外的背景中显示出来。

AliaslWavefront公司已经宣称，它与SynaPix公司签署了一项许可与开发协议，将

Maya 软件集成在 SynaFlex 系统中，令 Maya 软件的所有图形与动画制作功能都能在 SynaFlex 系统的用户界面中调出，SynaFlex 表演动画系统取代大名鼎鼎的 Maya 系统已为期不远了。

（2）FilmBOX 表演动画系统。

曾担纲大片《终结者》特技制作的 Kaydara 公司的 FilmBOX 系统，是唯一的内容创作和交付的实时工具，它标志着混合媒体（Mixed-media）环境中内容创作的新时代。从特技到游戏开发，升级的 FilmBOX 产品系列满足了动画制作流程流水线化的要求，从而大幅削减了生产成品的时间和金钱。

①FilmBOX 动画系统：FilmBOX animation 是一套实时动画系统，特别为三维人物"内涵"的创作和重新设定而设计，它包含了混合媒体的三维内容创作所必需的视频和音效工具，以及基本输入硬件设备的实时运动触发和运动记录。FilmBOX 动画系统提供三维人物创造的基础，与 FilmBOX 运动捕捉设备结合，可完美地应用于影视创作、游戏开发以及在线内容创作领域。

②FilmBOX 运动捕捉设备：FilmBOX motioncapture 是一套实时捕捉系统，它把以前的 FilmBOX 动画系统和运动捕捉系统的一整套工具结合起来，以满足捕捉、编辑运动数据的要求，通过它就能从无限数目的运动捕捉和跟踪设备获得即时动画数据。

FilmBOX 运动捕捉系统还包括一套运用运动数据使人物运动过程简单化的高级映射技术。有了可用的支持运动捕捉的设备（没有数目限制），FilmBOX 就能针对游戏开发、影视特技和商业应用各提供一种运动捕捉方案，并创建运动库，积累数字图像素材。

③FlimBOX 在线系统：FilmBOX online 是一套完整的实时表演动画生成系统，在一个统一的创作环境中整合了人物动画、实况运动捕捉、摄像机跟踪，以及实时音效和视频工具。FilmBOX 在线系统的最终平台为混合媒体，可在其上进行实况合成。

在 FilmBOX 动画系统和运动捕捉系统提供的工具的基础上，FilmBOX 在线包含了实时输入和输出，允许实时操纵动画产品（如三维、视频、音效等）所有的主要元素。它还有多样化的文件交换格式，支持主流三维软件的场景输入 / 输出，包括 SOFTIMAGE/3D、Alias Maya/Power、Animator/Kinemation、Newtek Lightwave 与 Kinetix 3D Studio Max，另外，也支持所有主要的动作数据文件格式。

FilmBOX 可用来完成专业网球赛的模拟，生成以真实世界为背景的超过 500 个动作的动画。从发球（Serves）到扣球（Smashes）所有一切都被捕捉到，甚至到运动员在结束时挥手的动作。而 Sony Team Soho 的开发队伍用 FilmBOX 取得了运动捕捉如何应用于游戏开发的突破。对于游戏中的人物动画，该团队使用 FilmBOX 来"清洁"运动捕捉的数据（即消除捕捉到的噪声点），并直接输入到 PlayStation 2。同时 FilmBOX 允许他们直接在运动捕捉数据上生成动画，用最少的时间得到最好的结果。

（3）Typhoon 表演动画系统。

在各种表演动画系统的竞争中，以色列公司有后来居上之势，除了上面介绍的 ZCAM 摄像机外，以色列 Dream Team 公司的"台风"（Typhoon）表演动画制作系统在美国国家广播联合会（NAB）上首次露面时，曾引起巨大的轰动。在美国拉斯维加斯，Typhoon 曾与 RT-Set 公司的虚拟布景技术和光学运动捕捉专用程序 Motion Analysis 一起进行了一次令人难忘的演示。Typhoon 系统以穿有紧身衣的演员的动作为基础制作的虚拟人物，与计算机生成的环境实时结合在一起。除了跟踪演员的运动之外，这种新的运动分析系统还用一圈红外 LED 跟踪摄像机的运动。

Typhoon 从一流三维动画包无缝地导入了完全的三维场景（如几何、动画、相机、光线、实体、变形等)。在 Typhoon 系统中，能够用市面上的运动捕捉系统和其他外围设备如操纵杆、midi 滑块、鼠标等来完全控制并实时生成三维场景动画，而无须专门的设备。它还能把实时动画转到一个便利的、用户界面友好的包中，便于那些没有编程背景的人使用，使它成为内容开发者的理想工具。除了实时生成、虚拟布景集成、后期创作这些新功能以外，Typhoon 独特的优势还在于以下方面：

①单皮肤层：Typhoon 支持单皮肤构型人物（即仅有一层皮肤而无肌肉层、骨架层等)，代表着实时动画人物在外貌和真实感觉上的极大进步。单皮肤模型包括构成人体的多边形顶点，这些顶点在三维动画包中建立，并可以按照不同的权重移动或翻转。

②实时反向运动学：Typhoon 的实时反向运动学引擎提供了对人类真实运动（Typhoon 称之为"双足"运动，bipedal）的全部解，这个解集包含了人类演员相对于那些虚拟演员的特性，限制了动画人物的运动和与环境的交互。形象地说，就是把人物的脚"粘"在地上，并避免出现人物的四肢进到自己身体这样荒诞的情形。

③摄像机跟踪和声音跟踪（Vocal Track）：Typhoon 与各种摄像机跟踪系统的集成，允许将虚拟人物插入现实或虚拟环境中。在多摄像机配置情况下，演播室摄像机还能与 Typhoon 的虚拟摄像机同步，这样人物在每一帧动画上总是在正确位置上出现。Vocal Track 能实现实时自动唇形同步和传送声音，并控制 9 种面部表情与声音配合。

④多计算机/多处理器支持：选择 Typhoon 远程渲染模式，一台计算机运行 Typhoon，而另一台进行所有的渲染，这样会非常明显地提高实时渲染的能力。作为一个真正的多 CPU 应用软件，Typhoon 使用所有可用进程，优化了渲染能力，同时，整体能力增强了 60%。

这些表演动画系统的发展方向是实时化，能即时生成动画及其渲染效果；交互式，能很好地理解导演的要求，方便更改和调节；三维和二维的完美结合，使虚拟世界富于立体感。可以想象，表演动画系统的进一步发展，虚拟主持人、交互式电视、三维在线游戏等的出现和完善，必将使我们的生活更加多姿多彩、亦真亦幻。

7.6 本章小结

本章主要介绍动画的基本概念与分类、计算机动画的关键技术，计算机动画制作基础理论，最后对于计算机动画的应用和最新发展进行简单的描述。

7.7 本章习题

(1) 简述动画的定义。
(2) 计算机动画有几种类型？
(3) 简述逐帧动画与实时动画的主要区别。
(4) 简述动画片制作的基本过程。
(5) 简述关键帧方法的基本过程。
(6) 简述造型动画技术。
(7) 列举提高计算机动画效果的基本手法。
(8) 利用自己熟悉的动画软件，制作一个二维或三维动画片段。

参考文献

[1] Donald Hearn M. Pauline Baker. 计算机图形学[M]. 3 版. 北京：电子工业出版社，2005.

[2] 孙正兴，周良，郑宏源. 计算机图形学基础教程[M]. 北京：清华大学出版社，2004.

[3] 和青芳. 计算机图形学原理及算法教程（Visual C++ 版）[M]. 北京：清华大学出版社，2006.

[4] 李东，孙长嵩，苏小红，等. 计算机图形学实用教程[M]. 北京：人民邮电出版社，2004.

[5] 孙家广，杨长贵. 计算机图形学[M]. 新 1 版. 北京：清华大学出版社，2000.

[6] 潘云鹤，董金祥，陈德人. 计算机图形学——原理、方法及应用[M]. 北京：高等教育出版社，2001.

[7] 陆玲，杨勇. 计算机图形学[M]. 北京：科学出版社，2006.

[8] 杨钦，徐永安，翟红英. 计算机图形学[M]. 北京：清华大学出版社，2004.

[9] David F.Rogers. 计算机图形学的算法基础 [M]. 原书 2 版. 石教英，彭群生，译. 北京：机械工业出版社，2004.

[10] 何援军. 计算机图形学[M]. 北京：机械工业出版社，2009.

[11] 陆枫，何云峰. 计算机图形学基础 [M]. 2 版. 北京：电子工业出版社，2008.

[12] 孙家广，胡事民. 计算机图形学基础教程[M]. 北京：清华大学出版社，2005.

[13] 唐泽圣，周嘉玉，李新友. 计算机图形学基础[M]. 北京：清华大学出版社，1995.

[14] 唐荣锡，汪嘉业，彭群生，等. 计算机图形学教程[M]. 北京：科学出版社，1990.

[15] 孔令德. 计算机图形学基础教程（Visual C++ 版）[M]. 北京：清华大学出版社，2008.

[16] 王卫东，滕玮. 计算机图形学基础[M]. 西安：电子科技大学出版社，2009.

[17] 孙正兴. 计算机图形学教程[M]. 北京：机械工业出版社，2006.

[18] 王汝传，黄海平，林巧民. 计算机图形学教程[M]. 2 版. 北京：人民邮电出版社，2009.

[19] 雍俊海. 计算机动画算法与编程基础[M]. 北京：清华大学出版社，2008.

[20] 王毅敏. 计算机动画制作与技术[M]. 北京：清华大学出版社，2008.

丛书编委会

编委会主任：孙　辉

顾　　问：徐心和　陈利平

副　主　任：李　文

丛书主编：肖刚强

编委会成员：(按姓氏笔画为序)

于林林　王立娟　王艳娟　王德广　冯庆胜　史　原　宁　涛　田　宏　申广忠
任洪海　刘　芳　刘月凡　刘丽娟　刘瑞杰　孙淑娟　何丹丹　宋丽芳　张家敏
张振琳　张晓艳　李　红　李　瑞　邹　丽　陈　晨　周丽梅　郑　巍　侯洪凤
赵　波　秦　放　郭　杨　郭发军　郭永伟　高　强　戚海英　雷　丹　翟　悦
魏　琦

图书在版编目(CIP)数据

计算机图形学理论与算法基础 / 任洪海主编. —沈阳：辽宁
科学技术出版社，2012.2
高等院校"十二五"规划教材·数字媒体技术 / 肖刚强主编
ISBN 978-7-5381-7256-0

Ⅰ．①计…　Ⅱ．①任…　Ⅲ．①计算机图形学–算法理
论–高等学校–教材　Ⅳ．①TP391.41

中国版本图书馆CIP数据核字（2011）第253263号

出版发行：辽宁科学技术出版社
　　　　　（地址：沈阳市和平区十一纬路29号　邮编：110003）
印　刷　者：沈阳全成广告印务有限公司
经　销　者：各地新华书店
幅面尺寸：185mm×260mm
印　　张：16.5
字　　数：450千字
印　　数：1~3000
出版时间：2012年2月第1版
印刷时间：2012年2月第1次印刷
责任编辑：于天文
封面设计：何立红
版式设计：于　浪
责任校对：李　霞

书　　号：ISBN 978-7-5381-7256-0
定　　价：35.00元

投稿热线：024-23284740
邮购热线：024-23284502
E-mail:lnkjc@126.com
http://www.lnkj.com.cn
本书网址：www.lnkj.cn/uri.sh/7256